Astronomie
als Hobby

Detlev Block

Astronomie als Hobby

Sternbilder und Planeten erkennen und benennen

völlig überarbeitete Neuausgabe

Bassermann

Der Text dieses Buches entspricht den Regeln der neuen deutschen Rechtschreibung.

ISBN-10: 3-8094-1543-X
ISBN-13: 978-3-8094-1543-5

Umschlaggestaltung: Atelier Versen, Bad Aibling
Ephemeriden: Joachim Weiss
Redaktion: Herta Winkler
Redaktionelle Mitarbeit: Sven Beier
Bildredaktion: Tanja Nerger
Bildlegenden: Michi Müller, München
Herstellung: Sonja Storz

Satz: Filmsatz Schröter, München
Druck: Těšínská tiskárna, Český Těšín

Printed in the Czech Republic

817 2635 4453 6271

Inhalt

Wozu Astronomie?

Die Beschäftigung mit den Sternen ist eine uralte Tätigkeit des Menschen. Heute ist daraus eine umfassende und stark aufgefächerte Wissenschaft geworden, die nur noch zum Teil von der ursprünglichen Bezeichnung »Astronomie« (grch.: astér = Stern, nomos = Gesetz) im Sinne von »Lehre von den Sternengesetzen« gedeckt wird.
Wir unterscheiden heute zwischen den klassischen Zweigen der Astronomie mit **Himmelsmechanik** (Bewegung der Sterne) und **Sternvermessung** und ihren modernen Zweigen unter der Bezeichnung **»Astrophysik«** (Physik der Sterne). Neben den Spezialbereichen der Astronomie gibt es Fachgebiete, auf die die Astronomie direkt oder indirekt Einfluss hat, z. B. Wetterkunde (Meteorologie), Erdgeschichte (Geologie), Kartografie der Erde, Weltraumfahrt und Hilfswissenschaften wie Technik und Chemie, ohne die die heutige Arbeit der Astronomie gar nicht denkbar wäre. Die Mathematik ist in so starkem Maße Hilfswissenschaft der Sternforschung, dass man umgekehrt die Astronomie als angewandte Mathematik betrachten kann. Am Beispiel der Optik (vor allem in der Fernrohrforschung) wird deutlich, dass in dieser Hinsicht Geben und Nehmen Hand in Hand gehen: Die beobachtende Astronomie lebt von den Erkenntnissen und Techniken der Optik; sie hat diese andererseits in vielem angeregt und gefördert.

Alles in allem ist die moderne Astronomie eingebunden in ein großes Geflecht vieler Zweige von Wissenschaft und Technik. Die nachstehende Abbildung zeigt die Aufgliederung der Astronomie in Spezial- und Nachbargebiete. Sie vermittelt einen Eindruck der Leistung und des Nutzens der Sternwissenschaft, deren Bedeutung für die Zukunft der Menschheit nicht hoch genug veranschlagt werden kann.
Neben der wichtigen Tätigkeit der Berufsastronomen und anderer Fachwissenschaftler kann die Beschäftigung mit den Sternen auch für uns sinnvoll und lohnend sein, und zwar aus mehreren Gründen:

- Es ist ein natürlicher Drang des Menschen, die Welt, in der er lebt, kennen zu lernen und sich eine Vorstellung von ihr zu machen. Wissbegier ist der Anfang aller Bildung. Die Astronomie, mit der sich ein wesentliches Stück Kulturgeschichte der Menschheit verbindet, kommt diesem Bedürfnis nach Erweiterung des Horizonts in besonderer Weise entgegen. Sie lehrt uns die Kunst der Wahrnehmung, schärft die Augen und erzieht zum bewussten Mitleben und Miterleben in der Schöpfung.
- Es bereitet Freude und ist voller Faszination, sich der Weite und Schönheit des Kosmos zu öffnen. In einer Zeit, in der das Sichwundern, das Staunenkönnen immer mehr verlo-

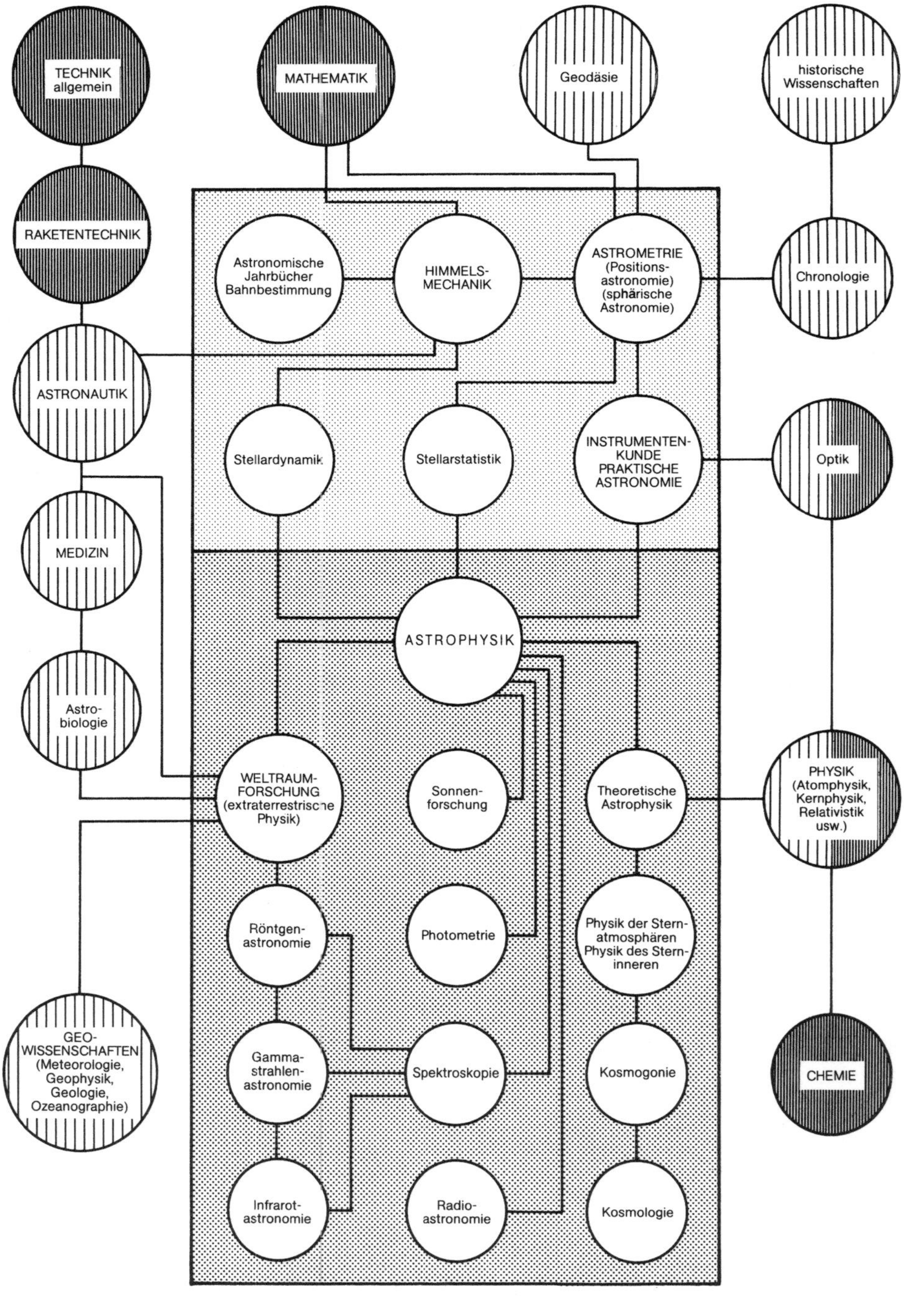
TECHNIK allgemein
MATHEMATIK
Geodäsie
historische Wissenschaften
RAKETENTECHNIK
Astronomische Jahrbücher Bahnbestimmung
HIMMELS-MECHANIK
ASTROMETRIE (Positions-astronomie) (sphärische Astronomie)
Chronologie
ASTRONAUTIK
Stellardynamik
Stellarstatistik
INSTRUMENTEN-KUNDE PRAKTISCHE ASTRONOMIE
Optik
MEDIZIN
ASTROPHYSIK
Astro-biologie
WELTRAUM-FORSCHUNG (extraterrestrische Physik)
Sonnen-forschung
Theoretische Astrophysik
PHYSIK (Atomphysik, Kernphysik, Relativistik usw.)
Röntgen-astronomie
Photometrie
Physik der Stern-atmosphären Physik des Stern-inneren
GEO-WISSENSCHAFTEN (Meteorologie, Geophysik, Geologie, Ozeanographie)
Gamma-strahlen-astronomie
Spektroskopie
Kosmogonie
CHEMIE
Infrarot-astronomie
Radio-astronomie
Kosmologie

ren zu gehen scheinen, kann die Beschäftigung mit der Himmelskunde diese Fähigkeit, die zum Wesen des Menschseins gehört, neu zurückgewinnen. **Wilhelm von Humboldt**, Gelehrter und Staatsmann, sagt von der Neigung zum gestirnten Himmel: »Wem dieser innere Sinn nicht erschlossen ist, entbehrt eine sehr große und eine der reinsten Freuden, die es gibt«.

- Im Zeitalter der Hektik und Betriebsamkeit geht von der Begegnung mit der Sternenwelt eine beruhigende Wirkung aus. Es bedeutet Entspannung und führt zu innerer Zufriedenheit, wenn man sich einem größeren Schöpfungszusammenhang aussetzt, in dem sich die Gesetze des Kommens und Gehens in unvergleichlich längeren Zeiträumen abspielen als im menschlichen Alltag. Der Sternenhimmel erscheint uns als ein Sinnbild für ruhiges Gleichmaß und zeitlose Dauer. Ein solcher

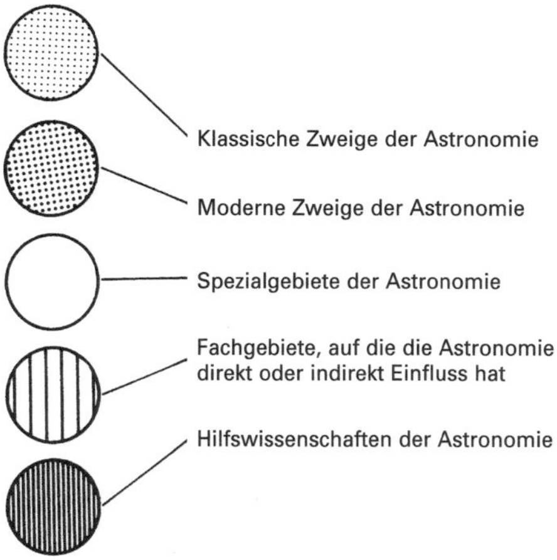

Übersicht über die Aufgliederung der modernen Astronomie (nach: »dtv-Atlas zur Astronomie«).

Hintergrund kann heilsam sein und zu größerer Gelassenheit gegenüber den Ansprüchen des Tages verhelfen.

- Während unser Lebensalltag auf gewohnten Gleisen abläuft und weithin vorprogrammiert ist, lädt der Sternenhimmel ins Unabsehbare ein und hält das Abenteuer zahlloser Überraschungen und Entdeckungen für uns bereit. Sicher ist die Zeit, in der Sternenfreunde und Amateurastronomen wissenschaftlich bedeutsame Entdeckungen am Sternenhimmel machten, so gut wie vorüber; aber auch Neu- und Ersteindrücke, die wir für uns selbst sammeln, mit denen wir sozusagen die Entdeckungen der Astronomie im bescheidenen Rahmen für uns nachvollziehen, haben ihren großen Reiz und Wert. Trotz Weltraumfahrt, trotz Fernseh-Reportagen und hervorragender Bildbände, die es auf sternkundlichem Gebiet heute gibt, werden uns der eigene Blick zum Firmament, die Beobachtungen – live – mit Feldstecher oder Fernrohr nach wie vor entscheidende Eindrücke vermitteln, weil sie Natur- und Schöpfungserleben aus erster Hand sind.
- Die Beschäftigung mit dem unermesslichen Weltall führt uns so wie keine andere Wissenschaft die Kleinheit des Menschen und die Grenze seines Wissens und Verstehens vor Augen. Sie appelliert an unsere Bescheidenheit und Selbstbesinnung. Damit hat die Astronomie auch eine ethische Bedeutung. **Max Gerstenberger**, der frühere Herausgeber des bekannten Kalenders **»Das Himmelsjahr«**, sagt: »Wer sich mit den Sternen befasst, sie beobachtet und

aufmerksam verfolgt, wer sich einen eigenen Einblick in die Vielfalt der Erscheinungen verschafft und auch immer wieder von Zeit zu Zeit einfach die Schönheit des nächtlichen Himmels auf sich wirken lässt, der kann gar nicht in die Hybris menschlicher Selbstüberschätzung geraten«. Und **Hans Joachim Störig**, Verfasser von **»Knaurs Buch der modernen Astronomie«**, sagt es so: »Ist es denkbar, dass ein Mensch, der etwas von den Geheimnissen des Alls erahnt hat, ein kleinlicher, egoistischer Mensch bleibt, rechthaberisch im Alltag und ohne Liebe zu den Menschen? Ich meine, die kosmische Perspektive müsste ihn über derartiges hinausheben.«

- Schließlich erhebt sich bei der Beschäftigung mit der Sternenwelt auch die grundsätzliche Frage nach dem Woher und Wohin, nach dem Sinn des Weltalls und des menschlichen Lebens. Hier stoßen wir auf den Grenzbereich zwischen der Sternenwissenschaft auf der einen Seite und der Philosophie bzw. Theologie auf der anderen Seite. Die Frage nach der Schöpfung endet vor der Frage nach dem Schöpfer.

Bruno H. Bürgel, Arbeiterastronom und Schriftsteller, schreibt am Ende seines Buches **»Aus fernen Welten«**: »Der Zweck der Welt und der unseres kleinen Seins liegt verborgen, aber wer wäre so vermessen, nicht doch anzuerkennen, dass ihr ein tiefer, ein erhabener Sinn innewohnen muss, dieser Unendlichkeit in Raum und Zeit, die voller Glanz, Zauber, Unbegreiflichkeit und Beglückung ist!« Und in Diesterwegs klassischer **»Himmelskunde«** steht das schöne und noch immer gültige Wort: »Eine erhebende Gewissheit erlangen wir immer wieder von neuem durch unsere Forschungen: dass das gewaltige Universum von großen, ewigen Gesetzen beherrscht wird. Wer sie gemacht hat und welchen Zweck diese Welt erfüllt, das wissen wir nicht. Aber es kommt doch, wenn wir das Firmament betrachten, wie eine Ahnung über uns, dass ein ewiger Geist uns zielbewusst führt.«

So hält die Astronomie die Frage nach Gott offen, nach einem Schöpfer, dessen Existenz naturwissenschaftlich weder bewiesen noch widerlegt werden kann, dessen Spuren wir aber doch in der Sternenwelt erahnen können.

Aus der Geschichte der Astronomie

Ursprung und Frühgeschichte

Die Astronomie ist eine moderne Wissenschaft, eine Wissenschaft mit Zukunft; zugleich aber ist sie die **älteste** Naturwissenschaft, die die Menschheit kennt. Wer sich mit ihr beschäftigt, sollte sich wenigstens einen kleinen Überblick über ihre Geschichte verschaffen.

Solange es Menschen gibt, werden die geheimnisvollen Lichter des Himmels im Blickfeld ihrer Aufmerksamkeit gestanden haben, vor allem das Tagesgestirn Sonne und das Nachtgestirn Mond. Für die systematische Beobachtung der Sterne gibt es bei den alten Kulturvölkern zwei Beweggründe. Einmal werden in vielen vorchristlichen Religionen die Gestirne wie **Götter** verehrt. Man fühlt sich von ihnen abhängig und versucht ihren Einfluss auf das menschliche Schicksal aus ihren Bewegungen und Stellungen zueinander abzulesen. Hier hat die Sterndeutung (Astrologie) ihre geschichtliche Wurzel. Zum anderen hängt das ursprüngliche Interesse an den Gestirnen mit dem

Stonehenge als Beispiel einer vorgeschichtlichen Sternkultstätte.

Astronomische Ausrichtung der Steine von Stonehenge bei Salisbury (Südengland). Der erste Teil der Anlage wurde um 2500 v. Chr. errichtet. Er besteht aus einer kreisförmig verlaufenden Steinreihe, einem Ring von 56 Löchern und dem Schlussstein. Der bekannte, aus hochkant aufgestellten Steinen bestehende Ring (vgl. Abbildung S. 11) entstand viel später und hat wohl keine astronomische Bedeutung.

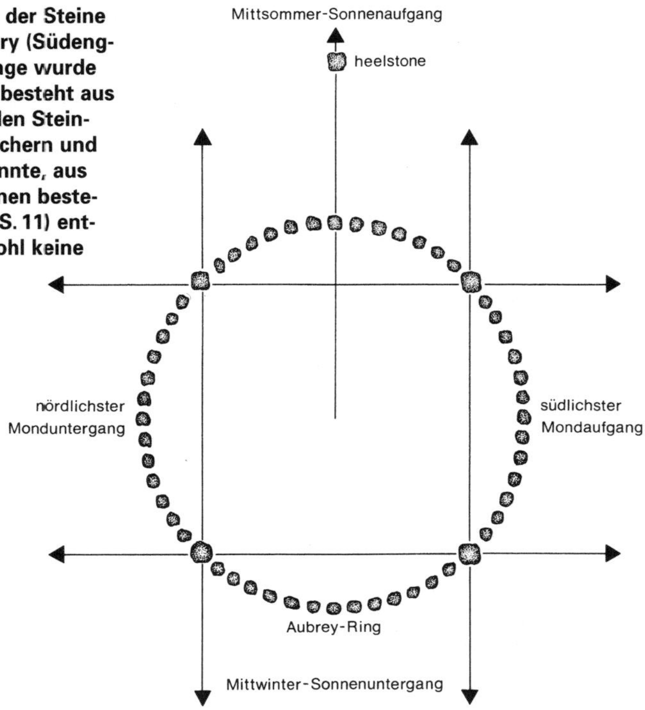

praktischen Bedürfnis nach einer geordneten **Zeitbestimmung** zusammen. Aus der täglichen Messung der Zeit erwächst der jährliche Kalender. Die anfängliche Beobachtung der Sterne gilt also religiösen und kalendarischen Zwecken. Sie wird demzufolge von Priesterastronomen durchgeführt.

Es gibt frühgeschichtliche **Bauwerke**, die diesen kultischen und astronomischen Doppelzweck erkennen lassen; z. B. den über 4000 Jahre alten Steinring **Stonehenge** bei Salisbury in Südengland, ein gewaltiges, mehrfach ergänztes Steinmonument, das die Hauptauf- und Hauptuntergangsrichtungen von Sonne und Mond markiert und der Bestimmung des Sommeranfangs gedient hat, oder etwa – zur gleichen Zeit erbaut – die große **Cheopspyramide** in Ägypten, deren Seiten genau in die vier Himmelsrichtungen weisen. Die Frühgeschichte der Astronomie ist geprägt durch die Himmelsbeobachtungen der Babylonier, Ägypter, Chinesen, Inder sowie der Mayavölker in Mittelamerika und der Azteken in Mexiko. Aus Schriften, Steintafeln und anderen Dokumenten geht hervor, dass die mathematischen Kenntnisse und die Beobachtungskunst in dieser Frühzeit bereits eine beachtliche Höhe erreichen. Es gibt eine Auslegung einer alten Handschrift der **Mayas**, die auf eine totale Mondfinsternis am 15. Februar 3379 v. Chr. Bezug nimmt. Im 4. Jahrtausend v. Chr. führen die **Ägypter** das 365-tägige Sonnenjahr ein. Im 3. Jahrtausend bestimmen die **Babylonier** die wichtigsten Sternbilder und geben ihnen Namen.

Altertum und Mittelalter

Ganz allmählich löst sich die Menschheit vom mythologischen Verständnis der Sterne (Gestirne als Götter) und findet zu einer wissenschaftlichen Betrachtung der Dinge. Das Altertum, besonders leuchtend durch die von den Griechen betriebene Sternkunde vertreten, versucht die Vorgänge am Sternenhimmel verstandesmäßig zu erfassen; es enthält auch Entwürfe, die das Weltbild philosophisch durchdringen und ordnen.

Thales von Milet sagt eine Sonnenfinsternis voraus, die dann auch termingerecht am 22. Mai 585 v. Chr. eintritt. Schüler von **Pythagoras** verfechten um 500 die Idee von der Kugelgestalt der Erde, wie sie später auch **Platon** (427–347) vertritt. Demokrit erblickt um 400 in der Milchstraße, den Erkenntnissen der Zeit weit vorgreifend, eine Ansammlung zahlloser schwacher Sterne. **Aristarch von Samos** (320–250) lehrt, dass sich die Erde um ihre Achse drehe und im Laufe eines Jahres sich um die Sonne bewege. Aber dieses wirklichkeitsgetreue Modell, für das die Zeit noch nicht reif ist, wird über lange Jahrhunderte hin wieder vergessen. **Eratosthenes** berechnet um 220 zum ersten Mal den Erdumfang, wenn natürlich auch noch ziemlich ungenau. **Hipparch von Rhodos** (190–125) erarbeitet den ersten uns bekannten Sternkatalog.

Mit **Ptolemäus** (85–160 nach Christi Geburt) schließlich, einem Ägypter, der in Alexandria wirkt, erreicht die damalige Sternkunde Vollendung und Abschluss. Er fasst in einem großen Werk, das 13 Bücher umfasst, alles zusammen, was in der bisherigen Astronomie als anerkannt gilt, und stellt ein Weltsystem auf, in dessen Mittelpunkt die Erde ruht. Dabei findet er durch ein scharfsinnig ausgeklügeltes Miteinander von aufgesetzten Kreisen bzw. Kugeln (so genannten Epizykeln; griechisch: epizyklos = Beikreis) hinreichende Erklärungen für die verwickelten Bewegungen der Planeten, die mit ihrer veränderlichen Geschwindigkeit, dem scheinbaren Stillstand und der Rückläufigkeit für das damalige Weltverständnis schwer in geordnete Bahnen zu bringen sind. Dieses **geozentrische Weltbild** ist seither mit dem Namen des Ptolemäus verbunden. Es bleibt bis in die Zeit des **Nikolaus Kopernikus** in Geltung.

In den nachfolgenden Zeitabschnitten sind es vor allem die **Araber**, die das astronomische Wissen des Altertums übernehmen und mehren. Berühmte arabische Himmelsforscher sind **Al Battani** (um 900; Festlegung der Sonnenbahn im Jahreslauf), **Ibn Junis** (um 1000; Planetenvermessung in der Sternwarte von Kairo) und **Nasireddin von Tusi** (um 1250; Herstellung von Sternkarten). Aus dieser Zeit rühren auch die arabischen Sternennamen her, die sich in unserer Überlieferung erhalten haben, wie z. B. »Beteigeuze« für den bekannten linken Schulterstern des Orion. Durch die Araber gelangt die antike Himmelskunde in das Abendland.

So wird gewissermaßen die Fackel von einem Kulturbereich an den anderen weitergegeben. Im Abendland gehört die astronomische Wissenschaft bald zu den **Pflichtfächern** des akademischen Werdeganges; unter den sieben freien Künsten, die den Inhalt der Bildung ausmachen, befindet sich auch die Sternkunde. Mit einem gewissen Recht hat man die mittelalterliche **Theologie** und die herrschende Dogmatik der Kirche als ein Hemmnis für die freie Entfaltung der Naturwissenschaften angeprangert; nur darf man nicht übersehen, dass es in diesem Zeitraum auch bedeutsame positive Anregungen seitens der Theologie gibt: Tonangebende Theologen wie **Albertus Magnus** und **Thomas von Aquin** rühmen und fördern die Wissenschaft von den Sternen als Hilfe zur wahren Gottes- und Welterkenntnis. Man vergesse nicht, was es bedeutet, dass der biblische Schöpfungsbericht – im Gegensatz zu den Vorstellungen anderer Kulturen, die in den Sternen noch zu verehrende Gottheiten sahen – die Sterne nüchtern, fast ironisierend als »Lampen« bezeichnet, die Gott in seiner Schöpfung installiert. Hier wurzelt bereits die »Entgötterung« der Sterne, die der freien Erforschung durch den Menschen Raum gibt.

Die kopernikanische Wende und die Folgezeit

Die weitere Entwicklung der Astronomie ist gekennzeichnet durch den bedeutsamen Umschwung vom geozentrischen (Erde im Mittelpunkt) zum **heliozentrischen Weltbild** (Sonne im Mittelpunkt). Er vollzieht sich im 16. Jahrhundert und ist mit dem Namen **Nikolaus Kopernikus** (1473–1543), Domherr und Astronom in Frauenburg (Ostpreußen), verbunden. Kopernikus

Nikolaus Kopernikus.

lehnt das Weltbild des Ptolemäus ab und begreift die Sonne als Mittelpunkt des Sternsystems, in dem die Erde als **ein** Planet unter anderen die Sonne umkreist. Erst am Ende seines Lebens lässt Kopernikus sich dazu bewegen, seine Erkenntnisse in einem sechzehnbändigen astronomischen Werk zu veröffentlichen.

Das neue Weltbild, das aus den Überlegungen des Kopernikus erwachsen ist, wird in der Folgezeit durch die praktischen Beobachtungen von **Tycho Brahe** (1546–1601) – einem Dänen, der auf seiner Sternwarte »Uranienborg« noch ganz ohne Fernrohr vorbildliche Beobachtungen durchführt –, **Galileo Galilei** (1564–1642) und **Johannes Kepler** (1571–1630) bestätigt. Trotzdem setzt es sich in der Allgemeinheit erst allmählich und nur gegen Widerstände durch und ist von so einschneidender Bedeutung, dass man sein Auf-

kommen als den **Beginn der Neuzeit** auffasst.
Mit **Galilei**, seit 1592 Professor für Mathematik und Astronomie in Padua und ab 1610 Hofmathematiker und Philosoph in Florenz, beginnt der für die künftige Sternkunde entscheidende Schritt zur Beobachtung mit dem **Fernrohr**. 1609 hört Galilei von der Erfindung des Fernrohrs durch den niederländischen Brillenmacher **Jan Lipperhey** ein Jahr zuvor. Er konstruiert es selbstständig nach und richtet es als Erster auf den Sternenhimmel. Er erkennt mit seinem einfachen, etwa 30-fach vergrößernden Rohr das Relief der Mondoberfläche mit Bergen und Tälern, die vier großen Jupitermonde, die ihm als ein kleines Modell des Sonnensystems erscheinen, die Verdickung des Ringplaneten Saturn, die Lichtphasen der Venus und den Sternencharakter der Milchstraße. Damit beginnt die **optische Entschleierung** der Welt um uns herum.
Für Galilei ist es klar, dass die Erde damit nur **ein** Weltkörper unter anderen Weltkörpern und nicht der Mittelpunkt aller Bewegungen ist. Er tritt öffentlich für das kopernikanische Weltbild ein und möchte eine offizielle Billigung der neuen Lehre durch die katholische Kirche herbeiführen. Aber Rom, das an den überlieferten Vorstellungen festhält, stellt in einem Gutachten fest, diese Lehre sei philosophisch töricht und absurd und sei theologisch eine Irrlehre, die der Heiligen Schrift und ihrer Auslegung durch die Kirche widerspreche. So muss Galilei am Ende den Prozess der Inquisition über sich ergehen lassen und widerrufen. Wenn auch unter tragischem Vorzeichen, so steht doch der Name Galilei dafür, dass die Astronomie sich aus der Verbindung

Johannes Kepler.

Galileo Galilei.

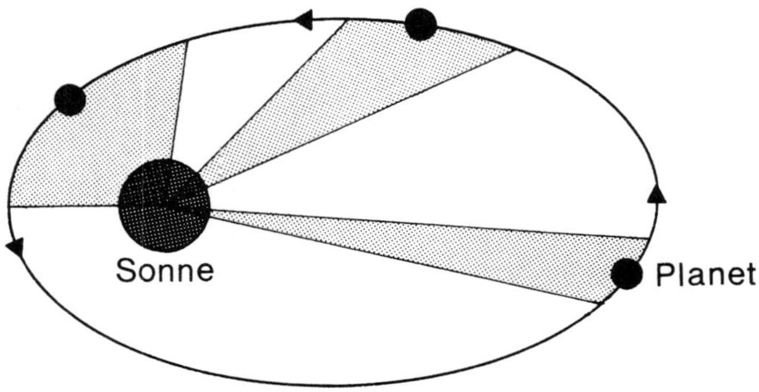

Die Keplerschen Bewegungsgesetze:
1. **Ein Planet bewegt sich auf einer Ellipse, in deren einem Brennpunkt die Sonne steht.**
2. **Der Radiusvektor eines Planeten (die gedachte Verbindungslinie zwischen Planet und Sonne) überstreicht in gleichen Zeiten gleiche Flächen. Ein Planet in Sonnennähe bewegt sich daher schneller als in Sonnenferne.**
3. **Das Quadrat der Umlaufzeit eines Planeten (Planetenjahr) ist proportional dem Kubus seiner mittleren Entfernung von der Sonne. Kennt man seine Umlaufzeit, so kann man seinen Abstand von der Sonne berechnen.**

mit einer bestimmten Weltanschauung zu lösen beginnt und mehr und mehr ihrer Eigengesetzlichkeit bewusst wird. **Johannes Kepler**, zeitweise kaiserlicher Astronom in Prag, dessen Leben weithin von Krankheit, Not und Armut geprägt ist, hat in einem Punkt Glück im Unglück: Deutschland ist konfessionell zerstritten, und keine obrigkeitliche Instanz kann ihn in der Arbeit hemmen, die er ganz zu Gunsten des kopernikanischen Weltbildes leistet. Antrieb seiner Forschung ist die Überzeugung von einer göttlichen Ordnung und Harmonie, die das Weltsystem durchwalte. Er widmet sich der Untersuchung der **Planetenbahnen** und entdeckt ihre **Gesetzmäßigkeiten**, die er in drei Gesetzen zusammenfasst. Das **erste** nach ihm benannte Gesetz besagt, dass sich die Planeten in Ellipsen (nicht – wie noch Kopernikus annimmt – in Kreisen) bewegen, in deren einem Brennpunkt die Sonne steht. Das **zweite** Gesetz lautet: Der Leitstrahl (die Verbindungsstrecke zwischen Sonne und Planet) überstreicht in gleichen Zeiten gleiche Flächen. Es erklärt die ungleichförmige Geschwindigkeit der Planetenbewegungen; in Sonnennähe ist sie höher als in Sonnenferne. Die antike Vorstellung von der vollkommen gleichförmigen Geschwindigkeit der Planeten wird damit hinfällig. Im **dritten** Gesetz macht Kepler aufschlussreiche Aussagen über die Beziehungen zwischen Sonnenentfernung und Umlaufzeit um die Sonne: Die Quadratzahlen der Umlaufzeiten zweier Planeten verhalten sich ebenso zueinander wie die Kubikzahlen der Sonnenabstände.

Erforscht Kepler das »Wie« der Planetenbewegungen, so interessiert den Engländer **Isaac Newton** (1643–1727), Professor der Mathematik in Cambridge, das »Warum« dieser Planetenbewegungen. Er widmet sich der Ursache, der Kraft, die die Himmelskörper veranlasst, ihre Bewegung um die Sonne nach den Keplerschen Gesetzen zu vollziehen und stellt sein **Gravitationsgesetz** auf (Gesetz von der Anziehungskraft). Er ist der Entdecker der Anziehungskraft. Das Gravitationsgesetz besagt: Jeder Körper zieht jeden anderen Körper an, und zwar mit einer Kraft, die einerseits mit der Masse des Körpers zunimmt und andererseits mit zunehmender Entfernung abnimmt. Hat die Anziehungskraft in einer bestimmten Entfernung eine bestimmte Größe, so ist ihr Betrag in der dreifachen Entfernung nur der dreimal dritte = neunte Teil; kurz: die Anziehungskraft nimmt im Quadrat der Entfernung ab. Dieses Gesetz Newtons erklärt alle wichtigen Bewegungsvorgänge im All, wenn auch die eigentliche Natur der Gravitationskraft ein bis heute ungelöstes Rätsel ist.

Das 18. und 19. Jahrhundert

Das 18. und 19. Jahrhundert bringen in mehrfacher Hinsicht einen Aufschwung der Astronomie, vor allem auch der deutschen Astronomie. Die Weiterentwicklung des Fernrohrs in seinen beiden Grundtypen – des **Linsenfernrohrs** (Refraktor) und des **Spiegelfernrohrs** (Reflektor) – sowie der Einsatz vortrefflicher Mess- und Hilfsgeräte sind gute Voraussetzungen für eine verlässliche »Bestandsaufnahme« des Weltraums und Erforschung der Fixsterne. Sie werden genutzt durch eine Reihe hochbegabter Himmelsbeobachter.

Wilhelm Herschel (1738–1822), gebürtiger Hannoveraner und ursprünglich Militärmusiker, macht in England,

Isaac Newton.

Wilhelm Herschel.

Das Riesenteleskop Wilhelm Herschels in Bath bei London.

wo er sich in Bath bei London ein großes Fernrohr baut, als Astronom Karriere durch die Entdeckung des **Uranus** (13. 3. 1781). Zahlreiche weitere Entdeckungen und eine umfassende Katalogisierung und Vermessung der Fixsterne gehen auf ihn zurück. Herschel erkennt bereits, dass es neben den scheinbaren Doppelsternen, die nur aus der Sicht der Erde zusammenstehen, viele echte Doppelsternsysteme gibt, in denen zwei Sonnen um einen gemeinsamen Mittelpunkt kreisen. Er konstruiert Riesenfernrohre von 12 Meter Brennweite, mit denen er die Milchstraße erforscht.

Giuseppe Piazzi (1746–1826), Astronom in Palermo, entdeckt in der Neujahrsnacht 1800/1801 im Raum zwischen Mars und Jupiter den ersten **kleinen Planeten**, der den Namen Ceres erhält. Zahlreiche andere kleine Planeten (Asteroiden, Planetoiden) werden in der Folgezeit entdeckt. **Friedrich Wilhelm Bessel** (1784–1846) gelingt es 1838 in Königsberg, zum ersten Mal die **Entfernung eines Fixsternes** zu messen. Es handelt sich um den Stern 61 Cygni, einen schwachen Stern im Sternbild des Schwanes (cygnus = Schwan). Bessel errechnet eine Entfernung von 9,3 Lichtjahren, was der Wirklichkeit nahe kommt. Damit gewinnt man allmählich ein Bild von der Entfernung der Fixsterne. Bessel sagt bereits die Begleitsonnen des Sirius und des Prokyon voraus, die viele Jahre später tatsächlich optisch nachgewiesen werden können.

Friedrich Wilhelm Argelander (1799–1875), Direktor der Sternwarte in Bonn, erarbeitet die **»Bonner Durchmusterung«**, ein verdienstvolles Sternverzeichnis des Nordhimmels (mit Atlas) und gibt der Erforschung der veränderlichen Sterne eine wissenschaftliche Grundlage. Der Franzose **Urbain Leverrier** (1811–1877) berechnet 1846 in Paris aus Bahnstörungen des Uranus den wahrscheinlichen Ort eines weiteren, noch unbekannten großen Planeten, der von dem Berliner Astronomen **J. G. Galle** am 23.9.1846 genau an jener Stelle mit dem Fernrohr erfasst wird – eine mathematische Glanzleistung in der Geschichte der Astronomie! Der »neue« Planet erhält den Namen **Neptun**.

Ein besonderes Interesse der Astronomen des 19. Jahrhunderts gilt den **Kometen** und der Berechnung ihrer Bahnen. Es wird unter anderem durch die Wiederkehr des berühmten Halleyschen Kometen im Jahre 1835 beflügelt. **Giovanni Viuginio Schiaparelli** in Mailand entdeckt die Zusammenhänge zwischen Meteorschwärmen und Kometen. So wachsen Schritt für Schritt die Vorstellungen von unserem Planetensystem und von der Fixsternwelt.

Zwei großartige Erfindungen eröffnen den Astronomen des 19. Jahrhunderts neue Forschungsmöglichkeiten auf bisher ungeahnten Gebieten: die Fotografie und die Spektralanalyse.

Die **Fotografie** (seit 1830) wird verhältnismäßig früh der Erforschung des Himmels nutzbar gemacht und entwickelt sich zu einem unentbehrlichen Arbeitszweig der Sternkunde. Der Vor-

Der erste Schmidtspiegel kann im Schmidtmuseum der Hamburger Sternwarte besichtigt werden. Das Instrument bietet ein ungewöhnlich großes Gesichtsfeld und gewährt eine von Abbildungsfehlern freie Beobachtung. Es können damit fotografische »Weitwinkelaufnahmen« ohne Verzerrung der Sterne auch am äußersten Rand des Gesichtsfeldes gemacht werden.

Das Lippert-Teleskop wurde bereits 1911 in der Kuppel der Hamburger Sternwarte aufgestellt. Seit den 80er Jahren dient es als Übungsteleskop und wird immer noch an öffentlichen Beobachtungsabenden genutzt.

Blick auf die Anlage der Hamburger Sternwarte, die zur Universität gehört.

teil ihres Einsatzes liegt in Folgendem: Die fotografische Platte kann Lichteindrücke ansammeln, sodass bei langen Belichtungszeiten noch Himmelskörper sichtbar werden, die sich der Beobachtung durch das Auge entziehen. Außerdem ist der fotografische Vorgang frei von menschlichen Beobachtungsfehlern und liefert Dokumente, die für lange Zeiträume immer wieder zu Vergleichen und Kontrollen herangezogen werden können. Die Himmelsfotografie bewährt sich vor allem bei der Erforschung von Nebeln, Sternhaufen und der Milchstraße, aber auch bei der Entdeckung der kleinen Planeten. **Max Wolf** in Heidelberg (1863–1932) führt 1890 die fotografische Methode zur Erfassung der Asteroiden ein.

Die **Spektralanalyse** (lat.: spektrum = wahrgenommene Erscheinung; grch.: analysis = Auflösung, Untersuchung) untersucht die Erscheinung des bunten Lichtbandes, das sich aus der Brechung des Sonnen- und Sternenlichtes in einem Glasprisma ergibt. Ohne sie wäre die Entfaltung der neueren Astronomie gar nicht vorstellbar. Der Regenbogen kommt bekanntlich dadurch zu Stande, dass das weiße Sonnenlicht in den unzähligen Wassertropfen einer Regenwand gebrochen wird und als Farbband erscheint. Ganz ähnlich wird ein Sonnenstrahl, künstlich auf ein **Prisma** (Dreikant aus Glas) gelenkt, gebrochen und zu einem breiten Farbband, dem **Spektrum**, auseinander gezogen.

Bereits 1814 entdeckt der Münchner Optiker **Joseph von Fraunhofer** (1787–1826) im Spektrum der Sonne eine große Zahl dunkler Striche, die nach ihm benannten **Fraunhoferschen Linien**. Er untersucht sie und kennzeichnet sie mit Buchstaben, weil er ihre wegweisende Bedeutung ahnt. Man vergleicht nun das Sonnenspektrum mit den Spektren irdischer Lichtquellen (z. B. glühender Gase) und findet heraus, dass jeder Stoff eine andere, nur ihm gemäße Anordnung der Fraunhoferschen Linien zeigt. So gibt es Natrium-, Helium-, Wasserstofflinien usw. An diesen charakteristischen Linien kann jeder Stoff, jedes Element auf der Erde wie im Weltall erkannt werden.

Vor allem die beiden deutschen Gelehrten **Wilhelm Bunsen** (1811–1899) und **Gustav Kirchhoff** (1824–1887) tun sich in der Spektrumsforschung hervor und formulieren die Grundlage der Spektralanalyse. Sie weisen nach, dass die Fraunhoferschen Linien im Sonnenspektrum deshalb dunkel sind – im Gegensatz zu den hellen Linien, die irdische Lichtquellen in ihren Spektren zeigen –, weil das Licht, ehe es die Sonne verlässt, eine kühlere äußere Gasschicht durchwandert, in der es zu einem Teil verschluckt wird. So können mit Hilfe der Spektralanalyse der Zu-

stand und die stoffliche Zusammensetzung der Gestirne erforscht werden. Die Sterne werden nach bestimmten **Spektralklassen** eingeteilt. Das bedeutet den Beginn der **Astrophysik**, die nun der herkömmlichen Astronomie, welche sich der Bewegung und räumlichen Verteilung der Sterne widmet, zur Seite tritt.
Auf dem Weg über die Spektralanalyse wird es auch möglich, festzustellen, ob sich die Fixsterne auf die Erde zubewegen oder ob sie sich von ihr entfernen und mit welcher Geschwindigkeit sie das tun (**Radialgeschwindigkeit**, Geschwindigkeit im Gesichtsradius). Das geschieht durch die Anwendung des Dopplerschen Prinzips auf die Fraunhoferschen Linien. **Christian Doppler** (1803–1853), österreichischer Mathematiker und Physiker, weist nach: Eine Schallquelle, die sich uns nähert (z. B. ein Motorrad oder ein Flugzeug), sendet mehr Schallwellen in der Zeiteinheit an unser Ohr; darum steigt die Tonhöhe an. Entfernt sich die Schallquelle wieder, erreichen uns weniger Schallwellen in der Zeiteinheit und die Höhe des Tones sinkt (**Dopplersches Prinzip**, Doppler-Effekt).
Diese Überlegung gilt auch für die Lichtwellen. Von einer sich uns nähernden Lichtquelle gehen mehr Schwingungen in der Zeiteinheit aus als von einer sich entfernenden. Da zu jeder Farbe eine bestimmte Schwingungszahl gehört, lässt sich an der Farbveränderung im Sternenspektrum die Annäherung oder Entfernung einer Fixsternsonne ablesen. Im ersten Fall erscheinen die Fraunhoferschen Linien nach der blauen Richtung hin verschoben **(Violettverschiebung)**, im zweiten Fall in Richtung des Rot **(Rotverschiebung)**. Aus der Größe dieser Verschiebung kann die Geschwindigkeit der Annäherung oder Entfernung pro km errechnet werden. Der englische Astronom **Sir William Huggins** (1828–1910) ist es, der diese Zusammenhänge als Erster erkennt und 1868 am Beispiel des Sirius veröffentlicht.

Theorien der Weltentstehung und des Weltaufbaus

Angesichts der vielen neuen Erkenntnisse in der Sternkunde machen Naturwissenschaftler und Philosophen mehr und mehr den Versuch, die schwierige Frage nach der Entstehung der Welt (grch.: Kosmogonie = Weltentstehung) zu beantworten. Da zunächst das Planetensystem als unsere unmittelbare astronomische Umwelt ins Blickfeld kommt, handeln die ersten Entwürfe der Weltentstehungslehre nur von ihm. Der Königsberger Philosoph **Immanuel Kant** (1724–1804) stellt 1755 in der **»Allgemeinen Naturgeschichte und Theorie des Himmels«** seine berühmte **Meteoritenhypothese** (grch.: Meteorit = festes Teilchen; Hypothese = wissenschaftliche Annahme) auf. Danach steht am Anfang eine riesige Urwolke, deren Bestandteilchen in Bewegung sind, zusammenstoßen, an Geschwindigkeit einbüßen und zum Zentrum der Nebelmasse angezogen werden, wo sich schließlich die Sonne bildet. Die Materieteilchen, die eine mehr seitwärts gerichtete Beschleunigung erhalten, ballen sich nach und

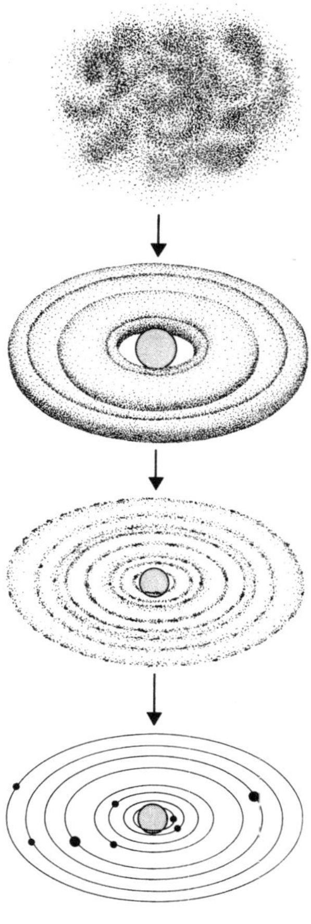

Schematische Darstellung der Entstehung des Sonnensystems. Sonne und Planeten entstanden aus einer Gas- und Staubwolke, die infolge ihrer Eigengravitation kollabierte. Umgeben von einer ballenförmigen Materiewolke bildete sich die Sonne zuerst. Durch den Aufbau und die Verschmelzung massiver Materieballungen wurden die Planeten gebildet. Ein großer Teil des Gases in der Materiewolke verwehte ins All.

nach in der Ebene der Sonnenbahn zu Planeten und Monden zusammen. Gegen Einzelheiten der Kantschen Theorie werden später mancherlei Argumente ins Feld geführt; das Grundmodell von einer sich bewegenden Staub- und Gasmasse aber gibt bis in die Gegenwart den Rahmen der Überlegungen ab.

Der französische Astronom und Mathematiker **Pierre Laplace** (1749–1827) entwickelt 1796 seine **Nebularhypothese** (lat.: nebula = Nebel). Sie geht von einer rotierenden Gaswolke aus (Ursonne), die sich durch Abkühlung zusammenzieht und dadurch ihre Rotationsgeschwindigkeit erhöht. Am Äquator der Ursonne wird die Fliehkraft größer als die Anziehungskraft, sodass nach und nach einige Materieringe weggeschleudert werden, aus denen sich die Planeten bilden. Auf gleiche Weise spalten sich von den Planeten Ringe ab, aus denen dann die Monde werden. In diesen Zusammenhang gehören später im 20. Jahrhundert die Theorien von Jeans, Weizsäcker, Kuiper und Alfvén.

Nach Ansicht des englischen Astronomen **James Hopwood Jeans** (1877–1946) geht das Planetensystem aus einer Begegnung der Sonne mit einem fremden Fixstern hervor; dieser Stern zieht sich beim Vorübergang einen Materiearm aus der Sonne heraus, aus welchem sich dann die Planeten bilden. Danach wäre die Entstehung eines Planetensystems ein Ausnahme- und Sonderfall.

Der deutsche Astronom und Physiker **Carl Friedrich von Weizsäcker** (* 1912) stellt 1944 seine **Turbulenztheorie** (lat: turbulentus = unruhig, stürmisch) auf, die die Bildung der Planeten durch Wir-

Carl Friedrich von Weizsäcker.

bel in der Urwolke erklärt, welche zu Verdichtungen der Materie führen. Sie findet weithin Beachtung.

Der Amerikaner **Gerard Peter Kuiper** (1905 – 1973) sieht die Bildung des Planetensystems in engem Zusammenhang mit der Fixsternentstehung. Aus der Urwolke können – je nach ihrer Form und ihren Bewegungsverhältnissen – entweder ein Doppelsternsystem mit zwei etwa gleich großen Fixsternsonnen entstehen oder aber eben eine Sonne und ein Planetensystem. Diese Theorie, die ebenfalls zahlreiche Anhänger findet, wird später nach verschiedenen Seiten hin abgewandelt und ergänzt.

Der schwedische Astronom **Hannes Alfvén** (* 1908) schließlich greift 1942 in Stockholm wieder auf die Meteoritenhypothese zurück, verbindet sie aber mit der Wirkung von zwischen den Sternen befindlichen Magnetfeldern. Die Sonne tritt danach in eine kosmische Staubwolke ein und sammelt die festen Teilchen in ihrer magnetischen

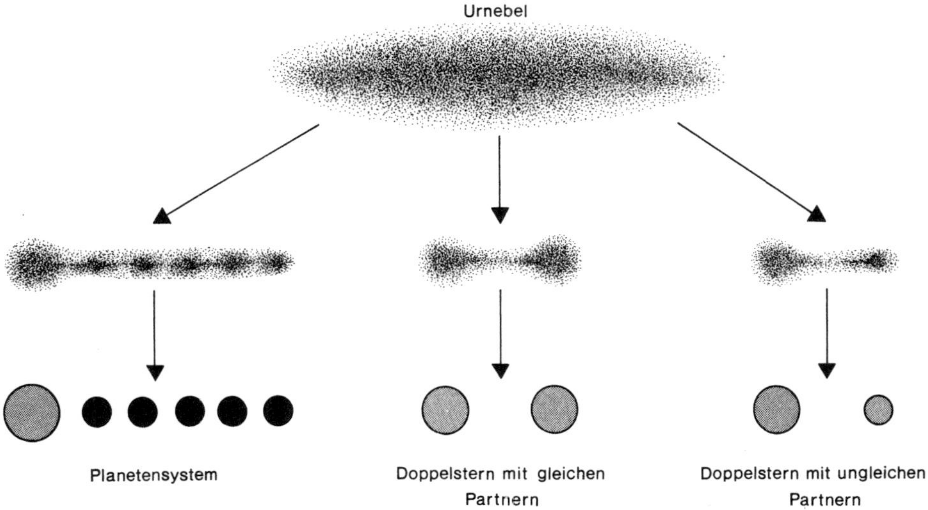

Schema der Entstehung von Doppelsternen und Planetensystemen.

Äquatorebene, aus denen die Planeten entstehen.

Auch in der Kosmologie (grch.: Kosmos = All, Logos = Lehre) tut sich einiges. Während sich die Kosmo**gonie** den Fragen der Weltentstehung widmet, geht es in der Kosmo**logie** um den Aufbau der Sternsysteme und des Weltalls. Hier ist man – noch ohne die umfassenden Beobachtungsmöglichkeiten der Moderne – weithin auf Denkvorstellungen und Vermutungen angewiesen. Umso erstaunlicher ist es, dass manche Theorien dieser Zeit über den Bau des Weltalls Ansätze zeigen, die sich durch die spätere Forschung als richtig erweisen.

Thomas Wright in Durham veröffentlicht 1750 sein Buch **»Eine neue Theorie oder Hypothese vom Universum«**. Er entwickelt darin bereits die Idee von einer flachen, scheibenförmigen Gestalt der Milchstraße und erläutert, warum die Milchstraße den Eindruck einer Zusammendrängung von Sternen machen muss. **Kant** greift diesen Gedanken auf und erklärt die runden und länglichen Nebelflecken, die zu seiner Zeit mehr und mehr am Himmel entdeckt werden, als fremde Sternsysteme, die unserer eigenen Milchstraße vergleichbar sind.

Vor allem aber ist es der deutsche Astronom **Johann Heinrich Lambert** (1723–1777), der die Natur der Milchstraße denkerisch erfasst und ein Modell vom Weltall entwirft, das der Wirklichkeit schon sehr nahe kommt. In seinen **»Kosmologischen Briefen«** (1761!) spricht er von Weltsystemen immer höherer, größerer Ordnung: Erde und Mond – Sonne und Planeten – Fixsterne als Sonnensysteme – Sternhaufen als Schwärme von Sonnensystemen –

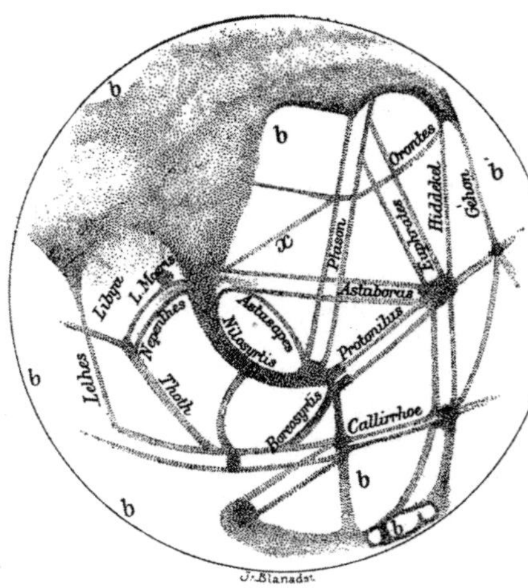

So sah und zeichnete Schiaparelli die »Marskanäle«, die sich später als optische Täuschung herausstellten.

Giovanni Schiaparelli.

unser Milchstraßensystem als ganz große Ansammlung von Sternen und Sternhaufen – ferne Nebel als fremde Milchstraßensysteme (Welteninseln) – viele solcher Welteninseln wiederum zu einer größeren Ordnung zusammengefasst. So weiten sich die astronomischen Horizonte ins Unermessliche, und die Bauelemente des Alls sind nicht mehr Sterne, sondern Sternsysteme verschiedener Größenordnungen.

Geradezu volkstümlich wird die Beschäftigung mit den Sternen, als der Mailänder Astronom **Giovanni Schiaparelli** (1835–1910) 1877 die so genannten **»Marskanäle«** entdeckt, die sich später als eine optische Täuschung herausstellen, und sie als ein künstlich angelegtes Wasserkanalsystem intelligenter Marsbewohner deutet. Damit bekommt die alte Frage des Menschen nach möglichen Lebewesen auf anderen Sternen neuen Auftrieb, und manche fantasievolle Theorie darüber wird in Vorträgen und Veröffentlichungen verbreitet und diskutiert.

Ein Beispiel für die damalige Marsbegeisterung ist der amerikanische Geschäftsmann und Privatastronom **Percival Lowell** (1855–1916). Er ist so vom Geheimnis des Mars fasziniert und von seiner Bewohnbarkeit überzeugt, dass er 1894 in Flagstaff/Arizona eine eigene Sternwarte errichtet (das heutige Lowell-Observatorium), in der er sich vor allem der Erforschung unseres roten Nachbarplaneten widmet. Eine Flut von Marsromanen ergießt sich auf den Büchermarkt, darunter 1897 der noch heute lesenwerte Science-Fiction-Roman **»Auf zwei Planeten«** von **Kurd Laßwitz**.

Das 20. Jahrhundert

Im 20. Jahrhundert nimmt die Sternforschung einen ungeahnten Aufschwung. Sie widmet sich zunächst zwei Themenkreisen: dem Aufbau und der Entwicklung der Fixsterne einerseits und der Sternsysteme (Galaxien und Galaxienhaufen) andererseits. Bei der Erforschung der **Sternentwicklung** erweist sich das **Hertzsprung-Russell-Diagramm** von 1913 (mit späteren Erweiterungen) als besonders aufschlussreich. Der dänische Astronom **Ejnar Hertzsprung** (1873–1967) und der amerikanische Astrophysiker **Henry Norris Russell** (1877–1957) erarbeiten ein Diagramm – d. h. eine zeichnerische Darstellung zahlenmäßiger Beziehungen – über den Zustand der Sterne. Es setzt die Oberflächentemperatur bzw. den Spektraltyp und die Leuchtkraft der Sterne zueinander in Beziehung. Dieses Diagramm wird zum Schlüssel für die Theorie der Sternentwicklung. Jeder Stern hat seine eigene Geschichte. Sie hängt entscheidend von der Größe seiner Masse ab. Die Farben und Größen der Fixsterne stellen verschiedene Stufen der Entwicklung dar.

Die Reihenfolge der **Lebensstationen** eines Sternes lässt sich – stark vereinfacht – in Folgendem zusammenfassen: Ein Stern entsteht – wahrscheinlich immer in Gemeinschaft mit anderen Sternen – durch Verdichtung einer Gas- und Staubwolke. Die Energie durch Zusammenziehung ergibt ein vorübergehendes Aufleuchten. Der Stern tritt dann in die Hauptreihe des Hertzsprung-Russell-Diagrammes ein. Die

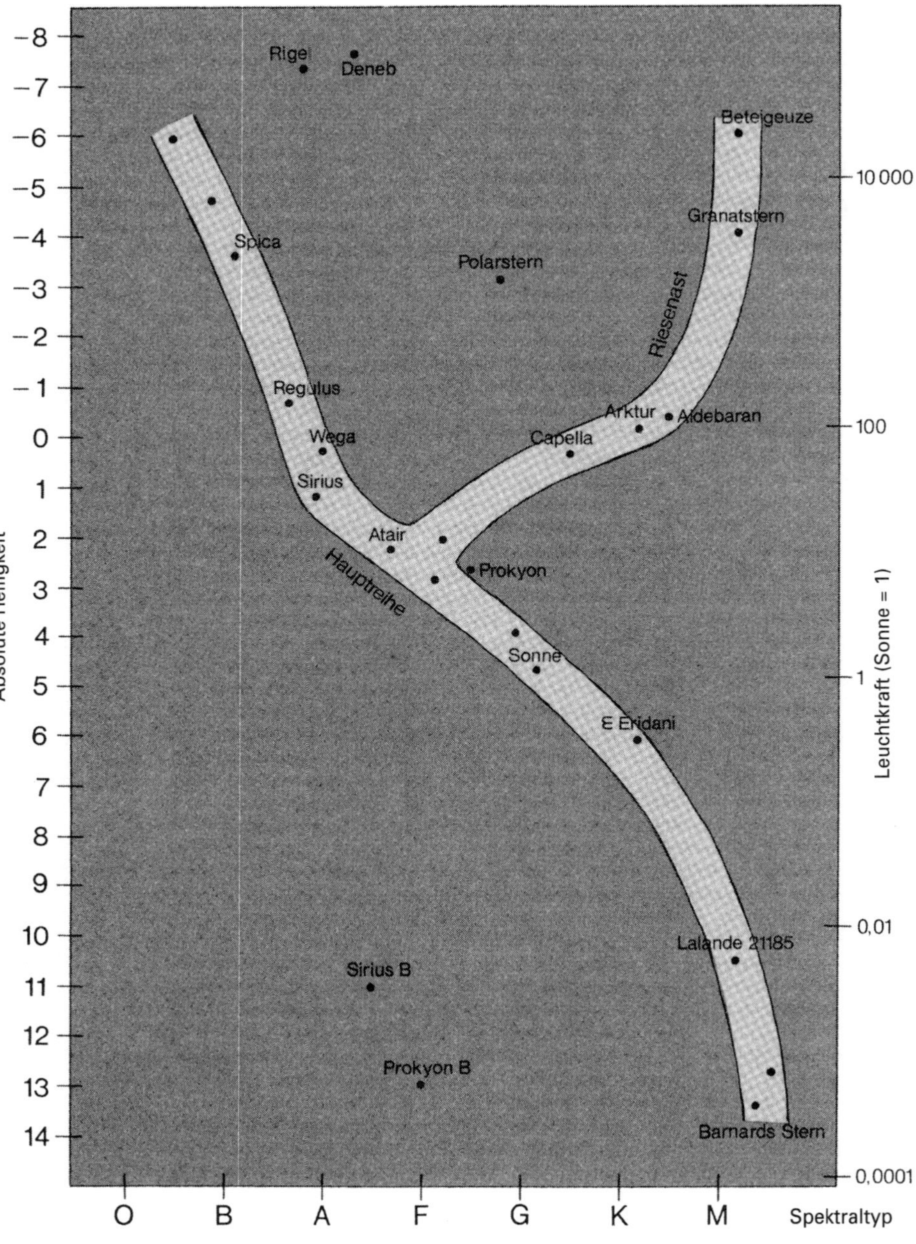

Das Hertzsprung-Russell-Diagramm lässt Rückschlüsse auf die physikalische Beschaffenheit der Sterne zu: »Normale« Sterne befinden sich auf der von links oben nach rechts unten verlaufenden Hauptreihe; ihre genaue Position hängt im Wesentlichen von ihrer Masse ab. Je weiter links ein Stern steht, desto höher ist die Temperatur seiner Oberfläche, je weiter oben er angesiedelt ist, desto größer ist seine Energieabgabe und damit seine Leuchtkraft.

atomare **Kernverschmelzung** (Umwandlung von Wasserstoff in Helium) setzt ein und liefert dem Stern die notwendige Energie. Der »Aufenthalt« in der Hauptreihe ist der wichtigste Abschnitt im Leben eines Sterns. Seine Dauer ist begrenzt und hängt wiederum mit der Masse eines Sterns zusammen: Je größer die Ausgangsmasse, desto stürmischer und kürzer das Sternendasein. Masseärmere und ruhige Sterne wie unsere Sonne bleiben etwa 10 Milliarden Jahre auf der Hauptreihe. Ist der Vorrat an Wasserstoff erschöpft, geht der Stern zu anderen Kernreaktionen über und verbrennt immer schwerere Elemente. Er bläht sich auf, wird zum **»Roten Riesen«** mit gewaltig gesteigerter Leuchtkraft und wandert damit in den Bereich des Riesenastes, rechts oben im Hertzsprung-Russell-Diagramm.

Das Endstadium – mit gigantischen Katastrophen verbunden – kann sehr verschieden aussehen. Ein Stern vom Typ unserer Sonne endet als **»Weißer Zwerg«**, hundert- bis tausendmal kleiner als unsere jetzige Sonne, aber von ungeheurer Dichte. Er kühlt schließlich aus. Sterne mit einer Restmasse von mehr als 1,4-facher Sonnenmasse können noch weiter zusammenstürzen. Sie enden als **Neutronensterne** mit nur 10–100 km Durchmesser und einer Dichte von 1–10 Millionen t pro cm^3. Weiße Zwerge und Neutronensterne stehen im Hertzsprung-Russell-Diagramm im linken unteren Feld. Schließlich gibt es für Sterne mit einer Restmasse von über 2,2 Sonnenmassen einen vollständigen Zusammenbruch (Kollaps) in Form eines so genannten **»Schwarzen Lochs«**. Bei diesem Zusammenbruch werden so hohe Energien freigesetzt, dass die äußersten Sternenschichten ausbruchsartig abgestoßen werden (Supernova-Ausbrüche). Ein Schwarzes Loch (engl.: black hole) – optisch und radioteleskopisch nicht nachweisbar – ist ein Restgebilde eines Sterns, das eine so starke Anziehungskraft ausübt, dass es seine eigene Strahlung nicht mehr fortlässt und dazu alle Materie seiner Umgebung an sich reißt und verschlingt.

Aus der Theorie des Sternaufbaues ergeben sich für das Zentrum der Sonne und der artverwandten Sterne auf der Hauptreihe des Hertzsprung-Russell-Diagramms Temperaturen bis zu 20 Millionen °C. In Anlehnung an den deutschen Physiker **Hermann von Helmholtz** (1821–1894) wird die Energieerzeugung im Inneren der Sterne zunächst allein mit der **Kontraktion** (Verdichtung als Wärme- und Strahlungsquelle) des Gasballes erklärt. Man errechnet daraus, dass unsere Sonne auf diese Weise eine Lebensdauer von bis zu 100 Millionen Jahren als strahlender Stern erwarten kann. Als es aber auf Grund radioaktiver Methoden gelingt, eine verlässliche Altersskala der Erdgeschichte zu gewinnen, wonach die ältesten Formationen auf unserem Planeten ein Alter von 2 Milliarden Jahren aufweisen, erkennt man, dass man auch bei der Sonne und den anderen Fixsternen mit viel größeren Zeiträumen rechnen und andere Energiequellen vermuten muss.

Die Entwicklung der Kernphysik kommt diesem Problem zugute. Der deutsche Physiker **Hans Bethe** (* 1906) und der schon genannte Carl Friedrich von Weizsäcker finden unabhängig voneinander 1937/38 des Rätsels Lösung: Als hauptsächliche Energiequellen für Wär-

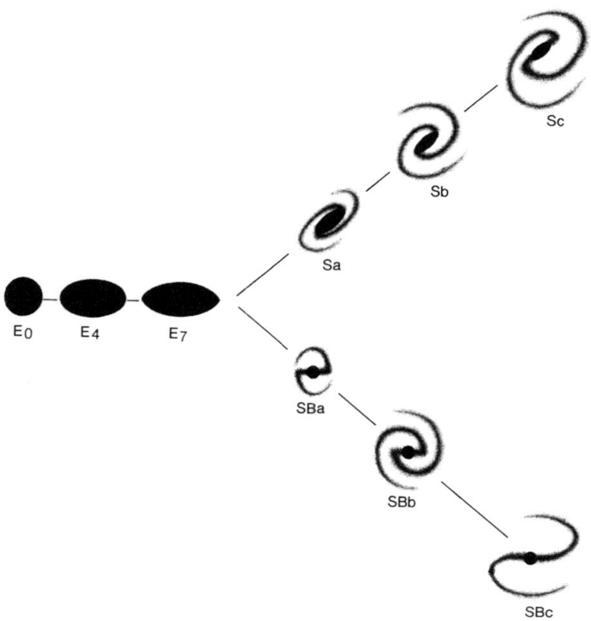

Edwin Powell Hubble, ein Pionier im Bereich der Galaxienforschung, hat die extragalaktischen Systeme nach ihrem Aussehen klassifiziert. Diese behalten wahrscheinlich ihre anfängliche Form über die längste Zeit ihrer Existenz hin bei.

E: elliptische Nebel, kreisrund bis abgeplattet;
S: normale Spiralen;
SB: Balkenspiralen.

me und Strahlung sind **Kernprozesse** in der Sonne anzusehen. Im Sonneninneren verschmelzen unter Mitwirkung von Kohlenstoff, Stickstoff und Sauerstoff je vier Wasserstoffkerne zu einem Heliumkern. Die dabei übrig bleibende Masse wird in Strahlung umgesetzt und sichert die Energiebilanz der Sonne.

In der **Erforschung der Spiralnebel** (Galaxien), die Hand in Hand geht mit neuen Erkenntnissen über Größe und Aufbau des Weltalls überhaupt, folgt ein Markstein dem anderen. 1924 gelingt es dem amerikanischen Astronomen **Edwin Powell Hubble** (1899–1953) mit dem großen Spiegelfernrohr des Mount-Wilson-Observatoriums, die Randzonen des Andromedanebels in Einzelsonnen aufzulösen. Damit ist die Gleichartigkeit von Milchstraße und Andromedanebel optisch bestätigt. Darüber hinaus werden immer neue Galaxien in den Tiefen des Weltalls entdeckt und registriert, mit dem Ergebnis, dass die Zahl der Sternsysteme, die mit den größten Fernrohren erkannt werden können, sich auf mehrere hundert Millionen beläuft.

1930 gelingt es wiederum Hubble, mit Hilfe des Dopplerschen Prinzips die **Radialgeschwindigkeit** (die Geschwindigkeit, mit der sich ein Stern oder Sternsystem auf die Erde zu oder von ihr fort bewegt) einer Reihe von Galaxien zu bestimmen. Es ist dasselbe Jahr, in dem der amerikanische Astronom **Clyde William Tombaugh** (* 1906) am 18. 2. im Lowell-Observatorium den Planeten **Pluto** entdeckt. Aufsehen und vielfache Diskussion über das Für und Wider erregt Hubbles Ergebnis, nach dem die Radialbewegungen der fernen Milchstraßensysteme alle positiv sind, das heißt von uns wegstreben, und zwar mit umso größerer Geschwindigkeit, je weiter die Galaxien von uns entfernt sind. Man spricht von einer **Expansion** (Ausdehnung) des Weltalls, dessen Materie und Sternsysteme wie Splitter einer explodierenden Granate auseinander fliegen. Hier rufen Beobachtungen und Berechnungen nach erläuternden, begründenden Theorien und Vorstellungen. Ist die Weltmaterie vor 15–20 Milliarden Jahren zu einem Punkt in ungeheurer Verdichtung zusammengefasst gewesen? War **das** die Stunde Null? Begann die Schöpfung mit dem **»Urknall«**, dem »Big Bang«, oder hat die Welt vorher schon in anderem Zustand existiert? Kommt die Ausdehnung des Alls irgendwann einmal an ein Ende, wird sie in eine rückläufige Bewegung umkippen?

Ein solches pulsierendes, aus- und einatmendes Universum ist dem modernen physikalischen Denken nicht fremd. Die **Allgemeine Relativitätstheorie**, von **Albert Einstein** (1879–1955) bereits 1916 veröffentlicht, hat für die moderne Kosmologie große Bedeutung. Sie kennt einen in sich gekrümmten Raum, der zwar ohne Grenze, aber nicht unendlich ist (so wie die Oberfläche einer Kugel zwar grenzenlos, aber durchaus berechenbar ist). Einstein entwickelt ein Weltmodell, das die Expansion geradezu verlangt, die Hubble mit der Flucht der Spiralnebel nachweist. 1965 entdecken die beiden Amerikaner **Robert Woodrow Wilson** und **Arno Penzias** mit der Radioantenne in Holmdel/USA die **kosmische Hintergrundstrahlung**, die von den meisten Wissenschaftlern als eine Reststrahlung des Urknalles und damit als Beleg für die Richtigkeit der Theorie des »Big Bang« angesehen wird.

Albert Einstein.

Kopfzerbrechen bereiten der gegenwärtigen Astronomie die so genannten **»Quasare«** (Zusammenziehung aus der Bezeichnung: Quasi-stellare Radioquellen = sternartige Gebilde mit starker Radiostrahlung). Sie werden 1963 entdeckt. Außergewöhnlich an ihnen sind die gewaltige Strahlungsenergie, die von ihnen ausgeht, die überraschenden Entfernungen bis zu 18 Milliarden Lichtjahren sowie die hohe Entfernungsgeschwindigkeit (mehr als 270 000 km/s; d. h. über 9/10 der Lichtgeschwindigkeit). Das Alter der Quasare scheint höher zu sein als das Alter der Galaxien.

Die stürmische Entwicklung der Astronomie im 20. Jahrhundert hat vor allem drei Gründe. Einmal stehen immer **wirksamere Forschungsinstrumente** zur Verfügung. So wurde das bisher größte Fernrohr der Welt, das Fünf-Meter-Teleskop auf dem Mount Palomar in Kalifornien, inzwischen schon durch den Sechs-Meter-Spiegel im

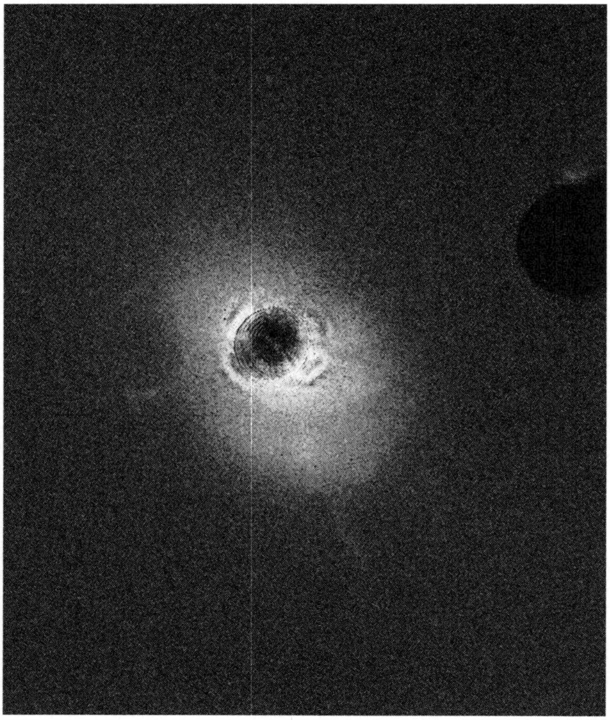

Der Quasar 3C-273 sieht aus wie ein blauer Stern, der einen blassen Materiestrom abstößt.

Astrophysikalischen Spezialobservatorium Selentschuk/UdSSR überboten!
Zum anderen trat die **Radioastronomie** als ein ganz neuer Forschungszweig der herkömmlichen Astronomie zur Seite und öffnete das Fenster zur Radiostrahlung aus dem Kosmos. Der amerikanische Ingenieur und Hochfrequenztechniker **Karl Guthe Jansky** (1905–1950) entdeckt im Jahre 1931 bei der Untersuchung atmosphärischer Funkstörungen eine **kosmische Radiostrahlung**, die vor allem vom Sternbild des Schützen – dem Zentrum der Milchstraße – ausgeht. Aber erst nach dem Zweiten Weltkrieg können diese und weitere radioastronomische Beobachtungen systematisch aufgegriffen werden. Heute gibt es kaum einen Bereich der Sternenforschung, der nicht von der Radioastronomie beeinflusst wäre. So bringt also nicht nur die Lichtstrahlung der Gestirne Kunde aus dem Weltall, sondern auch die kosmische Radiostrahlung.
Neben der Radioastronomie, die Radiostrahlung aus dem Kosmos empfängt und auswertet, ist auch die **Radarastronomie** zu nennen, die Funkimpulse zu nahe gelegenen Himmelskörpern sendet und die reflektierten Signale untersucht.
Schließlich trägt natürlich das 1957 mit dem »Sputnik« angebrochene Zeitalter der **Weltraumfahrt** (Astronautik), der künstlichen Erdsatelliten und der Forschungssonden erheblich zur Entwicklung der Astronomie bei. Mit der Landung von »Apollo 11« am 20. Juli 1969 im Mare Tranquillitatis (»Meer der Ru-

Das 200-inch (5,1 m)-Hale-Teleskop auf dem Mount Palomar war lange Zeit das größte Fernrohr der Erde und verkörpert die enormen Fortschritte in der Entwicklung astronomischer Geräte.

Das Radioteleskop in Effelsberg/Eifel mit einer Höhe von 95 m, einem Spiegeldurchmesser von 100 m, einer Oberfläche von 7850 m² und einem Gewicht von 3200 t.

he«) des Mondes wird zum ersten Mal Wirklichkeit, was die Menschen seit Jahrhunderten in ihren kühnsten Träumen erhofft haben: Der Mensch betritt den Boden eines fremden Himmelskörpers. **Neil Armstrong** spricht einen schon historisch gewordenen Satz aus: »Das ist ein kleiner Schritt für einen Mann, aber ein großer Sprung für die Menschheit.« Zum ersten Mal entnimmt der Mensch einem fremden Himmelskörper eigenhändig Bodenproben und führt an Ort und Stelle eine Vielzahl von Messungen und Untersuchungen durch.
Neben dem sowjetischen und amerikanischen Mond- und Satellitenprogramm erbringen vor allem die verschiedenen Sonden zur **Erforschung der Planeten** und des interplanetarischen Raumes (»Mariner«, »Pioneer«, »Viking« und vor allem »Voyager« von Seiten der USA) wichtige Forschungsergebnisse. Sie übertragen Bilder sowie physikalische und atmosphärische Daten und berichtigen und erweitern unsere Vorstellungen über die Planeten unseres Sonnensystems, wie es die Fernrohrastronomie nie vermocht hätte. Im 20. Jahrhundert haben wir mehr über die Sterne erfahren als in allen vorangegangenen Jahrhunderten zusammen.

Aber auch die Fernrohrastronomie selbst wird durch die Technik der Astronautik in Kürze beachtliche Fortschritte erzielen. 1990 wurde ein erstes **Weltraumteleskop** in einem Raumtransporter (»Space Shuttle« der USA) in eine Umlaufbahn um die Erde gebracht. Es hat einen Spiegeldurchmesser von 2,4 m und lässt außerhalb der irdischen Lufthülle, die durch mannigfaltige Störeffekte die Wirksamkeit der Fernrohre auf der Erde stark begrenzt, sehr viel tiefer und deutlicher in das Weltall blicken als die größten Teleskope der Welt. Man erfährt, dass das »Hubble Space Telescope« einen Raum eröffnet, der Beobachtung zugänglich macht, die 350-mal größer ist als der Bereich des Weltalls, den der 5-m-Spiegel auf Mount Palomar erfasst.

Aufbau des Weiltraumteleskops

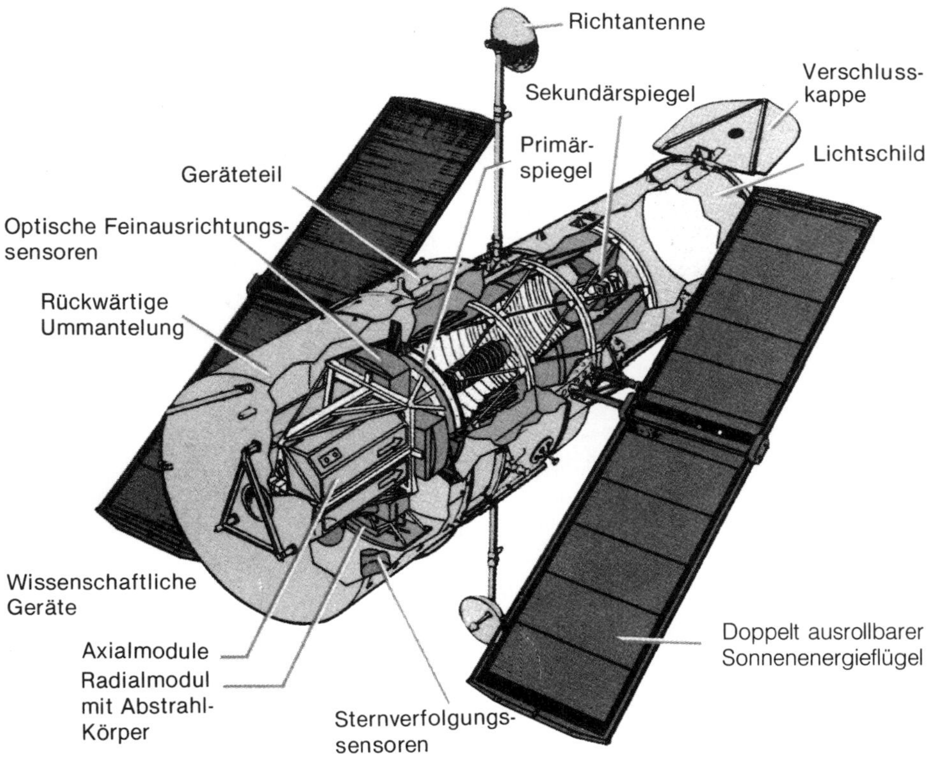

Der Aufbau des »Hubble Space Telescope«. Das Weltraumteleskop, dessen Start im April 1990 stattfand, dürfte von seiner Umlaufbahn in 600 km Höhe etwa 15 Jahre lang wertvolle astronomische Erkenntnisse liefern.

Jüngstes aus der Astronomie

Keine Wissenschaft des Menschen bleibt bei einem bestimmten Stand stehen, denn es gehört zum Wesen der Wissenschaft, dass sie immer fortschreitet, denn jedes Mehr an Wissen wirft auch neue Fragen auf. Gerade in der modernen Astronomie gibt es fast ständig so viel Neues in Theorie und Praxis, dass jedes Buch, das davon im Ausschnitt berichtet, beim Zeitpunkt des Erscheinens in mancher Hinsicht schon wieder überholt ist.
Für die beobachtende Astronomie sind in der letzten Zeit vor allem zwei spektakuläre Ereignisse von Bedeutung: die Entsendung des Hubble-Teleskopes in den Weltraum und die Herstellung eines 8-m-Spiegels, des Very Large Teleskope (VLT), der zukünftig das größte Fernrohr der Welt sein wird.

Das Hubble-Auge im All

Die Idee war beflügelnd. Ein Teleskop im All, in einer bestimmten Höhe um die Erde kreisend, allen Störungen von Wetter, Dunst und Atmosphäre auf der Erde enthoben – was müsste das für Bilder ergeben! Technik und Wissenschaft leisten große Dinge, wenn das Geld dafür bereitgestellt wird. So begann man mit der Arbeit am teuersten Satelliten, der je von der US-Raumfahrtbehörde NASA in Auftrag gegeben worden ist: Das »Hubble-Space-Telescope« (HST), eine Sternwarte im Weltall, benannt nach dem bedeutenden amerikanischen Astronomen Edwin Hubble (1889–1953), wurde Wirklichkeit; damit erfüllte sich ein alter Traum der Astronomen.
Bereits 1978 wurden die Mittel zum Bau der Weltall-Sternwarte bewilligt, übrigens auch unter Beteiligung der europäischen Raumfahrtbehörde ESA, die zugleich Nutzungsrechte für das »Auge im All« hat. 1983 sollte das Teleskop in die Umlaufbahn um die Erde gebracht werden, aber die technischen Probleme, die es zu lösen galt, waren doch größer als erwartet. Nicht zuletzt machte die Katastrophe der »Challenger«-Explosion Ende Januar 1986 zunächst einen Strich durch alle Space-Shuttle-Pläne. Erst im April 1990 brachte die Raumfähre »Discovery« das anderthalb Milliarden Dollar teure Hubble-Teleskop in einer Höhe von 613 Kilometern auf die Umlaufbahn. Es umrundet den Erdball in 90 Minuten einmal. Die hoch gesteckten Erwartungen, die man mit dem Spiegelteleskop von 2,44 Meter Durchmesser verband – man sprach schon vom größten Erfolg in der Astronomie seit Erfindung des Fernglases vor 400 Jahren – wurden jedoch enttäuscht: Erst konnte die Verschlusskappe über dem Hauptspiegel nicht geöffnet werden, dann blockierte ein

Kabel eine Antenne, und schließlich ließ sich das Weltraum-Teleskop nicht scharf einstellen, sodass zunächst keine besseren Bilder entstanden als von der Erde aus. Ursache: Bei der Herstellung der Spiegel müssen während der Schleifarbeiten Fehler passiert sein, die das Licht fehlleiten. Schon eine minimale Abweichung von 4 Prozent, das entspricht etwa dem Durchmesser eines menschlichen Haares, genügt bereits, um scharfe Aufnahmen von der Tiefe des Weltalls zu verhindern.

Sofort sprachen die Medien von einem Riesenflop, von einem gigantischen Fehlschlag für die Astronomie. Doch die NASA gab nicht auf und startete Ende 1993 eine Aufsehen erregende Reparaturaktion. Die Astronauten der amerikanischen Raumfähre »Endeavour« tauschten im All mehrere Teile des Teleskops aus, um den Sehfehler von »Hubble« zu korrigieren.

Nachdem »Hubble« die Korrekturbrille COSTAR erhalten hatte, lieferte das Weltraum-Teleskop hochinteressante Bilder entfernter Urzeit-Galaxien. »Hubble erlaubt uns den ersten Blick auf die eigentliche Gestalt von Galaxien, als sie noch jung waren«, begeisterten sich die Fachexperten und zogen bereits eine Zwischenbilanz: »Die Ergebnisse stellen den zwingenden und direkten visuellen Beweis dafür dar, dass sich das alternde Universum wirklich verändert.« So wird die These vom Urknall bestätigt. Aber auch weitere tiefe Einblicke in Geheimnisse der Sternentwicklung wird das auf 15 Lebensjahre hin konstruierte Teleskop vermitteln.

Das sehr große Teleskop (VLT)

Im März 1991 ging durch die Fach- und Tagespresse die Meldung vom Bau eines Riesenhimmelsauges, das noch die größten Spiegelteleskope in Amerika und in Russland übertrifft. Gemeint ist das Very Large Teleskope (VLT) der ESO, das auf weite Sicht größte Fernrohr auf der Erde.

Das VLT wird aus vier in Reihe angeordneten Fernrohren bestehen, die zusammenwirken und so die Lichtstärke eines 16-m-Spiegels mit 200 Quadratmeter Fläche aufweisen. Standort ist der Cerro Paranal (2600 m) in der Atacama-Wüste in Chile. Man erreicht mit diesem Riesenteleskop eine Reichweite von mindestens zehn Milliarden Lichtjahren und wird neue Erkenntnisse über die Größe und Struktur des Weltalls und Aufschluss über die Geschichte der Erde gewinnen.

Das VLT ist mit modernster computergesteuerter Teleskop-Technik ausgerüstet und wurde bereits im Mai 1998 in Betrieb genommen. Sterne bis zur Größenklasse 29 werden sichtbar! Die Kennzeichen solcher moderner Großteleskope bestehen in biegsamer Leichtbauweise der Spiegelobjektive, in azimutaler Aufstellung, wodurch die Konstruktion kompakter und für kleinere Schutzbauten geeigneter wird, und in der Koordinierung mehrerer Spiegelsegmente, die so angelegt sind, dass das einfallende Sternenlicht in eine gemeinsame Brennebene gelenkt wird. Der Grundgedanke ist dabei, durch Kombination mehrerer Spiegel eine größere Öffnung für das Licht zu erreichen und damit die Sichtweite des Fernrohrs er-

heblich zu steigern. Die so konstruierten Fernrohre nennt man Multi-Mirror-Teleskope (MMT), Viel-Spiegel-Fernrohre.
Neben dem VLT gibt es weitere moderne Großteleskope in Arizona, Texas, Japan und auf Hawaii (siehe Übersicht!). Inzwischen wird an Plänen für Super-Großteleskope gearbeitet, die möglicherweise 30 bis 100 Meter Öffnung haben werden! Hat für die beobachtende Astronomie ein »goldenes Zeitalter« begonnen? Schon jetzt können wir optisch bis zum Rand unseres Universums vordringen, Vorgänge in fremden Galaxien beobachten, Planeten außerhalb unseres Sonnensystems entdecken und eine Fülle neuer Erkenntnisse gewinnen. Erdgebundene Fernrohrbeobachtung, die sich mit den modernen Mitteln der Technik immer mehr intensivieren und vertiefen lässt, hat gegenüber dem Weltraum-Fernrohr (Hubble-Space-Telescope), das mit einer weitaus kleineren Öffnung arbeiten

Die vier größten Spiegelfernrohre der Welt		
Observatorium, Ort, Teleskop	**Freie Öffnung (äquivalent)**	**Inbetriebnahme**
W.-M. Keck-Observatory, Mauna Kea (Hawaii), Keck I-Telescope	982 cm	1991
Special Astrophys. Observatory, Mt. Pastuko, Selentschukskaja (Kaukasus), Bolschoi-Teleskop	610 cm	1975
Palomar-Observatory, Palomar Mountain (Kalifornien), Hale Telescope	508 cm	1948
Multiple Mirror Telescope-Observatory, Mount Hopkins (Arizona), MMT	446 cm	1979

Die vier größten Linsenfernrohre der Welt		
Observatorium, Ort, Teleskop	**Freie Öffnung (äquivalent)**	**Inbetriebnahme**
Yerkes-Observatory, Williams Bay (Wisconsin), Yerkes 40 inch-Refractor	102 cm	1897
Lick-Observatory, Mount Hamilton (Kalifornien), 36 inch-Refractor	90 cm	1888
Observatoire de Paris, Meudon/Frankreich, 33 inch-Meudon-Refractor	83 cm	1889
Potsdamer Sternwarte, Potsdam, Telegrafenberg, Postdam-Refraktor	80 cm	1899

Weitere moderne Großteleskope		
Observatorium, Ort, Teleskop	**Freie Öffnung (äquivalent)**	**Inbetriebnahme**
European Southern Observatory (ESO), Cerro Paranal (Chile), Very Large Telescope (VTL)	1600 cm	Einweihung 1998 Fertigstellung 2002
Columbus Projekt, Mount Graham (Arizona), Large Binocular Telescope	1180 cm	1997
McDonald Observatory, Mount Locke (Texas), Spectroscopic Survey Telescope (SST)	1100 cm	1996
W.-M. Keck-Observatory, Mauna Kea (Hawaii), Keck II-Telescope	982 cm	1996
National Astronomy Observatory of Japan, Mauna Kea (Hawaii)	830 cm	1999
Joint Astronomy Center, Mauna Kea (Hawaii), Gemini Telescope North	810 cm	1999
Inter-American Observatory (AURA) of Cerro Tololo, Cerro Pachon (Chile), Gemini Telescope South	810 cm	2001
Las Campanas Observatory, Las Camas (Chile), Magellan Projekt	605 cm	1998

muss und nur für eine begrenzte Zeit einsetzbar ist, doch große Vorteile.

Ein anderer Plan im Bau eines Weltraum-Teleskops hat allerdings spektakuläre Wellen geschlagen: Ein Weltraum-Teleskop auf dem Mond!

Ein weiterer spektakulärer Plan besteht im Bau eines Weltraum-Teleskops auf dem Mond. Auf einer Arbeitstagung in Baltimore im US-Bundesstaat Maryland wurde vor einiger Zeit ein Fernrohr von 10–16 m Spiegeldurchmesser diskutiert und befürwortet. Die 100 Wissenschaftler, Astronomen und Ingenieure sprachen von einer 20-jährigen Planungs- und Bauphase, in der ein solcher fester Beobachtungsstützpunkt auf dem Mond errichtet werden könnte. Man würde mit einem solchen Mond-Observatorium nicht nur fremde Planetensysteme außerhalb unseres Sonnensystems deutlicher ausmachen können, sondern auch klarer erkennen, wie sich Galaxien bilden und entwickeln, wie Sterne entstehen – alles Dinge und Zusammenhänge, die für uns noch mit manchen Fragen und Rätseln verbunden sind.

So wird schon längst eine neue Entwicklung auf dem Gebiet der beobachtenden Astronomie eingeleitet, noch bevor die Möglichkeiten des Space Shuttle, der Weltraum-Sonden und der modernen irdischen Teleskope voll ausgeschöpft sind.

Kometeneinschlag auf dem Jupiter

Eine Reihe von Bruchstücken des Kometen **Shoemaker-Levy 9** schlugen zwischen dem 16. und 22. Juli 1994 auf dem **Jupiter** ein – die Fachwelt der Astronomen hielt den Atem an. Es war **das** Jahrhundertereignis der beobachtenden Astronomie. Bereits 1992, so ließ sich rekonstruieren, muss der einst etwa vier bis fünf Kilometer große Kometkörper bei einem nahen Vorbeiflug am Jupiter in mindestens 20 Brocken zerbrochen sein. Der Einschlag der Brockenkette auf dem größten Planeten unseres Sonnensystems war bereits 15 Monate vorher absehbar. Über die Raumsonde »Galileo«, 240 Millionen Kilometer vom Jupiter entfernt, und die Sonde »Voyager 2«, 6,2 Milliarden Kilometer vom Jupiter entfernt, sowie über den Sonnendetektiv »Ulysses« über dem Südpol der Sonne konnten die Einschläge wahrgenommen werden. Dabei ragten Feuerbälle 3200 Kilometer über die Wolkendecke des Jupiter hinaus. Sie verloren ihre runde Form, dehnten sich aus und flachten dann wieder ab. Nach etwa einer halben Stunde verwandelten sich die Feuerbälle in schwarze Wolken, die bis zu 10000 Kilometer groß waren. Der ESO-Experte **Dr. Richard West**, der 1976 einen nach ihm benannten Kometen entdeckte, urteilte: »Wir sind bei dieser Gelegenheit Zeugen für eine äußerst intensive Bildung großer Mengen von organischen Molekülen geworden. Nun kann man darüber rätseln, was mögliche Kometeneinschläge seit Bildung des Sonnensystems vor siebeneinhalb Milliarden Jahren auf der jungen Erde bewirkt haben könnten.« Der zerbrochene und auf dem Jupiter eingeschlagene Komet ist benannt nach dem Entdeckerehepaar **Eugene** und **Carolyn Shoemaker** und dem Amateur-Astronom **David Levy**. Noch nie zuvor ist ein so weit von der Erde entferntes Ereignis von einem so breiten Interesse der Öffentlichkeit begleitet worden.

Forschungsziel Mars

Astronomie und Weltraumerkundung durch Raketen und Sonden gehören seit langem in wechselseitiger Beziehung fest zusammen. Einerseits gibt die astronomische Wissenschaft der Raketentechnik Motivation, Auftrag und Ziel, andererseits vermittelt die Bildtechnik der Sonden der astronomischen Wissenschaft eine Fülle von neuen Erkenntnissen. Das gilt vor allem auf dem Gebiet der Planetenforschung und hier wiederum in besonderer Weise für unseren äußeren Nachbarplaneten Mars.

Die Geschichte der Mars-Missionen enthält zahlreiche Höhepunkte der Entwicklung, aber auch begreiflicherweise Fehl- und Rückschläge. Die Invasion der Flug- und Lande-Roboter hat folgende wichtige Stationen. 1962 startet die Sowjetunion die Sonde »Mars 1«, deren Kapsel aber schon während des Flugs verstummt. 1965 schicken die Amerikaner die Raumsonde »Mariner 4« zum Mars, die als erster irdischer Flugkörper den Nachbarplaneten erreicht. Während ihres Vorbeiflugs funkt sie 21 Aufsehen erregende Bilder zur Erde. 1971 zerschellt der sowjetische Roboter »Mars 2« beim Landeversuch, während die Nachfolge-Sonde »Mars 3« zwar heil am Marsboden landet, aber nur wenige Fotos zur Erde funken kann. 1972 fotografiert der US-Orbiter »Mariner 9« fast die gesamte Oberfläche des Mars. Auf den erstklassigen Bildern sind gewaltige Vulkane und Landschafts-Schluchten zu erkennen. 1976 landen zwei »Viking«-Sonden der USA weich auf dem Marsboden und senden spektakuläre Landschaftsaufnahmen. In Bodenproben wird vergeblich nach Spuren von Leben gesucht. 1997 wird mit der »Pathfinder«-Mission erstmalig ein Roboterfahrzeug auf dem Mars abgesetzt und erkundet die nähere Umgebung des Landeplatzes. Im selben Jahr erreicht der »Mars Global Surveyor« den Nachbarplaneten. Der Orbiter hat bis heute weit über 100 000 Digital-Bilder übertragen. 1999 ist ein Jahr des Rückschlages. Die NASA verliert kurz nacheinander zwei Sonden: den »Mars Climate Orbiter« und den »Mars Polar Lander«. Beide verfehlen ihr Ziel. 2001 schwenkt die US-Sonde »Mars Odyssey« in die Mars-Umlaufbahn ein und beginnt damit, die genauere Zusammensetzung der Marsoberfläche zu erkunden. 2003 schließlich, im Jahr der extremen Annäherung des Mars an die Erde (es trennen uns »nur noch« 55 758 000 km vom Nachbarplaneten, eine Annäherung wie seit über 2000 Jahren nicht!), beginnt der bisher ehrgeizigste Forschungszugriff auf den Mars: Neben zwei amerikanischen Missionen startet mit dem »Mars Express« erstmals auch eine europäische Sonde zum roten Nachbarplaneten. Diese Sonde der ESA (European Space Agency) besteht aus zwei Teilen: einem Orbiter, der in der Umlaufbahn die Stellung hält und die Signale zur Erde funkt, und einem Landegerät mit Namen »Beagle 2« (Beagle = kleiner Spürhund). Der Flug-Direktor Michael McKay, der Chef der Marsmission, erklärt: »Die Instrumente der Sonde werden den Marsboden bis zu 5 km tief erkunden.« Ein Spezialbohrer soll im Marsboden und auch unter Steinen Sand einsammeln, der dann direkt an Ort und Stelle auf Spuren von Mikroorganismen getestet werden soll. Eine Kamera für dreidimensionale Aufnahmen und ein Spektrometer, der die mineralogische Zusammensetzung des Marsgesteins analysieren soll, werden zugleich mit ihrer Arbeit beginnen. 150 Millionen Euro hat das Projekt »Mars Express« bisher gekostet – ein Beispiel dafür, dass Weltraumfahrt nicht nur eine Frage der Wissenschaft und Technik, sondern vor allem auch der Finanzierung ist.

Nach dem Bilderbuchstart von »Mars Express« und dem weiteren planmäßigen Ablauf der Reise werden um Weihnachten 2003 die ersten Funksignale und Bilder des gelandeten »Beagle 2« erwartet, aber auch nach mehrmaligen Versuchen, Funkkontakte zwischen der Erde und der Sonde auf dem Marsboden herzustellen, schweigt »Beagle 2«. Ist die europäische Mars-Mission gescheitert? Bis zum Skriptabschluss dieses Buches erhalten wir keine eindeutige Nachricht. Aber das Kontrollzentrum der ESA in Darmstadt bleibt dennoch zuversichtlich und wertet die Aktion Mars als Erfolg. Denn der Orbiter kreist verlässlich um den Mars und liefert interessante und für die Forschung wichtige Fotos.

Dagegen gelingt im Januar 2004 eine sanfte Landung der US-Sonde »Spirit« auf dem Mars, und zwar im Gusev-Krater, einer in der Nähe vom Mars-Südpol gelegenen Vertiefung von der Größe des Landes Hessen. Der 173 Kilogramm schwere Roboter wird gesichert und abgebremst mit einem Hitzeschild, einem Fallschirm und Bremsraketen. Kurz vor der Landung polstern riesige Airbags das Aufsetzen ab.

Die ersten neun Tage bleibt »Spirit« an Ort und Stelle. Dann soll der »Mars Exploration Rover«, ein sechsrädriges Elektromobil, seine Fahrt durch die nähere Umgebung des Landeplatzes beginnen und nach Spuren von Wasser fahnden. Der Rover kann Erkundungstouren bis zu einem Kilometer unternehmen. Die ersten Schwarzweiß-Fotos und die späteren Buntaufnahmen vom Marsboden lösen bei der NASA wegen der hervorragenden Bildqualität großen Jubel aus. Brauner Sandboden und bläulich gefärbtes Gestein bestimmen die Marslandschaft. Nachdem es anfänglich Schwierigkeiten gibt, den Roboter in Gang zu bringen, vermutlich durch behindernde Airbag-Kissen, gelingt schon bald eine volle Inbetriebnahme. Die Farbbilder, die über das Fernsehen gezeigt werden, finden begeistertes Echo.

Drei Wochen nach der Landung des Mars-Roboters »Spirit« verbucht die US-Weltraumbehörde NASA erneut einen großen Erfolg. Der am 7. Juli 2003 gestartete Rover »Opportunity« (= Glück, günstige Gelegenheit) landet am 25. Januar 2004 sicher auf dem roten Planeten. Der Landeplatz – in der Nähe des Äquators in einer Ebene mit Namen »Meridiani Planum« und rund 10 000 km von »Spirit« entfernt – bietet für die Suche nach Wasserspuren günstige Voraussetzungen. Die ersten Fotos von »Opportunity« zeigen eine etwas andere Landschaft als bei früheren Mars-Missionen: Es sind nur wenige Felsbrocken zu sehen, dafür erkennt man aber unterschiedliche Farbschattierungen des Bodens. Inzwischen hat man klare Hinweise dafür gefunden, dass auf der Marsoberfläche sehr viel Wasser geflossen ist. Das heißt, der Mars war in früheren Zeitepochen feucht genug, um Leben entstehen zu lassen oder aber um Lebenskeime von außerhalb, etwa durch Meteoriten, zu empfangen und vielleicht weiterzuentwickeln! Hinweise auf Wasservorkommen geben Schwefelverbindungen sowie die Struktur der untersuchten Felsen.

Während die Aktionen des amerikanischen Mars-Rovers mit Spannung erwartet werden, geht die Fernplanung für eine bemannte Mars-Mission weiter. So sind für das im Jahr 2030 angesetzte ESA-Projekt »Aurora«, mit dem die ersten Europäer auf den Mars geschickt werden sollen, neue Raumschiffe in Arbeit. 17 Studenten-Teams der Technischen Universität Darmstadt sind dabei, Raumkapseln für die bemannte Mission zum Mars zu entwerfen. Wie können sechs Astronauten auf engstem Raum über zwei Jahre zusammenleben, ohne durchzudrehen? Die Ideen reichen von selbst bewegenden, runden Gebilden bis zu streng technischen Lösungen. Die Entwürfe heißen »Breath«, »Cocoon«, »Transformer« oder »Revolve« und erfüllen alle die gleichen Anforderungen: Eine Höhe von elf und einen Durchmesser von acht Metern. Größer darf ein Raumschiff für eine Marsmission nach Berechnungen der amerikanischen und europäischen Weltraumagenturen nicht sein. In diesem Raum müssen Schlaf- und Arbeitsräume für sechs Astronauten eingerichtet werden, abgesehen vom Laderaum und den Möglichkeiten aktiver Freizeit (Sport). Im Laderaum müssen mehr als 4000 Liter Wasser gebunkert werden, ein Liter pro Astronaut und Flugtag. Einige dieser Ansätze und Modellvorschläge werden sicher in das große ESA-Projekt »Aurora« einfließen. Die für eine Marsmission notwendige Technologie ist für die Fachindustrie kein Problem. Da ist fast alles machbar. Neu ist dagegen der menschliche Aspekt: Wie bewältigen die Astronauten auf einer so langen Reise (2–3 Jahre, ca. 400 Millionen km insgesamt) die psychologischen Fragen? Wie wird das Gefühl des Ausgeliefertseins auf engem Raum, das Bewusstsein ständiger Gefährdung oder ganz einfach der Riesenentfernung von der Erde bewältigt werden können? Hier gilt es, viel Aufmerksamkeit und menschliche Begleitung zu investieren. Grundsätzlich aber hat Hans-Ulrich Keller, der Herausgeber des Kosmos-Himmelsjahres, Recht, wenn er sagt: »Der Flug des Menschen zum Mars ist sicher ein faszinierendes Projekt, eine Herausforderung der gesamten irdischen Zivilisation.« Egal, ob es sich um eine Aktion der NASA oder der ESA handelt.

Planeten in fremden Sonnensystemen

Unser Planetensystem ist nicht das einzige im Universum. Es gibt in unserer Milchstraße offenbar eine ganze Reihe von vergleichbaren, vielleicht sogar ähnlichen Sonnensystemen, in denen Planeten um ferne Sonnen kreisen. In den jüngsten Jahren sind einige Dutzend solcher Planeten entdeckt worden. Man nennt sie extrasolare Planeten, Planeten, die außerhalb unseres Sonnensystems um fremde Sonnen laufen. Die Planeten, die man bisher aufgespürt hat, sind durchweg Begleiter von sonnennahen Sternen und besitzen allermeistens eine Masse von einer halben bis zu einer sechsfachen Masse des Jupiter, sind also riesengroße Planeten. Sie besitzen auch keine feste Oberfläche wie Venus, Erde und Mars, sondern sind Gas- und Wolkenbälle wie Jupiter. Die Chancen für Leben in irgendeiner Form sind auf diesen Exoplaneten äußerst gering. Aber viele Astronomen sind der Meinung, dass sich – wie in unserem Sonnensystem – zwischen den fernen Sonnen und ihren jupiterähnlichen Begleitern kleinere und lebensfreundlichere Planeten bewegen können. Wenn es in den Weiten des Alls außer unserer Sonne auch andere Sterne gibt, die von Planeten umkreist werden – und alles spricht dafür –, dann könnten manche von ihnen auch von außerirdischem Leben, vielleicht sogar von vernunftbegabten Wesen bevölkert sein. Möglicherweise werden die schon in Betrieb befindlichen und die künftig zu bauenden modernen Großteleskope die Planeten fremder Sonnen eines Tages direkt optisch erfassen können. Denn die bisher angewandte Methode zur Entdeckung fremder Planeten ist eine indirekte: Unsichtbare Begleiter einer Fremdsonne können deren Bewegung durch die Wirkung ihrer Schwerkraft beeinflussen. Die »Muttersonne« führt, von der Erde gesehen, keine geradlinige Eigenbewegung aus, sondern eine Schlangenlinie mit einer jeweiligen Periode von Jahren. Direkt erfassen können wir die fremden Planeten noch nicht, nur auf diese und andere Weise indirekt erspüren. Das muss man wissen, wenn man von Zeit zu Zeit in den Tageszeitungen Schlagzeilen und Kurzberichte liest unter dem Motto »Zehn neue Planeten entdeckt«, »Fremdes Sonnensystem im All gefunden« oder »Schwesternplanet entdeckt: Ist das die zweite Erde?« Wir hoffen, dass uns die Astronomie der Zukunft, die bereits jetzt angebrochen ist, da noch genauer und konkreter die Welt der »anderen« Planeten öffnet.

Seit langem weiß die Astronomie von so genannten Doppel- und Mehrfachsystemen der Sterne. Etwa ein Drittel aller Sterne sind keine Einzelgeschöpfe, sondern sind vergesellschaftet, im Verbund entstanden. Aber es sind **Sonnen**, die da um einen gemeinsamen Schwerpunkt kreisen. Unsere Sonne dagegen ist ein Einzelstern, der von kleineren Himmelskörpern, den Planeten, umkreist wird. Lange Zeit meinte man, dass solche Sonnen mit Planeten die Ausnahmen darstellen. Heute beginnt sich diese Meinung zu ändern. Die Jagd nach fremden Planeten ist für Astronomen inzwischen fast zum internationalen Sport geworden. Übrigens hat man auch Sterne gefunden, die von Staubscheiben umgeben sind, und das bedeutet die Vorstufe werdender Planetensysteme. Zum Schluss seien von den etwa 50 extrasolaren Planeten, die bisher aufgespürt wurden, einige genannt, deren »Entdeckung« großes Aufsehen erregt haben:

Der Stern Epsilon im Sternbild des Eridanus:
  Ein Planet mit 0,47 der Jupitermasse
Der Stern Ypsilon im Sternbild der Andromeda:
  Drei Planeten mit 070, der 2- und 3-fachen Jupitermasse
Der Stern 55 im Sternbild des Schwans:
  Ein Planet mit 084, Jupitermasse
Der Stern 47 im Sternbild des Großen Bären:
  Ein Planet mit 2,8 Jupitermasse
Der Stern 70 im Sternbild der Jungfrau:
  Ein Planet mit 6,6 Jupitermasse

Was sein könnte, aber nicht sein muss, klingt in einem Bericht aus »Bild am Sonntag« vom 4. Juli 2003 zu diesem Thema so:

»Im Sternbild des Argo entdeckten Forscher ein Planetensystem, das mit unserem nahezu identisch ist. Es befindet sich in nur 90 Lichtjahren Entfernung, das ist nach astronomischen Maßstäben gleich um die Ecke. Der zentrale Stern HD (= Henry-Draper-Katalog) 70 642 des neu entdeckten Systems entspricht in Größe und Struktur unserer Sonne. Genau wie unser Jupiter umkreist ein Gasriese die ferne Sonne in gebührendem Abstand. Alle bisherigen Daten weisen darauf hin, dass beide Planeten-Systeme auf dieselbe Art und Weise entstanden sind. Die Astronomen sind sicher, dass sich dort unsere Schwester-Erde versteckt.«

Astronomische Grundkenntnisse

Tag und Nacht

Die Erde schwebt im Raum und bewegt sich um die Sonne. Dabei dreht sie sich um sich selbst. Zu einer Drehung um die eigene Achse braucht die Erde etwas über 23 h 56 min. Diesen Zeitraum nennen wir einen **Tag**. Daneben gebrauchen wir noch einen anderen Tagesbegriff, nämlich den, der nur die hellen Stunden der fast 24-stündigen Erdumdrehung umfasst, im Gegensatz zu den dunklen Stunden der Nacht.
Wie entstehen **Tag und Nacht**? Unsere Abbildung zeigt es. Die Sonnenstrahlen fallen hier von links ein. Die linke Hälfte der Erdkugel ist besonnt; sie hat Tag. Die rechte Hälfte der Erdkugel ist unbeleuchtet, liegt im Schatten; sie hat Nacht. Durch die Drehung der Erde um sich selbst, deren Richtung der Pfeil anzeigt, findet ein ständiger Wechsel statt: Die Erdbereiche, die Tag haben, werden auf die sonnenabgewandte Seite gedreht, und es wird dort Abend und Nacht; die Bereiche, die Nacht haben, drehen sich auf die sonnenzugewandte Seite, und es wird dort Morgen und danach Tag.
Wir spüren von der Erdumdrehung nichts und haben nur die **scheinbare Drehung der Sonne** um unsere Erde vor Augen – wie sie aufgeht, emporsteigt und wieder untergeht. Derselben Täuschung erliegen wir auch auf der Nachtseite; weil wir nichts von der Drehung der Erde merken, meinen wir, die Sterne drehten sich um die Erde. Wenn wir uns mit Astronomie befassen, müssen wir zuerst lernen, die Welt des geozentrischen Scheins von der heliozentrischen Wirklichkeit zu unterscheiden!

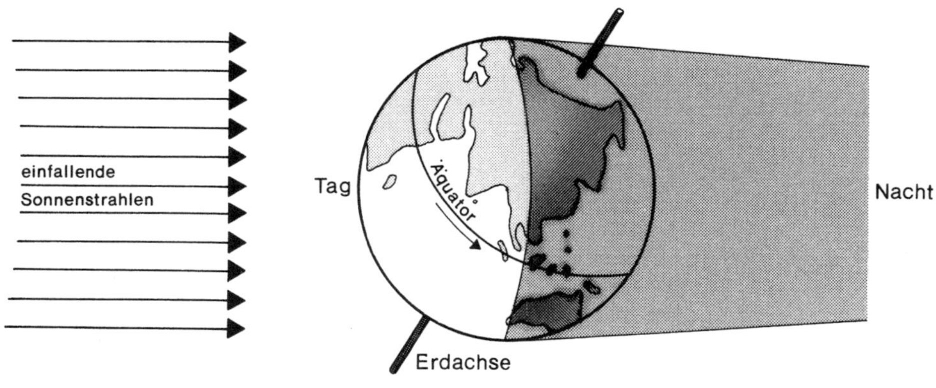

So entstehen Tag und Nacht.

Die Jahreszeiten

Auch die Entstehung der Jahreszeiten, die Klima und Vegetation auf unserem Heimatplaneten so reizvoll und abwechslungsreich prägen, hat eine astronomische Ursache.

Meist kann man auf die Frage, wodurch die Jahreszeiten zu Stande kommen, die Antwort hören: »Weil die Erde sich im Winter weiter von der Sonne entfernt, wird es kälter; weil die Erde im Sommer der Sonne näher kommt, wird es wärmer.« Diese Antwort ist falsch. Sie enthält zwar insofern ein richtiges Element, als sich die Erde tatsächlich in einer ellipsenförmigen Bahn um die Sonne bewegt, die sich in einem der beiden Brennpunkte befindet, und also wirklich der Sonne einmal näher und einmal ferner steht. In Wahrheit ist es genau umgekehrt: Im Winter beträgt die Entfernung Erde–Sonne 147 Millionen km und im Sommer 152 Millionen km. Bei einer so großen Entfernung würden 5 Millionen km mehr oder weniger ohnehin keine Rolle für das Zustandekommen der kalten und warmen Jahreszeit spielen. Welches ist die wahre Ursache? Immer wieder müssen wir uns vorstellen, dass unsere Erde als freischwebende Kugel durch den Weltraum läuft. Dabei »steht« die Kugel nicht ganz aufrecht, sondern ist ein wenig **gegen die Bahn geneigt**. Würden wir uns eine Erdachse vom Nordpol zum Südpol denken, so würde diese Achse schräg verlaufen, sodass der Erdäquator und die Bahnebene einen Winkel von 23 1/2° bilden. Ist nun die Nordhalbkugel, auf der wir leben, bei der Reise um die Sonne dem Zentralgestirn zugeneigt (Stellung am 21. Juni), fallen die Sonnenstrahlen aus großer Höhe und mit voller Kraft in unsere Breiten ein, und wir haben Sommerbeginn. Ist unsere Nordhalbkugel der Son-

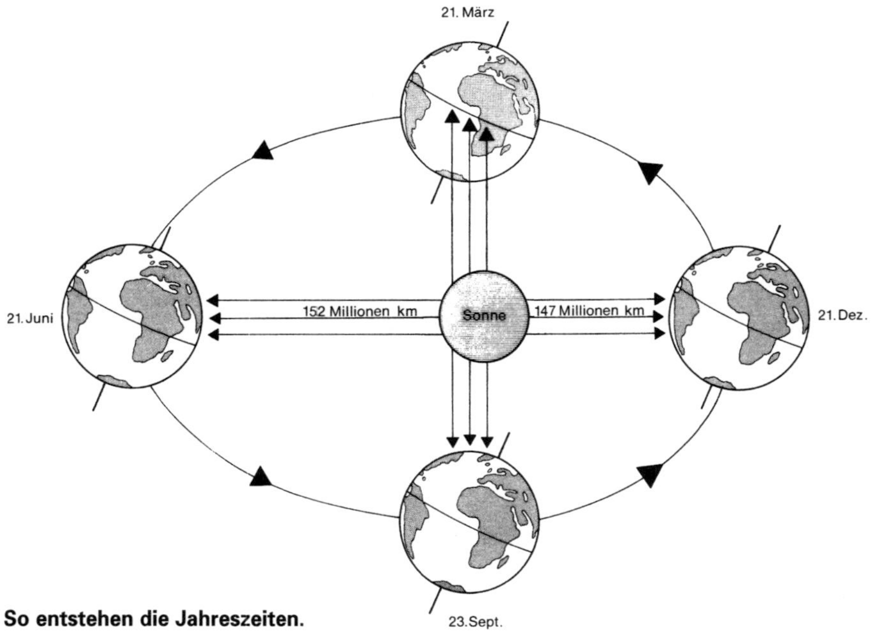

So entstehen die Jahreszeiten.

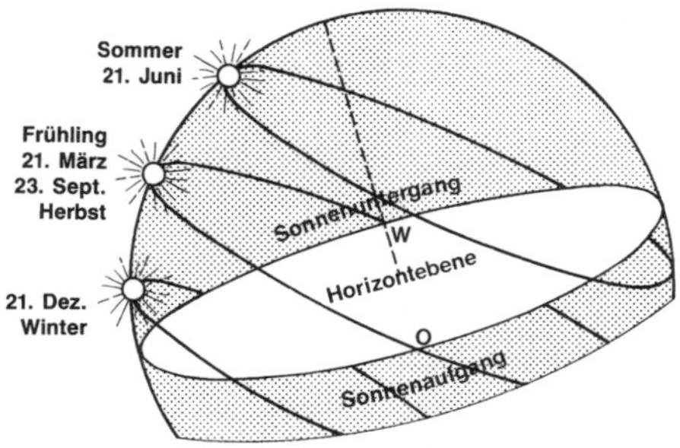

Die Bahn der Sonne über dem Horizont in den verschiedenen Jahreszeiten in unseren Breiten.

Tages- und Nachstunden der Erde (Nordhalbkugel) in den vier Jahreszeiten

Es gibt nur eine Tageslänge, den Tag mit 24 Stunden, der Dauer einer Erdumdrehung. Aber der helle und der dunkle Teil dieses Tages variieren in den vier Jahreszeiten. Das zeigen die folgenden Skizzen mit Tag und Nacht und der Dämmerungsgrenze.

Frühling (März)

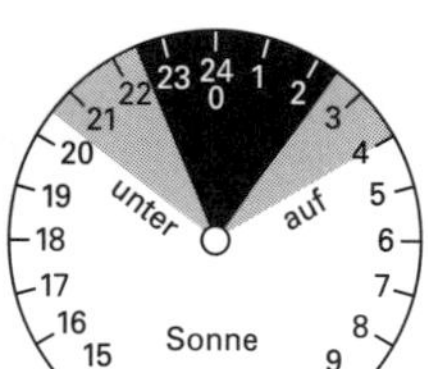

Sommer (Juni)

Herbst (September)

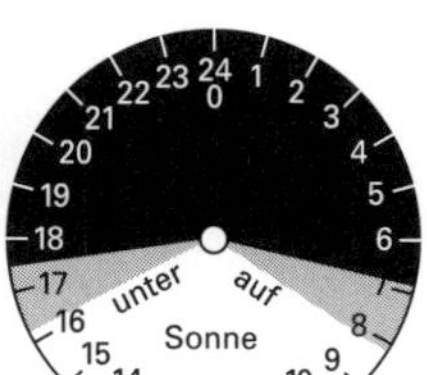

Winter (Dezember)

ne abgewandt (Stellung am 21. Dezember), fällt das Sonnenlicht bei uns sehr schräg ein, und wir haben Winteranfang. Auf der Südhalbkugel ist es genau umgekehrt.

Den reizvollen Wechsel der Jahreszeiten verdanken wir also der einfachen Tatsache, dass die – gedachte – Erdachse geneigt ist. In der Sommerstellung am 21. Juni ist der Tag auf der Nordhalbkugel am längsten und die Nacht am kürzesten. In der Winterstellung am 21. Dezember ist der Tag am kürzesten und die Nacht am längsten. In den beiden Positionen am 21. März (Frühlingsbeginn) und am 23. September (Herbstbeginn) ist die Erdachse weder von der Sonne weg- noch zu ihr hingeneigt. Tag und Nacht sind gleich lang: Wir haben die **Frühlings-** und **Herbst-Tagundnachtgleiche**.

Orientierung an der Himmelskugel

Der Himmel ist **keine** Halbkugel, keine »Glasglocke« über der Erde. So ist nur der Augenschein, von dem das Weltbild des Altertums ausgeht. Der Himmel umgibt die Erde von allen Seiten; das Weltall ist unbegrenzt. Auch hier heißt Astronomie betreiben: die Welt des Scheins und der Täuschung von der Welt der Wirklichkeit zu unterscheiden. Aber auf der anderen Seite müssen wir uns nun einmal aus der vorgegebenen Sicht der Erde orientieren und verständigen. Darum ist in der Sternkunde nach wie vor von einer »Himmelskugel« die Rede, an der Orientierungslinien gezogen und Orientierungspunkte gesetzt werden.

Horizont und Zenit, Sternhöhe und Winkelmessung

Wir betrachten zunächst die **auf die Horizontebene bezogenen** Orientierungsmöglichkeiten anhand unserer Abbildung. Der Punkt genau senkrecht über dem Scheitel des Beobachters ist der **Zenit** (Scheitelpunkt). Genau entgegengesetzt dazu befindet sich der **Nadir** (Fußpunkt). Auf der Horizontlinie unterscheiden wir die vier Himmelsrichtungen mit Nord- und Süd-, Ost- und Westpunkt. Verbinden wir den Südpunkt des Horizontes mit dem Zenit, so erhalten wir den **Meridian** (lat.: meridies = Mittag), die Mittags- oder Südlinie. Auf dieser Kreislinie haben die Sonne und die Sterne ihren höchsten Stand, sie kulminieren. Die augenblickliche Höhe eines Sternes können wir bestimmen, wenn wir vom Zenit durch den Stern einen Viertelkreis bis zum Horizontpunkt A ziehen. Der Bogen zwischen dem Stern und dem Horizontpunkt A bezeichnet die Höhe. Den Bogen zwischen dem Horizontpunkt A und dem Südpunkt des Horizontes nennen wir das **Azimut** des Sternes. Das Wort »Azimut« stammt wie die beiden Bezeichnungen »Zenit« und »Nadir« aus dem Arabischen.

Mit der Höhe und dem Azimut haben wir ein erstes einfaches **Koordinatensystem** zur Bestimmung eines Sternes. Höhe und Azimut werden auf Grund der Winkelmessung (Bogenmaß) angegeben. Jeder Kreis hat 360°. Jeder Grad wird in 60 Bogenminuten, jede Bogenminute in 60 Bogensekunden eingeteilt. Durch diese Bezeichnung ist eine Verwechslung mit Zeitminute und -sekunde ausgeschlossen. Wenn ein ganzer Kreis 360° hat, hat ein Viertelkreis – wie der Bogen zwischen dem Zenit und dem Horizontpunkt A – 90°. Ein Stern genau im Zenit hat eine Höhe von 90°. Ein Stern auf der Horizontlinie – also ein Stern, der gerade auf- oder untergeht – hat eine Höhe von 0°.

Die **Winkelmessung** können wir uns mit Hilfe einiger Faustregeln zu Nutze machen, um scheinbare **Abstände** zwischen zwei Sternen oder zwei Punkten an der Himmelskugel abzuschätzen. Wenn wir unsere geballte Faust am

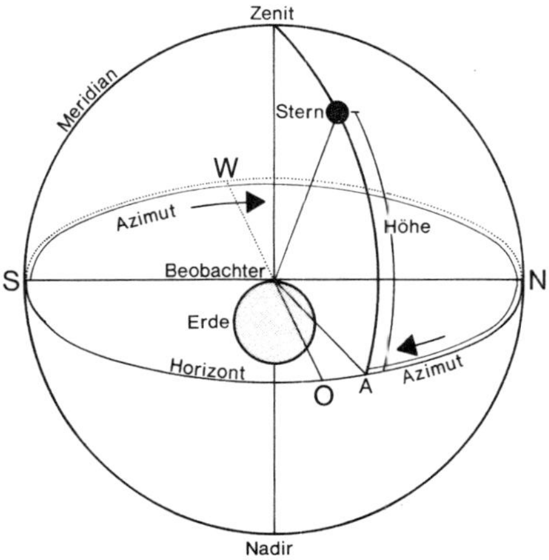

Orientierung von der Horizontebene aus.

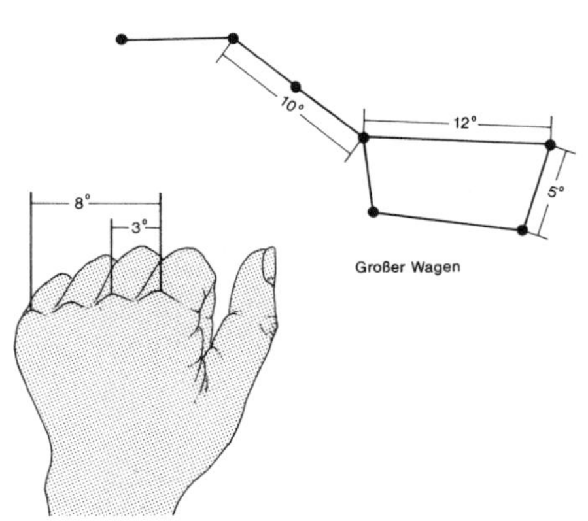

Faustregel für die Winkelmessung.

ausgestreckten Arm vor uns halten, bedeckt sie einen Winkel von etwa 8°. Die Spitze unseres Zeigefingers bedeckt im selben Abstand von unseren Augen etwa 1°. Die beiden letzten Kastensterne des Großen Wagens sind etwa 5° voneinander entfernt.
Wenn wir uns noch einprägen, dass der scheinbare Durchmesser des Vollmondes (wie übrigens auch der der Sonne!) an der Himmelskugel etwa 1/2°, also 30 Bogenminuten beträgt, werden wir allmählich lernen, mit solchen Winkelmessungen umzugehen. Natürlich sind die astronomischen Winkelmessungen sehr viel genauer, als es eine Schätzung mit Hilfe dieser Faustregeln sein kann.

Die an die Himmelskugel projizierte Erdkugel

Vom Erdglobus und vom Atlas her sind uns der Äquator (der größte Breitenkreis, der die Erdkugel in zwei gleiche Hälften teilt) und der Nordpol und Südpol vertraut, ebenso die Erdachse, die die Pole miteinander verbindet. Das gleiche Einteilungsverfahren wird nun auf den Himmel übertragen. Man stellt sich ihn – dem Augenschein entsprechend – als Kugel vor, die nun aber von innen gesehen wird, und projiziert das Gradnetz des Erdballs an die himmlische Kugel. Der Erdäquator wird dabei zum **Himmelsäquator** erweitert, die Erdachse zur **Himmelsachse** verlängert. Wo diese die scheinbare Himmelskugel schneidet, befinden sich der **Nordpol** bzw. der **Südpol des Himmels**.
Wichtig ist noch die Bahnebene der Erde, die mit dem Erdäquator einen Winkel von $23^1/_2$° bildet (Schrägstellung der Erdachse!). Diese Bahnebene

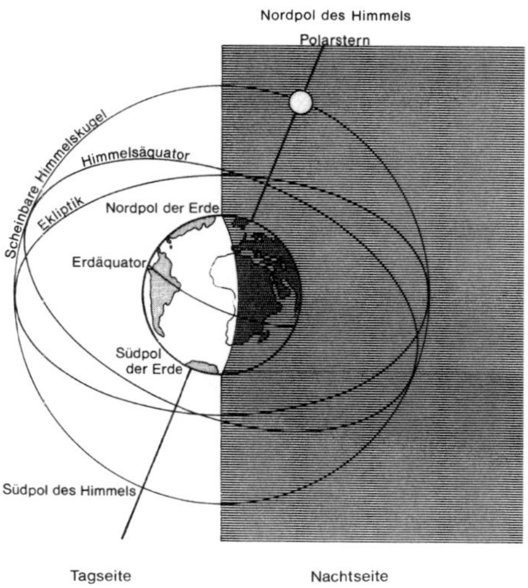

Die Erdkugel in der scheinbaren Himmelskugel.

wird ebenfalls erweitert und als Großkreis an der Himmelskugel eingezeichnet. Sie heißt die **Ekliptik** (Finsternislinie) und stellt die scheinbare Bahn der Sonne dar.

Breiten- und Längengrade an der Himmelskugel

Die Bestimmung eines Sternes durch Höhe und Azimut hat nur Augenblickswert. Eben haben wir einen Stern unter einem bestimmten Azimut und in einer bestimmten Höhe gesehen. Jetzt rückt er, auf Grund der ständigen Drehung der Erde, weiter, und die beiden Werte ändern sich wieder. Daher verwenden die Astronomen zur Feststellung von Sternörtern ein anderes Koordinatensystem.

Es ist ein Gradnetz, das sich auf den **Himmelsäquator** bezieht, und ist vergleichbar mit den Breiten- und Längen-

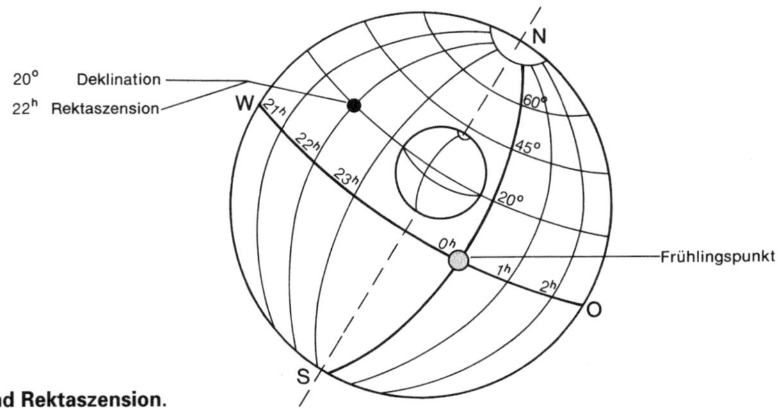

Deklination und Rektaszension.

graden auf der Erde. Beginnen wir mit den Breitengraden an der Himmelskugel! Sie haben den Namen **»Deklination«** (lat.: declinatio = Abweichung) und sind Parallelkreise zum Himmelsäquator. Bei 0° steht ein Stern direkt im Himmelsäquator, bei 90° im Pol der Himmelskugel, also senkrecht über dem Pol der Erde. Die Parallelkreise nördlich des Himmelsäquators tragen ein Pluszeichen, die südlichen des Himmelsäquators ein Minuszeichen. So hat der Stern auf unserer Abbildung die Deklination +20°. Statt des Wortes Deklination wird die Abkürzung Dekl. gebraucht.

Aber erst ein zweites System von Kreisen erlaubt uns die eindeutige Festlegung eines Sternortes. Die Längenkreise an der Himmelskugel heißen **»Rektaszension«** (lat: ascensio recta = gerades Aufsteigen). Ausgangspunkt der Zählung und damit Null-Linie der Längenkreise ist die Nordpol-Südpol-Linie, die durch den so genannten **Frühlingspunkt** verläuft. An diesem Punkt steht die Sonne am Frühlingsbeginn jeden Jahres (21. März). Von dieser Null-Linie zählt man nach Osten um die Himmelskugel herum, und zwar nicht nach Winkelgraden wie bei der Deklination, sondern nach **Zeit**, aufgegliedert von 0–24 Uhr. Diese Zeiteinteilung nach Stunden, Minuten und Sekunden (statt der Gradeinteilung) ist äußerst praktisch; sie lässt uns z. B. gut übersehen, wie viel Stunden und Minuten ein Stern früher oder später als ein anderer Stern aufgeht, kulminiert und untergeht. Der Stern in unserer Abbildung hat die Rektaszension 22 Uhr. Man schreibt diese Angabe mit einem hochgestellten »h« 22^h (lateinisch: hora = Stunde) und kürzt das Wort Rektaszension mit AR (ascensio recta) ab.

Wir verstehen jetzt die **astronomische Ortsangabe** der Sterne und können auf jeder Sternkarte feststellen, dass der Stern, der in AR $6^h\,43^m$, Dekl. −16° 39′ steht (also Rektaszension 6 Uhr 43 Minuten, Deklination −16 Grad 39 Bogenminuten), kein anderer Stern als der Sirius ist. Bei Positionsangaben gibt es übrigens immer leichte Abweichungen – je nach Messung bzw. Quelle.

Zum **Frühlingspunkt** – der auf manchen drehbaren Sternkarten eingezeichnet ist – sei noch Folgendes nachgetragen:

Es handelt sich dabei um den Schnittpunkt von Ekliptik und Himmelsäquator im Bereich des Sternbildes Fische. »Widderpunkt« wird er deshalb genannt, weil die Sonne hier in das **Tierkreiszeichen** Widder (nicht zu verwechseln mit dem **Sternbild** Widder!) eintritt. Die Tierkreiszeichen und die Sternbilder, nach denen sie benannt sind, haben sich in 2000 Jahren um etwa 30° gegeneinander verschoben. In natura findet man den Frühlingspunkt, wenn man die Linie Stern *β* in Cassiopeia – Stern *α* in Andromeda (Sirrah) um diese selbst verlängert oder indem man die Linie von *α* Andromedae zum Stern *γ* in Pegasus (Algenib) um die gleiche Länge fortsetzt.

Astronomische Entfernungsmaße

Astronomische Einheit (AE)

Die mittlere Entfernung der Erde von der Sonne beträgt nach neueren Messungen 149 597 870 km. Diese Strecke, die der halben großen Achse der Erdbahn entspricht, wird als **Astronomische Einheit** (abgekürzt AE) bezeichnet. Sie findet als Entfernungsmaß vor allem innerhalb unseres Planetensystems Anwendung.

Lichtjahr

Um die gewaltigen Entfernungen im Weltall besser bezeichnen zu können und nicht dauernd mit unhandlichen Riesenzahlen umgehen zu müssen, ist in der Astronomie das Längenmaß das **Lichtjahr** eingeführt. Die Lichtwellen legen in jeder Sekunde 300 000 km zurück (genauer 299 792 km). Sie benötigen vom Mond zur Erde nur 1¼ s – und nur 8 ⅓ min, um den Raum zwischen Sonne und Erde zu überwinden. Die Raumstrecke, zu deren Durchlaufen das Licht ein ganzes Jahr braucht, heißt Lichtjahr. Ein Lichtjahr ist also kein Zeitmaß, sondern ein **Entfernungsmaß**. Ein Jahr hat 31 556 926 Sekunden. Wenn wir diese Zahl mit 300 000 km multiplizieren, kommen wir auf eine Strecke von 9,467 Billionen km, mit Nullen ausgedrückt: 9 467 077 800 000 km. Ein Lichtjahr bedeutet also eine Entfernung von 9,467 Billionen km.

Parsec, Kiloparsec, Megaparsec

Das Entfernungsmaß **Parsec** (pc), sprachlich eine Abkürzung für das Wort »Parallaxensekunde«, entspricht etwa 3¼ Lichtjahren (genauer: 3,26 Lichtjah-

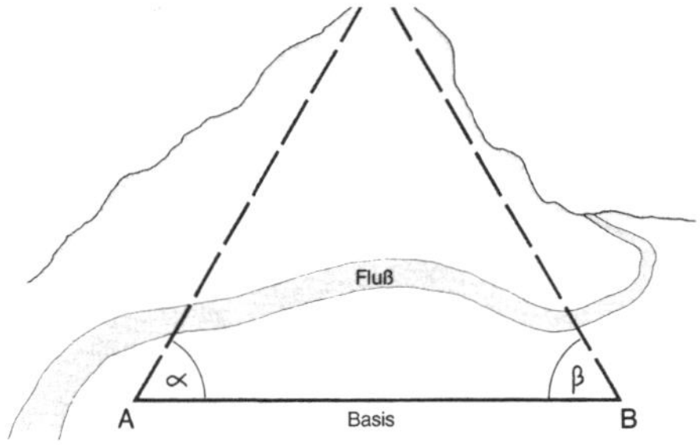

Geodäten (Landvermesser) bestimmen die Strecke zu einem entfernten, unzugänglichen Punkt, indem sie von zwei anderen Punkten aus diesen dritten Punkt anpeilen und dabei die Winkel α und β messen. Wenn sie die Länge der Basislinie – den Abstand der beiden Messpunkte – kennen, dann lassen sich die übrigen Strecken in diesem Dreieck leicht berechnen, so auch die Entfernung zu dem dritten Punkt.

Die Entfernungen zumindest der näher gelegenen Sterne bestimmen die Astronomen wie die Geodäten: Ausgehend vom Erdbahndurchmesser als einer Basis bekannter Länge messen sie die Winkel α und β und somit die Verschiebung des Sterns vor dem »Hintergrund«. Aus dem »Parallaxenwinkel«, der auf den Radius der Erdbahn bezogen wird, lässt sich die Distanz des Sterns ableiten.

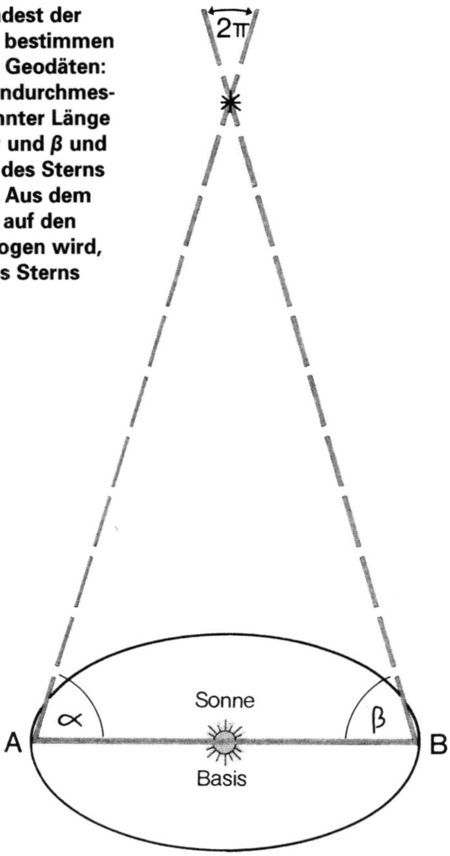

ren). 1 Kiloparsec (kpc) entspricht 1000 Parsec, 1 Megaparsec (Mpc) 1 Million Parsec.

Die eigentümliche Bezeichnung »Parallaxensekunde« ist eine Zusammensetzung aus »Parallaxe« und »Sekunde«. In der Dreiecksmessung heißt ein bestimmter Winkel **»Parallaxe«** (grch.: parallaxis = Verschiebung, Abweichung). Wenn wir den Ort ein und desselben Sterns im Sommer und im Winter messen, dann stellen wir eine Abweichung gegen den Himmelshintergrund (Verschiebung) fest; denn unser Heimatplanet, von dem aus wir beobachten und messen, hat inzwischen die Hälfte seines Weges um die Sonne zurückgelegt! Vergegenwärtigen wir uns das an der folgenden Abbildung! Der Winkel, der vom angepeilten Stern ausgeht und die Entfernung Sonne – Erde (1 AE) einschließt, heißt »Parallaxe«. Ist dieser Parallaxenwinkel nun 1 Bogensekunde groß, dann hat der Stern die Entfernung von 1 Parsec.

Aufbau des Weltalls

Wir wissen heute, dass die Erde, auf der wir leben, nur ein winziger Teil dessen ist, was wir »Weltall« oder »Universum« nennen. Das Weltall ist bis ins Unermessliche geweitet und dabei nach **bestimmten Ordnungsprinzipien** aufgebaut.

Unser nächster Himmelskörper ist der **Mond**, der in einer mittleren Entfernung von 384 000 km (dieser und alle folgenden Zahlenwerte sind gerundet) die Erde umkreist. Die **Erde** selber ist ein Planet (Wandelstern), der sich im Laufe eines Jahres um die Sonne bewegt, die in einer Entfernung von 150 Millionen km den Mittelpunkt unseres Planetensystems bildet.

Wie die Erde kreisen in verschiedenen Abständen weitere acht **Planeten** um die Sonne. Sie sind sozusagen die »Geschwister« unserer Erde. Die neun Planeten heißen in der Reihenfolge ihres Abstandes von der Sonne: Merkur, Venus, Erde, Mars, Jupiter, Saturn, Uranus, Neptun und Pluto. In der Astronomie werden folgende Zeichen für sie verwendet:

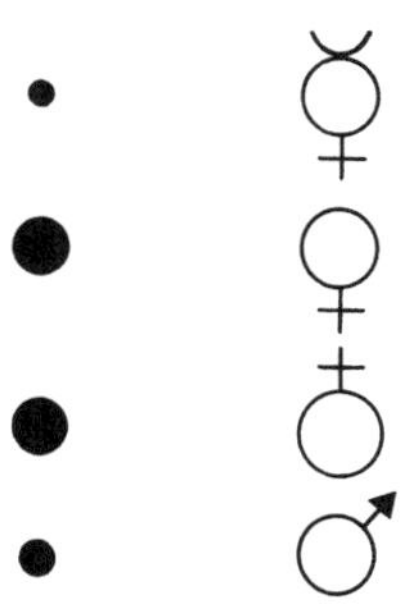

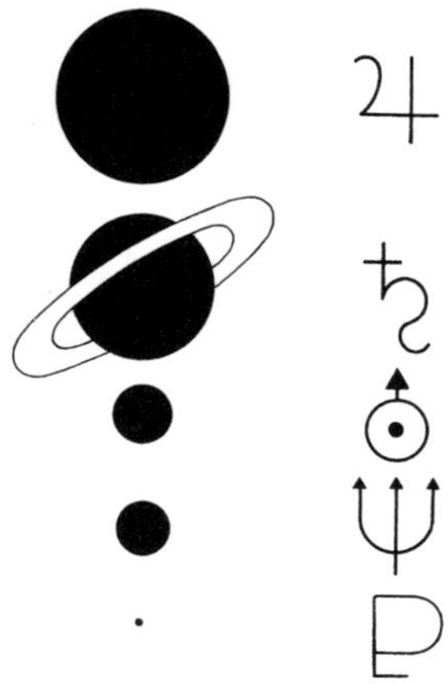

Der sonnennächste Planet Merkur ist 58 Millionen km vom Zentralgestirn entfernt, der sonnenfernste Wandelstern Pluto 5 900 Millionen km. Die Planeten sind verschieden groß. Jupiter und Saturn sind die beiden mächtigsten, Merkur und Pluto die beiden kleinsten.

Wir unterscheiden zwischen den inneren Planeten (Merkur bis Mars), die erdartigen Charakter haben, und den äußeren Planeten (Jupiter bis Pluto), welche jupiterartigen Charakter aufweisen.

Die meisten Planeten werden von Monden umkreist, die Erde von einem Mond, Mars von zwei kleinen. Bei Jupiter sind bisher 16 größere Monde entdeckt, in jüngster Zeit zusätzlich 44 Kleinmonde, die alle einen Durchmesser unter 10 km haben. Möglicherweise kreisen um Jupiter noch weitere Gesteinsbrocken, wobei es nicht eindeu-

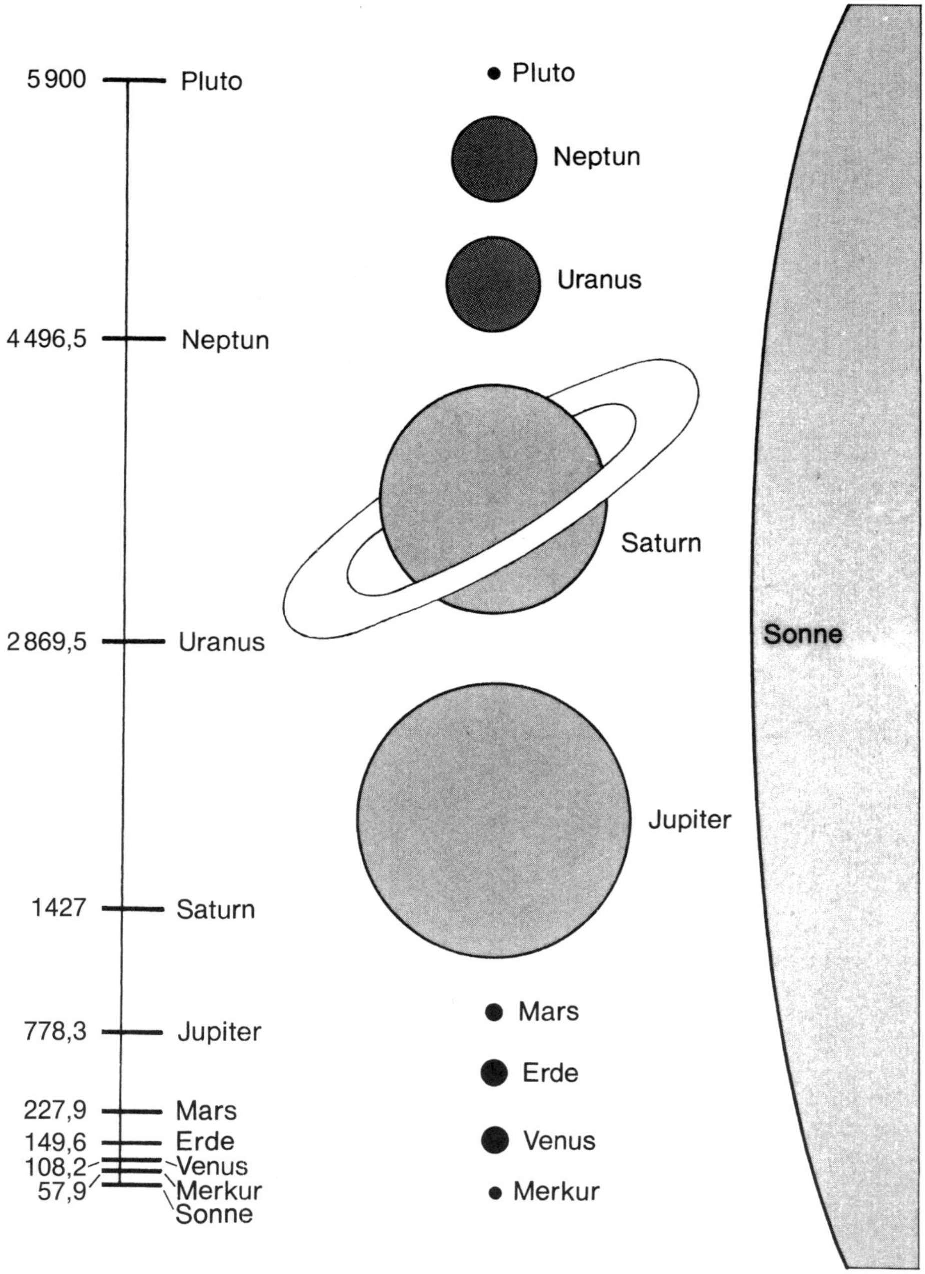

Die Abstände der Planeten von der Sonne und ihr Größenverhältnis zueinander. Kilometer in Millionen.

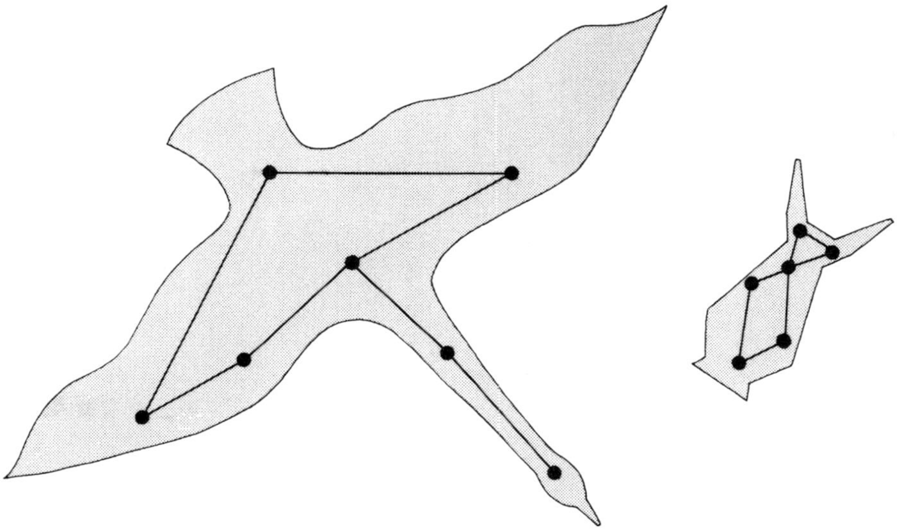

Die Sterne der Sternbilder Schwan und Leier. Alle diese Sterne sind große Sonnen.

tig ist, sie als Monde zu bezeichnen. Um Saturn sind bisher 30 größere und kleinere Monde gezählt, und sicher werden durch Weltraumsonden noch weitere Satelliten entdeckt. Uranus wird von 15 Monden begleitet und Neptun von 8, während der sonnenfernste und kleinste Planet Pluto wieder nur einen Mond hat.

In dem verhältnismäßig großen Freiraum zwischen Mars- und Jupiterbahn befinden sich Schwärme von **kleinen Planeten** (Planetoiden, Asteroiden).

Zum Planetensystem gehören darüber hinaus noch die **Kometen** (Schweifsterne aus Eis und Staub) und die **Meteoriten**.

Neben unserer Sonne gibt es viele **Milliarden anderer Sonnen**. Alle Sterne (mit Ausnahme der Planeten), die wir des Abends am Firmament sehen und die die alten Kulturvölker fantasievoll zu Sternbildern zusammengefasst haben, sind in Wirklichkeit ferne große Sonnen. Sie erscheinen uns nur deshalb als kleine Lichtpunkte, weil sie so unendlich weit von uns entfernt sind.

Die unserer Sonne **am nächsten stehende Nachbarsonne** ist am Sternhimmel der Südhalbkugel zu sehen. Es ist ein Stern im Sternbild des Centaur (griechische Sagengestalt; halb Mensch, halb Pferd), der Proxima Centauri heißt (= der nächste Stern im Centaur). Er ist 4,3 Lichtjahre von uns entfernt.

Ein **Lichtjahr** ist die Strecke, die das Licht in einem Jahr zurücklegt. Das Licht hat die schnellste Geschwindigkeit, die wir überhaupt kennen. Es legt in einer Sekunde 300 000 km zurück. Ein Lichtjahr bezeichnet demnach eine Entfernung von 9,46 Billionen km. Multiplizieren wir diese Zahl mit 4,3, dann ergeben sich für die Entfernung des Proxima Centauri 40,678 Billionen km.

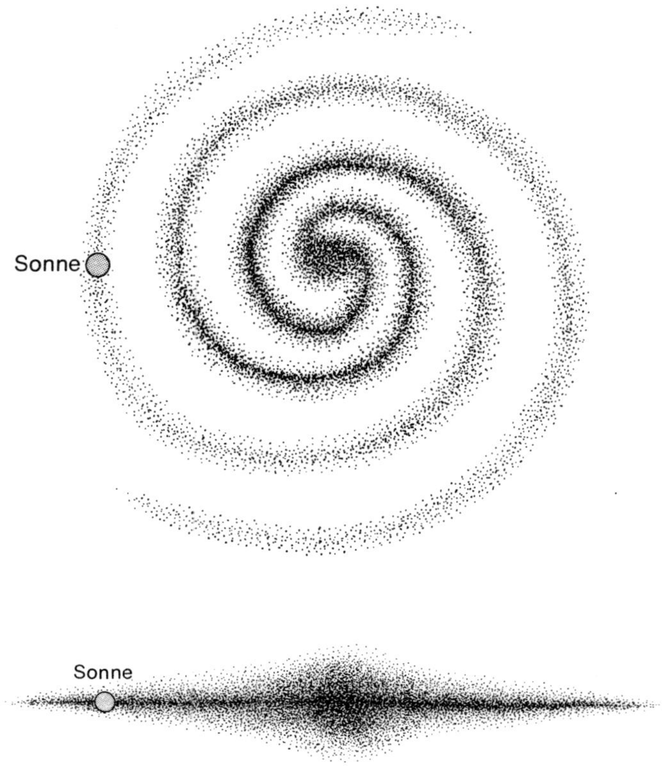

Unser Milchstraßensystem von oben und von der Seite gesehen. Bei seitlicher Sicht zeigt es in der Mitte eine deutliche Verdickung.

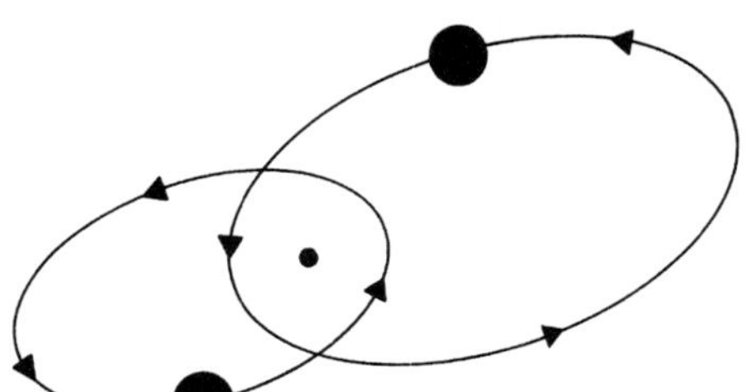

Den beiden Sternen eines Doppelsternsystems ist ein Schwerpunkt gemeinsam. Auf ihren ellipsenförmigen Bahnen nehmen sie stets – vom gemeinsamen Schwerpunkt aus gesehen – eine jeweils entgegengesetzte Position ein.

Eine wahrhaft astronomische Zahl, die man sich nicht mehr vorstellen kann, und doch bezeichnet sie nur die Entfernung bis zu unserer nächsten Nachbarsonne! Alle übrigen Sterne sind viel weiter von uns entfernt.
Alle diese fernen Sonnen gehören zusammen mit unserer Sonne zu einem großen Sternsystem, das wir **Milchstraße** nennen. Die **bei uns** sichtbare **»Milchstraße«**, die sich als ein matt schimmerndes Band über den Sternenhimmel erstreckt, ist nur ein Teil dieses riesigen Sternensystems. Es hat einen

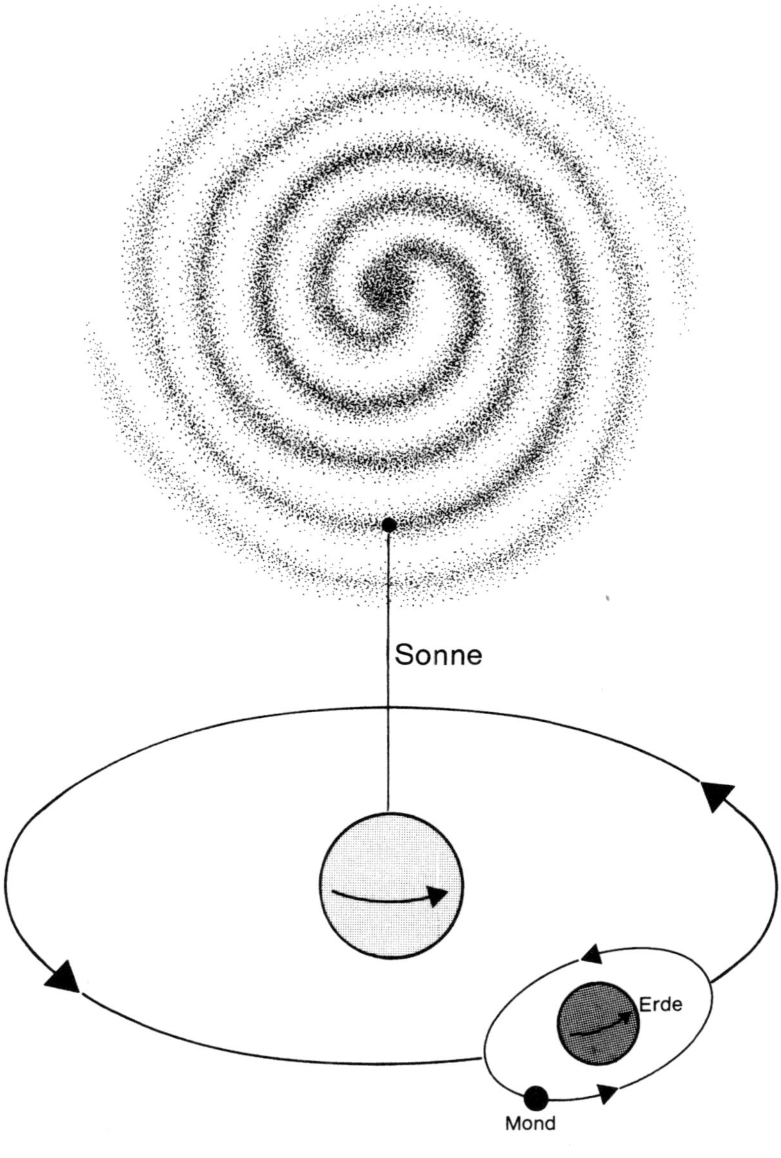

Nichts im Weltall verharrt im Zustand der Ruhe. Der Mond dreht sich um die eigene Achse und umkreist die Erde. Die Erde dreht sich um ihre Achse und umkreist die Sonne. Diese wiederum rotiert um ihre Achse und kreist um die Milchstraße, die aus 100 Milliarden weiteren Sonnen besteht, einen Durchmesser von 100 000 Lichtjahren aufweist und zusammen mit anderen Galaxien durchs All rast …

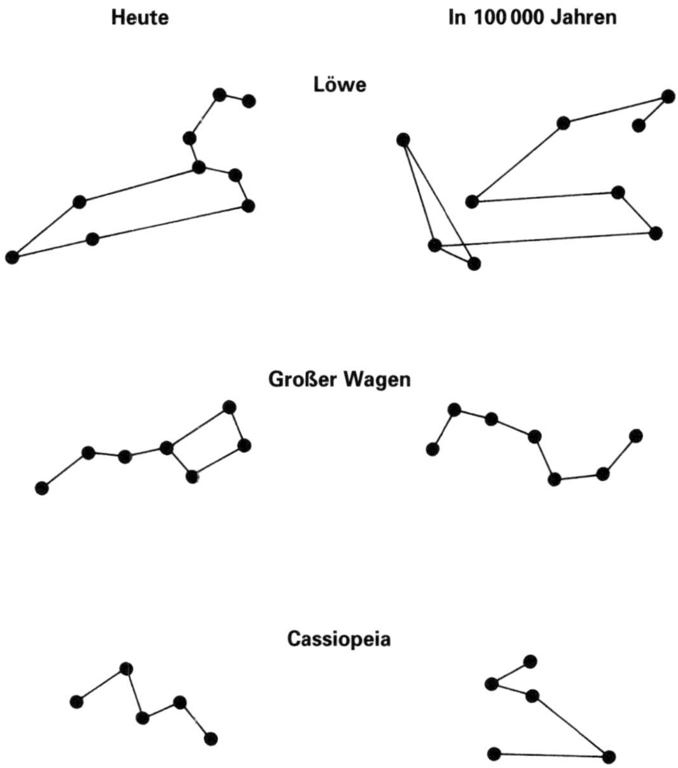

Da sich die Sterne auf ihrer Umlaufbahn in die Galaxie bewegen, ändern die Sternbilder in langen Zeiträumen ihre Form. Hier sind drei bekannte Sternbilder zu sehen, wie sie heute zu sehen sind und wie sie voraussichtlich in 100 000 Jahren erscheinen werden.

Längsdurchmesser von 100 000 Lichtjahren. Alle Sterne bewegen sich um das Massenzentrum der Milchstraße, auch unsere Sonne, die die Planeten und Monde auf dieser Reise mit sich nimmt. Sie bewegt sich dabei im äußeren Drittel der galaktischen Scheibe in etwa 220 Millionen Jahren einmal um das Zentrum der Milchstraße. Diesen gewaltigen Zeitraum nennt man – wie die Kreiselbewegung der Erdachse, die sie im Lauf von etwa 26 000 Jahren vollführt – ein Platonisches Jahr oder auch ein Weltjahr.

Unter den Sternen unserer Milchstraße hat man viele **Doppel- und Mehrfachsternsysteme** entdeckt, d. h. Sonnen, die einen oder mehrere Begleiter (nicht Planeten) haben.
Aus Bahn- und Lichtströmungen einiger Sonnen schließt man auch auf dunkle Begleiter, die möglicherweise Planetencharakter haben. Man hat sie bisher nicht optisch nachweisen können, weil sie zu klein sind und keine Eigenstrahlung haben. Die moderne Theorie von der Sternentstehung hält es für wahrscheinlich, dass Sterne in der Regel in

h + χ Persei. Es handelt sich hier um einen Doppelsternhaufen, der – astronomisch gesehen – mit einem Alter von 3 Mio. Jahren sehr jung ist.

Gruppen entstehen und dabei entweder ein System mit zwei oder mehr Sonnen bilden oder aber ein System mit **Sonne und Planeten**.

Innerhalb der Milchstraße gibt es besondere Gruppierungen von Sternen, die wir **Sternhaufen** nennen. Offene Sternhaufen, wie z. B. die Plejaden (im

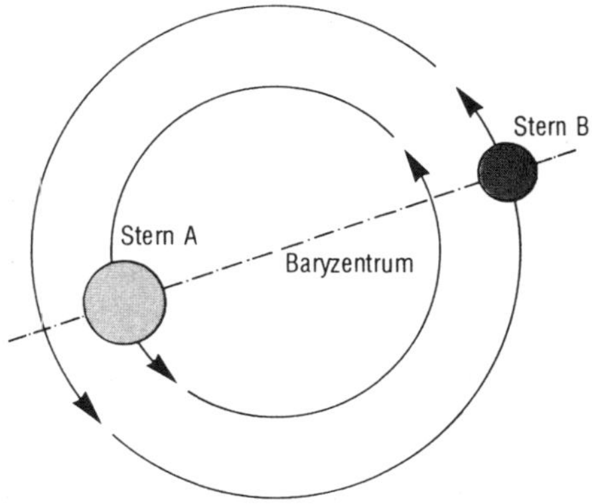

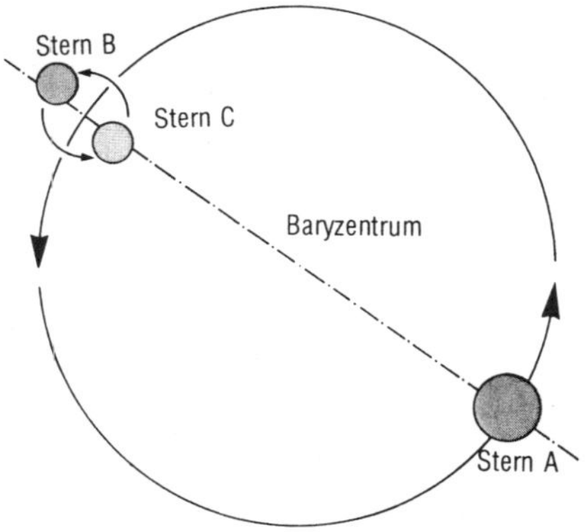

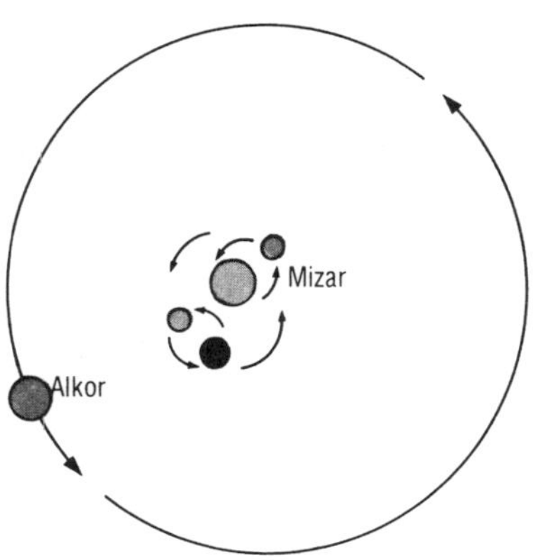

In einem typischen Doppelsternsystem umkreisen die beiden Sterne unterschiedlicher Masse das Baryzentrum, ihren gemeinsamen Schwerpunkt.
In manchen Sternsystemen erweist sich bei näherer Betrachtung eine Komponente selbst als Doppelstern. Dann handelt es sich um ein Dreifachsystem. Mizar und Alkor im Großen Bären bilden eines der bekanntesten, mit bloßem Auge sichtbaren Doppelsternsysteme. In Wirklichkeit umkreisen nicht weniger als fünf Sterne einander.

Ein Dunkelnebel, der Licht verschluckt: der Pferdekopfnebel B 33 im Sternbild Orion. Solche Nebel bestehen aus Gasgemisch und Staub.

M 57 (Ringnebel im Sternbild Leier), das »Paradebeispiel« für einen planetarischen Nebel.

Stier), sind jüngeren Datums, die wesentlich dichteren Kugelsternhaufen, wie etwa M 13 (im Herkules) älteren Datums. Kugelsternhaufen umgeben das Milchstraßensystem wie ein Gerüst. Ferner werden in unserer Milchstraße als interstellare Materie (= Masse zwischen den Sternen) verschiedene Arten von **Nebeln** beobachtet: z. B. Dunkelnebel (»Kohlensäcke«), die das Licht verschlucken, oder leuchtende Nebel wie der Orionnebel, in dem neue Sterne entstehen.

Neben unserer Milchstraße gibt es viele **Milliarden anderer Milchstraßensysteme** oder Galaxien (grch.: Galaxie = Milchstraße). Anfangs hielt man sie für »Nebel« in unserer eigenen Milchstraße und nannte sie wegen ihrer oft spiralförmigen Struktur »Spiralnebel«. Später erkannte man ihren wahren Charakter als Sternansammlungen, als extragalaktische (= außerhalb unserer Milchstraße befindliche) Welteninseln im Raum. Trotzdem blieb der Ausdruck »Spiralnebel« erhalten. Die Entfernungen dieser Fremdgalaxien wachsen ins Gigantische.

Die **Andromedanebel** – eine uns benachbarte Galaxie, die wir im Gebiet des Sternbildes Andromeda beobachten können – ist nach neueren Berechnungen etwa 2,3 Millionen Lichtjahre von uns entfernt. Wir sehen diese Galaxie nicht, wie sie jetzt ist, sondern wie sie vor 2,3 Millionen Jahren war; denn das Licht ist von dort bis zu uns eben eine solche Zeitspanne unterwegs.

Die nächste astronomische Größeneinheit sind **Galaxienhaufen**. Ein Galaxienhaufen ist eine Ansammlung von wenigstens zehn, meistens aber mehreren 100 Milchstraßensystemen, die zusammen gehören.

Kleinere Ansammlungen bezeichnet man als **Doppel- oder Mehrfachgalaxien**. Galaxien vergesellschaften sich also ähnlich wie die Sterne innerhalb unseres Milchstraßensystems. Große Galaxienhaufen sind z. B. der Coma-Haufen im Sternbild Haar der Berenice (lateinisch: coma = Haar) mit 800 Galaxien und der Virgo-Haufen im Sternbild der Jungfrau (lateinisch: virgo = Jungfrau) mit 2500 Galaxien.

Unser eigenes Milchstraßensystem gehört zu einem kleinen Galaxienhaufen, der so genannten **Lokalen Gruppe**. Dazu werden bisher etwa 25 Galaxien gezählt, darunter der Andromedanebel und die Große und Kleine Magellansche Wolke, die sich in der Nähe des südlichen Himmelspoles befinden.

Die Astronomen sprechen bereits von einer noch größeren Einheit, die mehrere Galaxienhaufen zu einem **»Superhaufen«** zusammenfasst. So wird ver-

Unsere Galaxie gehört zu einer Gruppe von etwa 25 anderen Galaxien, der so genannten Lokalen Gruppe. Die Zahlenringe bedeuten die Entfernungen von unserer Galaxie in Millionen von Lichtjahren.

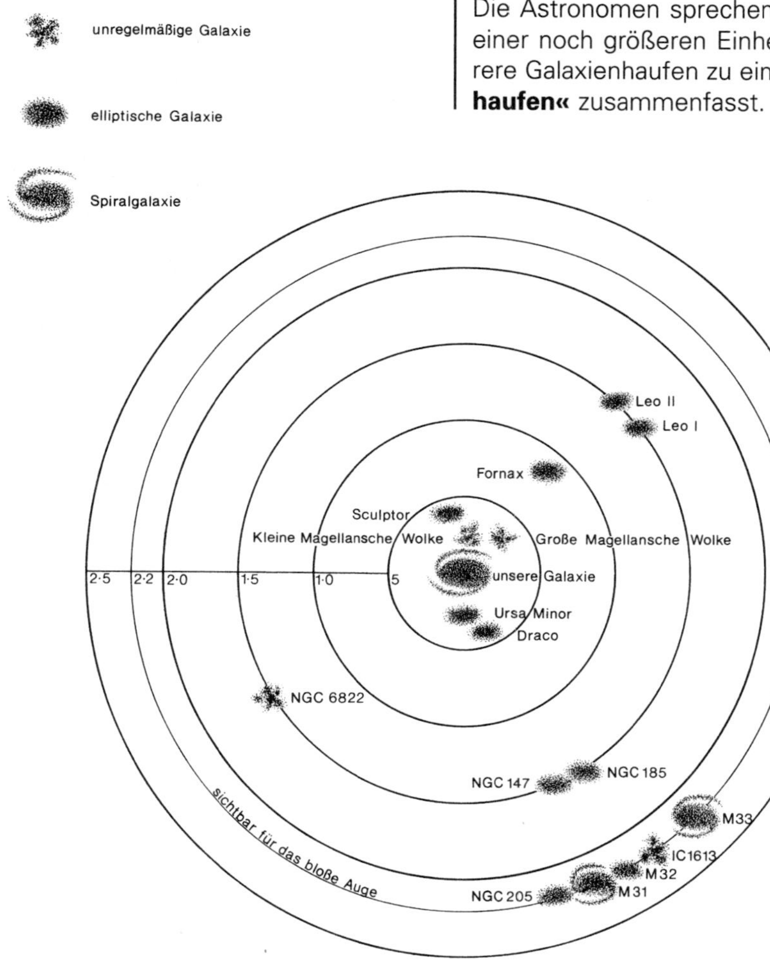

Das berühmte »Galaxien-Duo« M 81/M 82 im Sternbild Ursa Major (im Volksmund bekannt als »Großer Wagen«), ist ein beliebtes Beobachtungsobjekt unter Hobbyastronomen.

mutet, dass unsere Lokale Gruppe zusammen mit anderen Galaxienhaufen zu einem Superhaufen gehört, dessen Mittelpunkt im genannten Virgo-Haufen läge. Schließlich stellen sich manche Forscher sogar mehrere Universen neben- oder nacheinander vor, die wie Blasen aufblühen und wieder in sich zurücksinken.

Danach gäbe es ein System von getrennten Universen, von denen manche »unserem« Universum an Alter, Größe und Gesetzen ähnlich sein könnten, andere aber völlig anders geartet sein werden. Sie werden für die Menschheit, solange ihre begrenzte Lebens- und Forschungsgeschichte auf dem Planeten Erde dauert, für immer unerreichbar sein. Die Frage nach Leben auf anderen Himmelskörpern wird durch diese Viel-Welten-Theorie noch einmal ins Uferlose gesteigert und lässt der schweifenden Fantasie ungezählte Möglichkeiten.

Der Mond

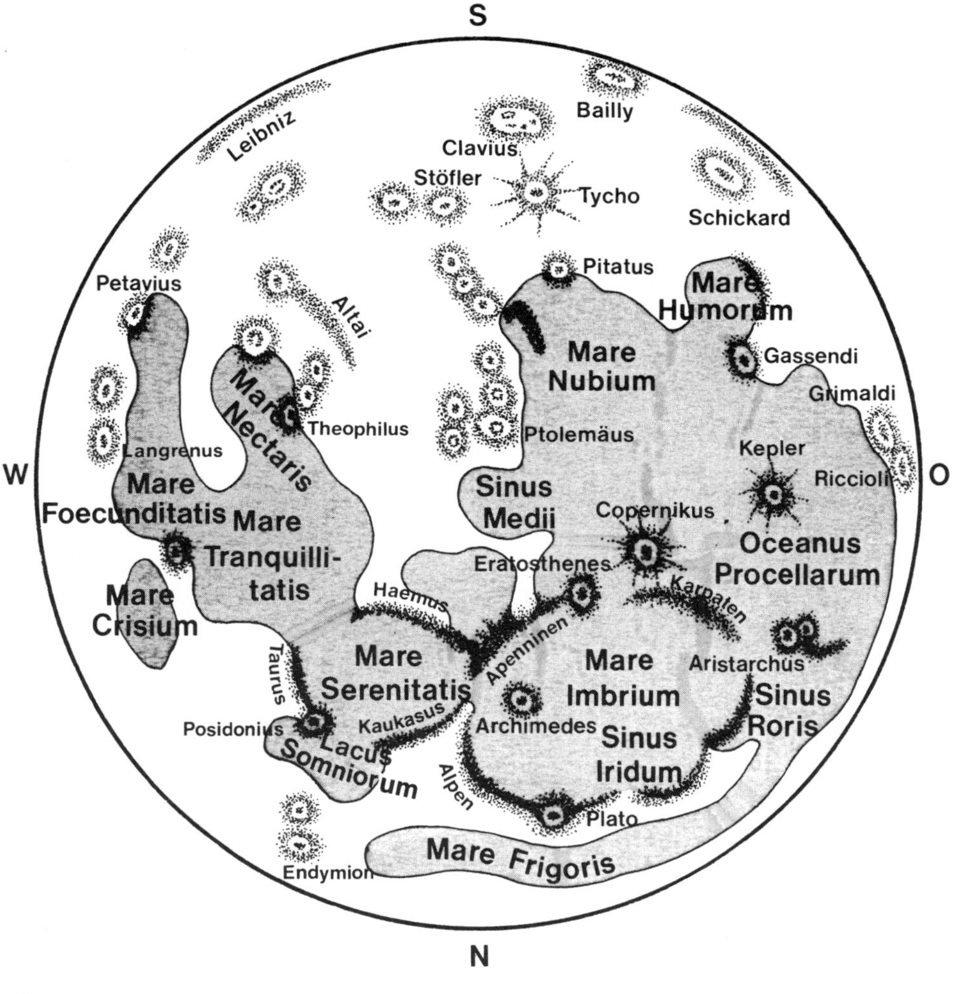

Übersichtskarte des Mondes nach Patrick Moore.
Süden ist oben (Umkehrung durch astronomisches Fernrohr)!

Mare Crisium: Meer der Gefahren;
Mare Foecunditatis: Meer der Fruchtbarkeit;
Mare Frigoris: Meer der Kälte;
Mare Humorum: Meer der Feuchtigkeit;
Mare Imbrium: Regenmeer;
Mare Nectaris: Honigmeer;
Mare Nibium: Wolkenmeer;
Mare Serenitatis: Meer der Heiterkeit;
Mare Tranquillitatis: Meer der Ruhe;
Oceanus Procellarum: Ozean der Stürme;
Lacus Somniorum: See der Träume;
Sinus Iridum: Regenbogenbucht;
Sinus Medii: Bucht der Mitte;
Sinus Roris: Taubucht.

Der Mond mit seinen »Meeren« und Kratern.

Der Mond, der Begleiter unserer Erde, ist für den Sternfreund und Amateurastronomen das lohnendste Beobachtungsprojekt. Er ist der Himmelskörper, der uns am nächsten steht und dessen Oberfläche wir am klarsten und genauesten erkennen können, weil er keine Lufthülle (Atmosphäre) besitzt, die die Sicht verschleiern würde. Schon mit bloßem Auge nehmen wir die **Meere** des Mondes wahr (lat.: mare = Meer; Mehrzahl: maria), große dunkle Gebiete von mehr oder weniger kreisförmiger Gestalt, in denen der Volksmund den »Mann im Mond« gesehen hat. Die Beobachter früherer Zeiten hielten diese runden Dunkelflächen für **wirkliche** Meere und gaben ihnen fantasievolle lateinische Namen wie »Mare Nectaris« (Honigmeer), »Mare Tranquillitatis« (Meer der Ruhe), »Mare Serenitatis« (Meer der Heiterkeit), »Mare Imbrium« (Regenmeer) oder »Oceanus Procellarum« (Ozean der Stürme). Wir wissen heute, dass der Mond über kein freies Wasser an der Oberfläche verfügt. Trotzdem verwenden wir nach wie vor die historischen Namen der »Maria«. Sie gehen – wie die Namen der meisten anderen Oberflächengebilde des Mondes – auf den italienischen Astronomen **Giovanni Battista Riccioli** (1598–1671) zurück. Auch wenn es auf der Mondoberfläche kein Wasser gibt, so gibt es doch neuerdings Anzeichen dafür, dass sich möglicherweise in den Polargebieten in geringer Tiefe Eislager befinden. Das herauszufinden, wird Aufgabe künftiger Mondoperationen sein.

Die Mondmeere sind gewaltige **Tieflandbecken**, die wahrscheinlich durch den Aufsturz von Klein- und Kleinstplaneten sowie von »Rohmaterial« aus der Frühzeit unseres Planetensystems (Planetesimal) entstanden sind und dann später von innen durch Lavaströme gefüllt wurden. Auf dem »glatten« Terrain der Meere kommen verhältnismäßig wenig Krater vor, wenn man ihre Zahl mit dem überaus starken Kratervorkommen auf dem Hochland besonders der Südhalbkugel vergleicht. Das größte und interessanteste Mondmeer ist das **Mare Imbrium** (Regenmeer). Es hat einen Durchmesser von 960 km, ist von hohen Bergketten und abwechslungsreichen Buchten umgeben und bietet viele reizvolle Einzelheiten. Das Mare Imbrium ist das Paradebeispiel für den Blick durchs Fernrohr auf den Mond und hat schon viele Menschen für die Beschäftigung mit der Astronomie begeistert.

Neben den Meeren fallen dem Beobachter zwei weitere typische Mondformationen auf, die bereits genannt wurden: die Krater und die Gebirgszüge.

Die **Krater** bilden die eigentliche, charakteristische »Mondlandschaft«, die wir inzwischen allerdings auf vielen Plane-

Am unteren Rand dieser Mondaufnahme ist der lang gezogene Krater Schiller zu sehen. Der größere Krater in der rechten oberen Ecke ist Longomotanus. Auf der linken Seite befinden sich die Krater Mef und Hainzel.

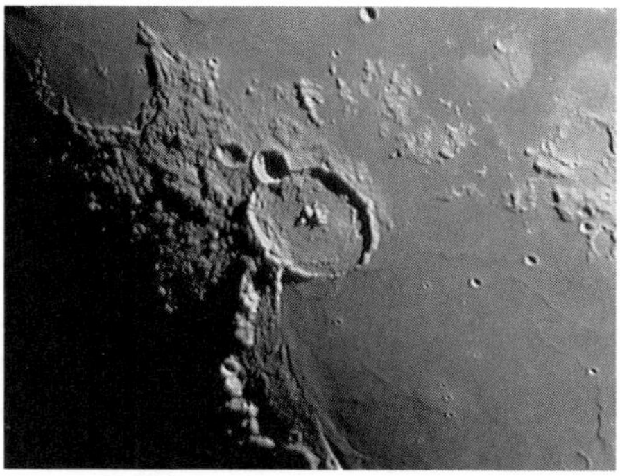

In der Bildmitte erkennt man den Krater Gassendi. Die kleine Bucht am oberen Rand ist die Wallebene Letrone.

ten und Monden unseres Sonnensystems als vorherrschende Formation entdeckt haben. Wahrscheinlich sind sie **Einschlagkrater** (keine Vulkane, wie man früher annahm!), die durch den Aufsturz von Kleinstplaneten und durch das Bombardement von Meteoriten entstanden sind. Die größten Krater – auch Ringgebirge oder Wallebenen genannt – besitzen einen Durchmesser von 200 bis 300 km. Viele Krater (mit Ausnahme der kleineren) haben in ihrer Mitte einen oder mehrere **Zentralberge**. Der **Wall**, der wegen der Ausdehnung der Krater und der Krümmung der Mondoberfläche meistens verhältnismäßig flach erscheint, fällt nach innen manchmal in Stufen und Terrassen ab, wobei das Innere tiefer liegt als die äußere Oberfläche. Oft sind Boden und Wall der Krater von Kleinkratern durchsiebt. Die kleineren Krater sind durchweg jünger als die größeren. Es gibt sehr alte Kraterformationen, die fast vollständig von Staub bedeckt sind. Die Gesamtzahl aller Krater auf der Vorderseite des Mondes wird auf 33 000 veranschlagt. Etwa 600 davon haben Namen erhalten, und zwar die von bekannten Naturforschern, Astronomen und Philosophen. Ein Witzbold hat den

Größen einiger Mondkrater

	Durchmesser	Wallhöhe über dem Inneren
Archimedes	100 km	2000 m
Kopernikus	90 km	3500 m
Eratosthenes	60 km	5000 m (Inneres liegt 2500 m unter der äußeren Umgebung)
Plato	100 km	2000 m
Ptolemäus	140 km	3000 m

Nahaufnahme der Mondoberfläche, eingefangen vom Team der Apollo-10-Mission im Jahre 1969.

Mond deshalb einen »Gelehrtenfriedhof« genannt.

Die **Gebirgszüge** des Mondes, die zum Teil sehr große Höhen erreichen, sind meistens nach irdischen Bergketten benannt. So gibt es auf dem Mond die Alpen, die Apenninen, die Karpaten, den Kaukasus und die Pyrenäen. Der höchste Bergzug ist das Leibniz-Gebirge, im Südwesten der Mondhalbkugel gelegen: seine Spitze erreicht gut 10 000 m und übersteigt damit die Höhe des Mount Everest. Wenn man bedenkt, dass der Durchmesser der Erde den des Mondes um das 3,6-Fache übertrifft, weist der Mond im Verhältnis 3 bis 4-mal so hohe Berge wie die Erde auf. Allerdings fehlt auf dem Mond eine durchgehende Bezugsebene für echte Höhenvergleiche (wie sie auf der Erde der Meeresspiegel darstellt), sodass man lediglich von höheren und tieferen Teilen der Mondoberfläche sprechen kann.

Schließlich fallen auf der Mondoberfläche noch die hellen **Strahlensysteme**

Größen einiger Mondgebirge

	Länge	größte Höhe
Alpen	400 km	3 800 m
Altai	480 km	4 300 m
Apenninen	1 000 km	6 500 m
Karpaten	450 km	2 300 m
Kaukasus	400 km	6 500 m

auf, die von bestimmten Kratern ausgehen, z. B. von den Kratern Tycho, Kopernikus und Kepler, und die »Rillen«, die möglicherweise auf Lavaströme zurückgehen und mitunter eine Länge von mehreren hundert Kilometern haben. Auch Verwerfungen lassen sich an einigen Stellen beobachten.
Durch die Mondlandungen des amerikanischen Apollo-Programms konnten die **Mondoberfläche** und die Mondgesteine näher untersucht werden. Danach besteht die oberste Schicht des Mondes aus fein zertrümmerten Schuttmassen und reicht bis zu einer Tiefe von etwa 20 Metern. In dieser Schicht, die Regolith genannt wird, finden sich größere und kleinere Bruchstücke sowie vor allem feiner Staub, der die ganze Mondlandschaft nach Aussagen der Astronauten wie »überpudert« erscheinen lässt. Wir müssen uns dabei vor Augen halten, dass im Laufe der Jahrmillionen auch kleinste Meteore ungehindert und unverglüht auf den Mondboden aufprallen konnten, weil der Mond keine Lufthülle besitzt und besaß.
Im **Mondgestein** finden wir mitunter glasartige Kügelchen. Durch den Aufsturz der Meteore ist ein Teil der Mondmaterie verdampft. Diese Dämpfe haben sich abgekühlt und zu Glaskügelchen verdichtet. Die Gesteinsproben, die die Astronauten von ihren Mondbesuchen mitbrachten, zeigen, dass die Mondgesteine vielfach dem irdischen Basalt ähneln, wenn auch die chemische Zusammensetzung ein wenig anders aussieht.
Die eigentliche **Mondkruste** (Hochländerzone) reicht bis in eine Tiefe von 65 km. Die Mondbebenforschung, der wir viele neue Erkenntnisse über das Mondinnere verdanken, registriert hier einige wenige Herde von Mondbeben. Es folgt nach einem **äußeren Mantel** ein **innerer Mantel**, der einen Durchmesser von 2 200 km besitzt sowie zahlreiche Mondbebenherde. Vielleicht befinden sich in ihm noch heute Schmelzzonen. Der **Mondkern** schließlich hat einen Durchmesser von 1 400 km und eine Temperatur von 1 500 °C und dürfte in seinem innersten Teil schmelzflüssig sein.
Noch ungeklärt ist die Frage einer, wenn auch nur schwachen, Vulkantätigkeit und von Gasausbrüchen des heutigen Mondes. In der beobachtenden Astronomie gab und gibt es immer wieder Meldungen über Nebel, Wolkengebilde und rötliche Punkte im Gebiet bestimmter Krater (Aristarchus, Alphonsus), die auf solche Erscheinungen hindeuten könnten. Möglicherweise beruhen sie aber auch auf optischen Täuschungen oder auf Leuchterscheinungen, die auf andere Weise erklärbar sind.
Über die **Entstehung des Mondes** gibt es nach wie vor verschiedene Theorien:

- Der Mond hat sich von der Erde abgespalten (Ausschleuderung von der Erde).
- Erde und Mond haben sich gleichzeitig als »Doppelplanet« gebildet.

- Der Mond ist von der Erde eingefangen worden, z. B. nachdem er sich mit dem Mars (beide sind miteinander verwandt!) aus ein und derselben Gaswolke gebildet hatte.

Welche Theorie der Wirklichkeit am nächsten kommt, wird die Forschung der Zukunft zeigen.

Wann können wir den Mond am besten beobachten? Vielleicht denken wir, zum Zeitpunkt des Vollmonds sei dazu die günstigste Gelegenheit. Der Mond sei dann »so schön rund und voll« und biete darum wohl auch den klarsten Anblick und die beste Übersicht. Weit gefehlt! Zur Beobachtung feiner Einzelheiten auf der Mondoberfläche bietet die Zeit des Vollmondes die denkbar geringste Chance. Die Sonnenstrahlen fallen dann so senkrecht auf die Mondoberfläche ein, dass wir keinen Schattenwurf der Berge und Täler wahrnehmen können und die Mondlandschaft völlig unplastisch erscheint.

Der günstigste Zeitpunkt für die **Mondbeobachtung** ist dagegen das erste oder letzte Viertel, wenn »Halbmond« ist, wie der Volksmund sagt. Das Sonnenlicht trifft dann nämlich so schräg auf die Mondoberfläche, dass die Schatten der Krater und Gebirge deutlich zu sehen sind und uns die ganze Mondlandschaft wie ein Relief erscheint.

Am klarsten und eindrucksvollsten zeigen sich die Einzelheiten der Oberfläche an der **Lichtgrenze (Terminator)** – also dort, wo die Grenzlinie zwischen der Tag- und Nachtseite des Mondes verläuft. Von Stunde zu Stunde verändert sich dort das Bild, da der Terminator allmählich wandert und die Krater, Berge und Rillen in immer neuer Beleuchtung zeigt. Es ist gar nicht so einfach, ein und denselben Krater bei unterschiedlichem Schattenwurf auf Anhieb wiederzuerkennen. Gerade das macht die Mondbeobachtung so abwechslungsreich und reizvoll. Manche Amateurastronomen haben Freude daran, bestimmte Mondgebilde unter den verschiedenen Beleuchtungswinkeln zeichnerisch festzuhalten.

Wie entstehen die verschiedenen Lichtgestalten (Phasen) des Mondes? In der Mitte der Bahn des Mondes (vgl. Zeichnung) befindet sich die Erde. Der sie umkreisende Mond ist in verschiedenen Stellungen dargestellt. Die Sonnenstrahlen fallen von oben ein. Die der Sonne zugewandte Erd- und Mondseite ist hell und hat Tag; die der Sonne abgewandte Erd- und Mondseite dagegen liegt im Dunkeln und hat Nacht.

Wir beginnen mit der Position 1 des Mondes. Hier kehrt der Mond der Erde die dunkle Seite zu. Er ist von uns aus nicht zu sehen. Diese Position nennen wir **Neumond**. Der Mond wandert über die Positionen 2 und 3 nach 4. Versetzen wir uns auf die Erde und betrachten den Mond in dieser Stellung, so erscheint er als zunehmender **»Halbmond«**. Der Astronom nennt diese Stellung das erste Viertel, weil der Mond das erste Viertel seines Weges um die Erde zurückgelegt hat. Der Mond wandert über die Positionen 5 und 6 weiter nach 7. Er wendet hier der Erde seine voll beleuchtete Halbkugel zu. Diese Position nennen wir **Vollmond**. Nun wandert der Mond über die Positionen 8 und 9 weiter nach 10. Seine Lichtgestalt nimmt wieder ab und hat in 10 wieder die Form eines Halbmondes, jetzt allerdings des abnehmenden Halb-

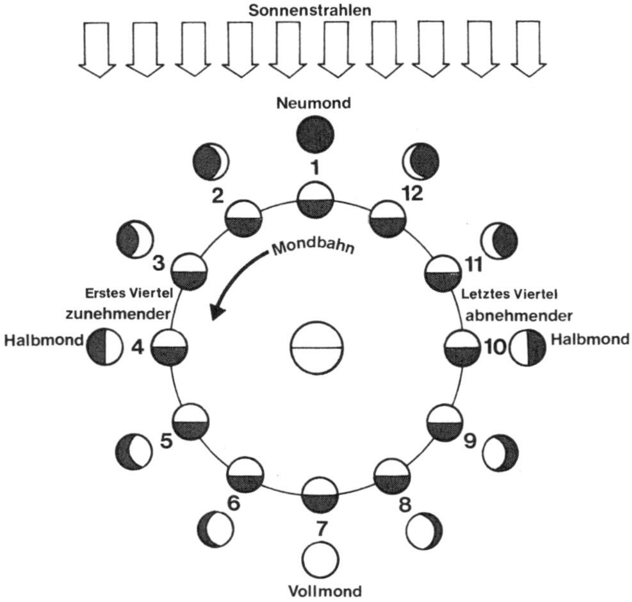

Entstehung der verschiedenen Lichtgestalten (Phasen) des Mondes.

mondes. Der Astronom nennt diese Stellung das letzte Viertel, weil der Mond von nun an das letzte Viertel seines Weges um die Erde durchläuft. Er wandert über die Positionen 11 und 12

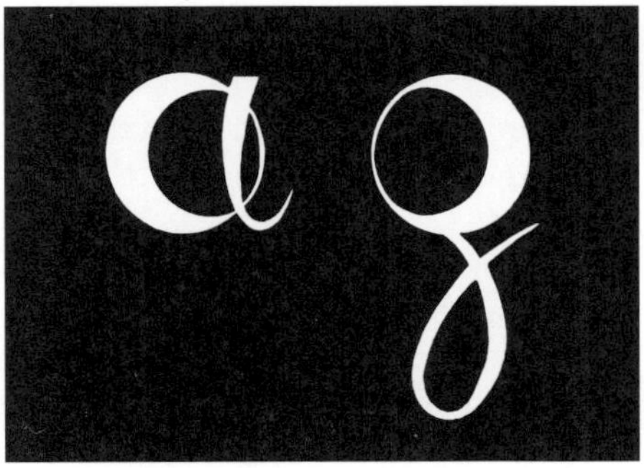

a = abnehmend z = zunehmend

Wie man den zunehmenden und den abnehmenden Mond voneinander unterscheiden kann.

Infolge der Wanderung des Mondes und der Drehung der Erde um ihre Achse läuft der Mondschatten bei einer totalen Sonnenfinsternis auf einer geschwungenen Bahn über die Erdoberfläche hinweg. Während die Totalitätszone (dunkler Streifen) eine maximale Breite von 276 km erreicht, kann man die Sonne in einem viele tausend Kilometer breiten Streifen partiell verfinstert sehen.

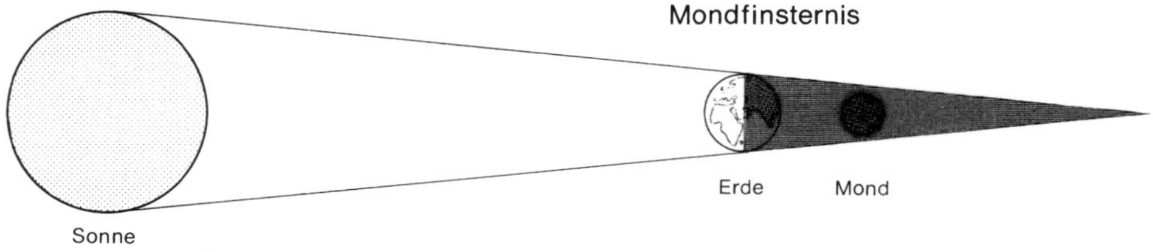

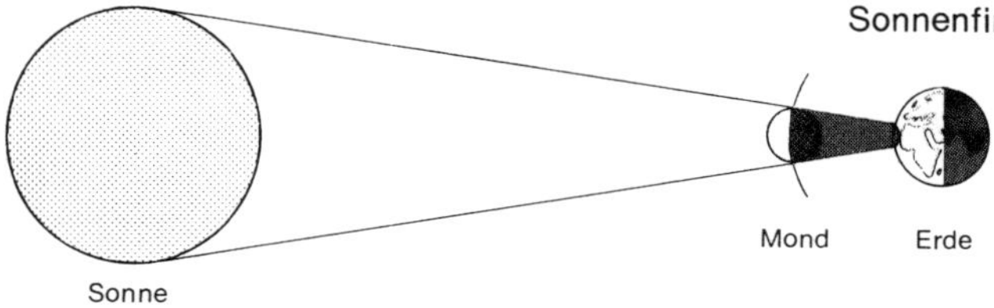

Entstehung von Mondfinsternis und Sonnenfinsternis.

weiter nach 1 und steht wieder in der Stellung »Neumond«.

Der Mond, der am Abendhimmel steht, ist stets der zunehmende Mond. Der Mond, der am Morgenhimmel steht, ist dagegen immer der abnehmende Mond.

Eine **Sonnenfinsternis** kommt dadurch zu Stande, dass der Mond zwischen Sonne und Erde tritt und in einer bestimmten Region auf der Erde die Sonnenscheibe bedeckt und verdunkelt. Wir lesen dann in der Tageszeitung, ob und wann die Finsternis bei uns sichtbar ist oder welchen anderen Teil der Erde sie betrifft.

Wir unterscheiden zwischen einer ganzen Verdunkelung der Sonnenscheibe **(totale Finsternis)**, bei der das infrage kommende Gebiet der Erde vom Kernschatten des Mondes getroffen wird, und einer teilweisen Verdunkelung **(partielle Finsternis)**, bei der der Mond die Sonnenscheibe nur teilweise verdeckt. Eine Sonnenfinsternis kann nur bei Neumond eintreten.

Eine **Mondfinsternis** kommt dadurch zu Stande, dass der Mond in den Erdschatten tritt und sich dadurch verdunkelt. Auch hier gibt es eine **totale** und eine **partielle Finsternis**. Bei der totalen Mondfinsternis taucht der Mond in den Kernschatten der Erde ein, bei der partiellen nur in den Halbschatten der Erde. Eine Mondfinsternis kann nur bei Vollmond eintreten.

In jedem Jahr gibt es im Durchschnitt 2 bis 3 Sonnen- und 1 bis 2 Mondfinsternisse.

Nicht nur die Erde übt eine Anziehungskraft auf den Mond aus, sondern es ist auch umgekehrt. Ein Zeichen dafür sind die **Gezeiten** mit Niedrigwasser und Hochwasser, dem Fallen des Wassers (Ebbe) und dem Steigen des Wassers (Flut).

Der Mond bewirkt durch seine Anziehungskraft auf der ihm zugewandten Erdseite einen Flutberg. Dadurch, dass der Mond die »Vorderseite« der Erde stärker anzieht als die Mitte und diese wiederum stärker als die »Rückseite«, entsteht ein zweiter Flutberg. Zwischen diesen beiden Flutbergen liegen »Ebbetäler«. Da sich die Erde in fast 24 Stunden einmal um ihre Achse dreht, geraten in dieser Zeit alle Weltmeere in den Bereich der beiden Flutbergzonen. Das ist der Grund dafür, warum es zweimal am Tag Ebbe und Flut gibt.

Eine **Springflut** entsteht, wenn Mond und Sonne zusammen in **einer** Richtung auf die Erde einwirken, also bei Neumond und Vollmond. Sie ist eine kräftigere Flut. Die besonders schwache **Nippflut** tritt auf, wenn Mond und Sonne im rechten Winkel zueinander stehen und sich in ihren Wirkungen gegenseitig beeinträchtigen, also beim ersten und beim letzten Mondviertel.

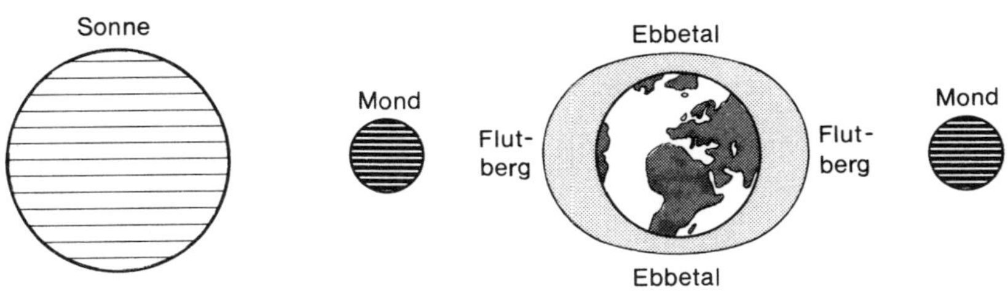

Entstehung von Ebbe und Flut (oben Konstellation der Springflut, unten Konstellation der Nippflut).

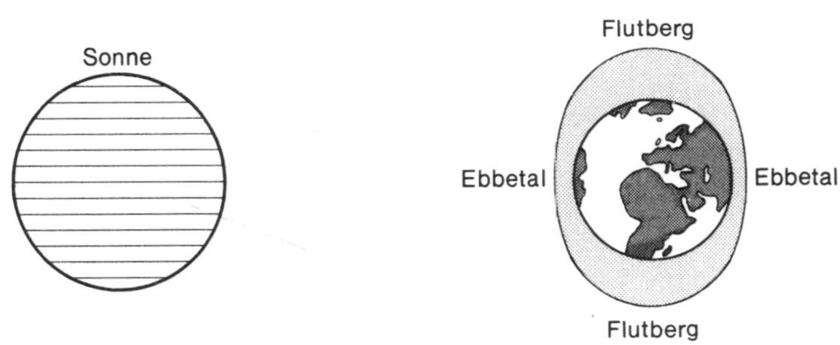

Daten des Mondes

Der Mond wendet der Erde immer dieselbe Seite zu und vollendet damit im Laufe einer Erdumdrehung eine Drehung um sich selbst. Allerdings führt der Mond bei seiner Wanderung um die Erde eine leichte Pendelbewegung aus **(Libration)**. So können wir nach und nach 59 % der gesamten Mondoberfläche von der Erde aus wahrnehmen.
Wenn wir wenige Tage vor oder nach Neumond den Mond als schmale Sichel beobachten, machen wir die merkwürdige Feststellung, dass wir nicht nur diese schmale Sichel, sondern darüber hinaus die ganze Mondkugel in einem schwachen Licht erkennen. Dieses Licht nennt man das **»aschgraue Mondlicht«**. Es rührt von der Erde her, die das empfangene Sonnenlicht auf die Mondoberfläche reflektiert. Auf dem Mond erscheint um die Zeit des Neumondes die Erde als »Vollerde« und hat dort eine Leuchtkraft, die etwa 100-mal größer ist als die des Vollmonds am Erdenhimmel.
Auf dem Mond gibt es **keine Atmosphäre** (Lufthülle) und **kein Oberflächenwasser**. Einschlagende Meteoriten und von den Bergrändern herabstürzendes Geröll verursachen keine Geräusche. Wegen der fehlenden Luft herrscht Totenstille. Grelles Sonnenlicht und nachtschwarze Finsternis stehen unvermittelt hart nebeneinander. Die Oberflächentemperatur der Tagseite beträgt +130 °C, die der Nachtseite –150 °C.
Die **Schwerkraft** (Anziehungskraft) des Mondes ist wegen seiner kleineren Masse wesentlich geringer als die der Erde: Das Verhältnis ist 1 : 6. Ein Mann, der bei uns 72 kg wiegt, hat auf dem Mond ein Gewicht von nur 12 kg. Er könnte auf dem Mond also viel höher und weiter springen.

Durchmesser des Mondes	3 476 km
Geschwindigkeit des Mondes auf seiner Bahn um die Erde	1 km pro s
Siderische Umlaufzeit (bis zur gleichartigen Stellung des Mondes in Bezug auf den Sternenhimmel)	27,3 Tage
Synodische Umlaufzeit (bis zum Erreichen derselben Mondphase)	29,5 Tage
Mittlere Entfernung von der Erde (Erdnähe 356 800 km, Erdferne 406 400 km)	384 400 km
Masse	1/81 der Erdmasse

Die Sonne

Die Sonne ist das Zentralgestirn unseres Planetensystems. Ohne ihr Licht und ihre Wärme wäre kein Leben auf der Erde möglich. Darum ist die Sonne der für uns wichtigste Stern. Zugleich aber ist sie unser **nächster Fixstern**. Alle Erkenntnisse der Sonnenforschung, eines modernen Zweigs der Astronomie, kommen deshalb auch unserem Wissen über den Zustand und die Entwicklung der Sterne zugute.
Gemessen an den Planeten ist die Sonne ein Stern von riesigen Ausmaßen. 109 Erdkugeln müssten wir aneinander reihen, um den Durchmesser der Sonne zu erreichen, und erst 1,3 Millionen Erdbälle würden dem Rauminhalt der Sonnenkugel gleichkommen. Gemessen an der Größe anderer Sterne aber ist unsere Sonne eher bescheiden und durchschnittlich. Es gibt sehr viele Sterne, die an Umfang und Masse mehrere Hundert Mal so groß sind wie die Sonne.
Die Sonne ist ein glühender Gasball, der aus **Wasserstoff** und **Helium** und zu einem kleinen Teil aus schwereren Elementen besteht. Die gewaltige Energie, die sie in den Weltraum hinausstrahlt, wird in ihrem innersten Kern erzeugt. Dort vollziehen sich bei Temperaturen von 15 Millionen °C **Atomkernprozesse**, bei denen Wasserstoff zu Helium umgewandelt wird. Man hat errechnet, dass in jeder Sekunde 657 Millionen Tonnen Wasserstoff in 653 Millionen Tonnen Helium verwandelt werden.

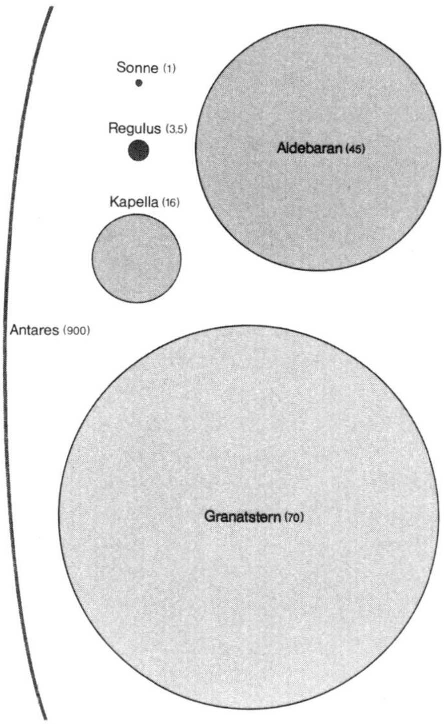

Im Vergleich zur Erde ist unsere Sonne ein gewaltiger Himmelskörper: 109 Erdkugeln müsste man wie Perlen auf eine Schnur aufreihen, um den Durchmesser der Sonne zu erreichen. In Relation zu den Riesensternen aber ist selbst die Sonne ein Zwerg. Dabei ist Antares mit einem etwa 900 Sonnendurchmessern entsprechenden Durchmesser nicht einmal der größte Stern, obwohl er – wenn er an der Stelle der Sonne stünde – bereits fast an die Jupiterbahn heranreichen würde.

Der Massenanteil von 4 Millionen Tonnen pro Sekunde wird dabei direkt in Energie umgesetzt. Diese im Sonnenkern freigesetzte Energie verbreitet sich zunächst durch Strahlung in der Strahlungszone und wird dann durch Strömungsprozesse von Gasen, die auf- und absteigen (konvergieren), in der Konvektionszone weitertransportiert.
Die sichtbare Oberfläche der Sonne heißt **Photosphäre** (grch.: phos = Licht, sphaira = Kugel; also »Lichtkugel«). Sie hat eine Temperatur von 6000°C. Sie besteht aus glühenden Gasen, die sich hin- und herbewegen. Besondere Erscheinungen auf der Photosphäre sind die Granulation, die Sonnenflecken und die Sonnenfackeln.
Die **Granulation** (lat.: granulum: Körnchen) ist die Körnerstruktur der Sonnenoberfläche, deren Aussehen man mit einem Reisbrei vergleichen kann. Es handelt sich um aufsteigende glühende Gaswolken, die von dem stürmisch bewegten Zustand der Sonnenoberfläche Zeugnis ablegen. Immerhin haben diese Wolkenkörnchen einen Durchmesser von etwa 1000 Kilometern.
Am bekanntesten sind die **Sonnenflecken**. Schon mit einem kleinen Fernrohr kann man sie sichtbar machen. Aber Vorsicht bei der Sonnenbeobachtung! Wir dürfen **nie** mit dem Feldstecher oder mit dem Fernrohr in die Sonne gucken. Starke Augenschädigung bis zur Erblindung wäre die Folge. Auch ein Blendglas (Sonnenfilter), das man hinter das Okular setzt, gibt noch nicht genügend Schutz; es kann nämlich unter der gesammelten Hitzeeinwirkung zerspringen.
Es gibt nur drei Möglichkeiten der **Sonnenbeobachtung**: Wir erwerben uns für unser Fernrohr ein verlässliches (aber teures) Sonnenokular, das den Hauptteil des Lichts und der Wärme durch ein Prisma ableitet, oder wir kaufen ein Objektivfilter (verspiegeltes Glas), das nur einen kleinen Teil des auffallenden Lichtes passieren lässt (anzuraten für alle Fernrohre), oder wir projizieren das Sonnenbild durch das Fernrohr auf einen weißen Schirm, den wir hinter dem Okular anbringen. Wir können durch diese Projektionsmethode ungehindert – auch zu mehreren Beobachtern – die Sonnenscheibe betrachten. Wir müssen nur durch entsprechende Einstellung des Okularauszuges das Sonnenbild scharf stellen. Manche Firmen liefern einen solchen Sonnenprojek-

Schon mit einem Feldstecher lässt sich die Projektion des Sonnenbildes durchführen: Man deckt eines der beiden Objektive ab und stellt das Bild am anderen Okular scharf ein. Der Feldstecher muss allerdings fest auf ein Fotostativ montiert sein.

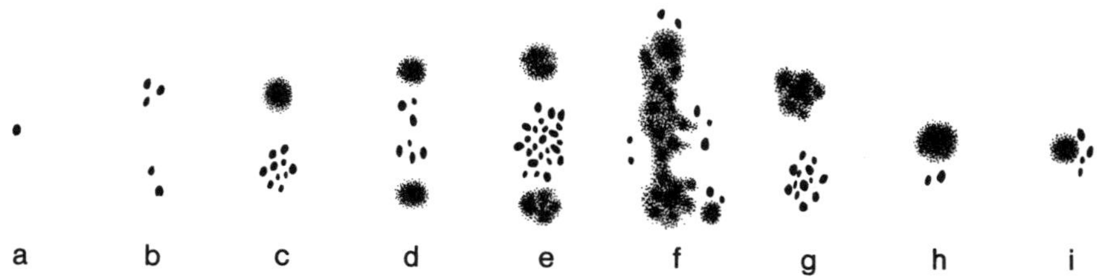

Entwicklung und Klassifikation der Sonnenflecken (nach M. Waldmeier)
a: Kleiner Einzelfleck
b: Gruppe von Flecken in einer Struktur mit zwei Schwerpunkten (bipolar)
c: Bipolare Fleckengruppe, deren linker Hauptfleck von einem halbdunklen Hof (Penumbra) umgeben ist
d: Bipolare Gruppe, in der die beiden äußersten Hauptflecken von einer Penumbra umgeben sind
e: Große Fleckengruppe von bipolarer Struktur. Mehrere Flecken haben eine Penumbra, zahlreiche kleinere Flecken ohne Penumbra befinden sich dazwischen
f: Höhepunkt der Entwicklung
g: Große bipolare Gruppe, nur noch mit wenigen kleinen Flecken
g: Großer Einzelfleck mit starker Penumbra
i: Fleck mit kleinerer Penumbra (unipolar)

tionsschirm als Zubehör zum Fernrohr gleich mit.
Bei einer so durchgeführten Sonnenbeobachtung werden wir meistens ein paar, manchmal sogar viele dunkle Flecken auf der Sonnenoberfläche bemerken. Diese **Sonnenflecken** sind Bereiche mit einer bis 2000°C niedrigeren Temperatur als die sonstige Sonnenoberfläche aufweist. Sie treten nur in den Gebieten von etwa 10° bis 40° nördlicher und südlicher Breite auf und kommen dort unregelmäßig verteilt vor. Es gibt **Einzelflecken** wie auch ganze **Fleckengruppen**, die bis zu 300 000 km Durchmesser haben können. Die größeren Flecken gliedern sich deutlich in den dunklen Kern, Umbra genannt (lat.: Schatten), und in den etwas helleren Hof, »Penumbra« (lat.: Halbschatten), mit Faserstruktur. Trotz ihrer relativen Schwärze sind sie noch immer 5000 Mal so hell wie der Vollmond. Die Entwicklung großer Fleckengruppen, die

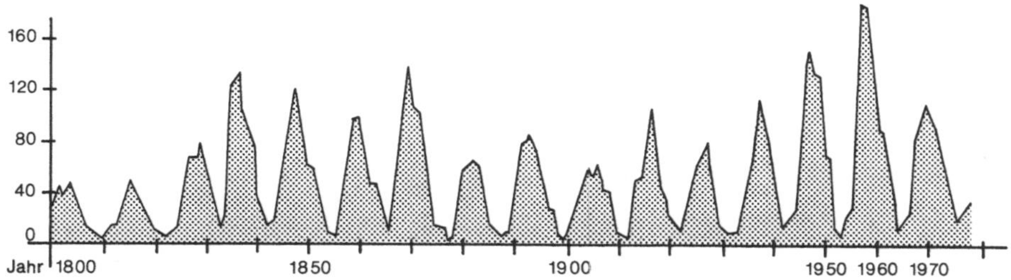

Unterschiedliche Zahl der Sonnenflecken im Zeitraum 1800–1975. Möglicherweise hat der auftretende Zyklus Einfluss auf das Wetter der Erde.

wochen- und monatelang bestehen können, geht nach einer bestimmten Reihenfolge vor, die die Astronomen klassifiziert haben.
Anhand der Sonnenflecken, die langsam über die Sonnenoberfläche zu wandern scheinen, wurde die Zeit der **Sonnenumdrehung** errechnet (mittlerer Wert 27,3 Tage). Ein Zeichen dafür, dass die Sonne keine feste, einheitliche Oberfläche wie die Erde besitzt, sondern als glühende Gaskugel verschiedene ungleichförmige Bewegungen an der Oberfläche ausführt, ist die Tatsache, dass die Sonnenflecken in der Nähe des Äquators in 25 Tagen um die Sonne herumwandern, während die weiter vom Äquator entfernten zu einem Umlauf manchmal über 30 Tage brauchen. Höhepunkte (Maxima) und Tiefpunkte (Minima) der Fleckentätigkeit der Sonne wechseln nach etwa 11 Jahren ab.
Die **Sonnenfackeln** sind aderreiche Gebilde der Fotosphäre, die heller sind als die sonstige Oberfläche und auch eine höhere Temperatur besitzen. Sie treten in der Nähe der Sonnenflecken auf, darüber hinaus aber auch am Pol und am Äquator.
Wenn wir die Sonne im (geschützten) Fernrohr betrachten, stellen wir fest, dass die Helligkeit der Sonnenscheibe gegen den Rand zu schwächer wird, ein Zeichen dafür, dass die Sonne eine Gashülle besitzt. Die Randstrahlen müssen einen längeren Weg durch die Gashülle zurücklegen, sodass die Sonne am Rand weniger hell als in der Mitte erscheint.

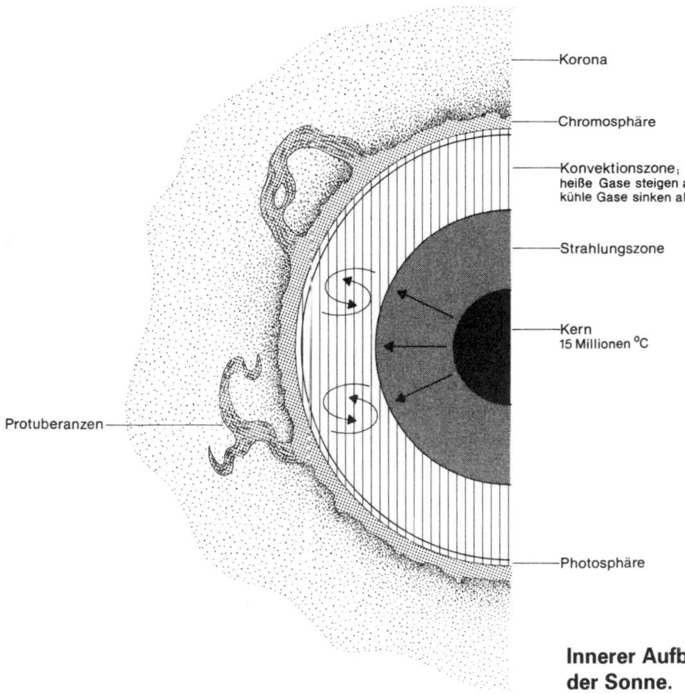

Innerer Aufbau und Atmosphäre der Sonne.

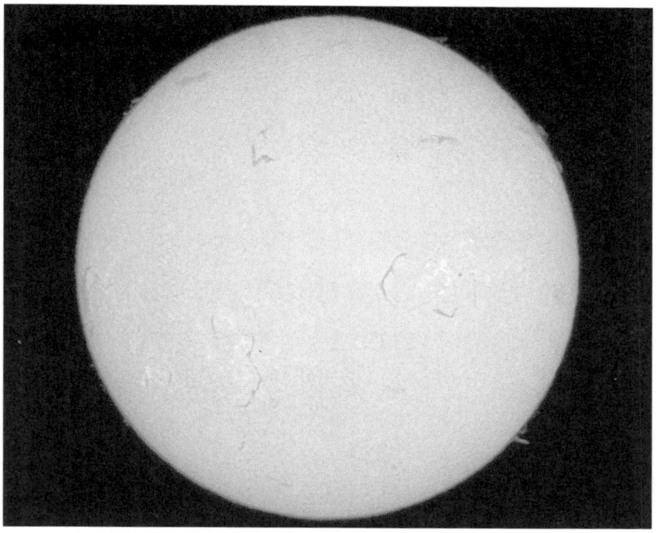

Sonnenflecken und Protuberanzen, aufgenommen mit 127/1200 Refraktor, Canon EOS 300 D Digitalspiegelreflexkamera, Baader Herschelprisma und Hα Filter.

Oberhalb der Fotosphäre erstreckt sich die **Chromosphäre** (= Farbkugel, Farbschicht). Sie läuft in unzähligen Flammenspitzen und Lichtzungen aus und erscheint bei einer totalen Sonnenfinsternis als rötlicher Saum. Über sie hinweg schießen gewaltige glühende Gasausbrüche in den Raum, die so genannten **Protuberanzen** (= Hervorschwellungen; lat.: protuberare = hervorschwellen). Protuberanzen, die in Richtung Erde aus der Sonne hervorschießen, sieht man als dunkle Fäden auf der Sonnenscheibe projiziert; man nennt sie **Filamente** (lat.: filum = Faden).

Die höchste und äußerste Schicht der Sonnenatmosphäre heißt **Korona**, Sonnenkranz (lat.: corona = Kranz). Sie wurde bei totalen Sonnenfinsternissen als **strahlenartiger Kranz** um die verfinsterte Sonne entdeckt. In der Gegenwart gibt es besondere Beobachtungsinstrumente (Koronografen), die durch Abdeckung der Sonnenscheibe eine künstliche Sonnenfinsternis hervorrufen und dadurch zur Erforschung der inneren Korona und der Protuberanzen geeignet sind.

Die Sonnenkorona, deren äußere Grenze 20 Millionen km weit in den Raum reicht und damit schon in die Staub- und Gasmaterie des Planetenraums übergeht, hat eine unwahrscheinlich hohe Temperatur von mindestens 1 Million °C. Vielleicht wird sie durch eine Art von Schockwellen herbeigeführt, die ihre Ursache in der Granulation der Sonne haben. Der Lichtkranz der Sonne ist in besonderem Maße auch die Quelle der **Röntgen- und Radiostrahlung** der Sonne. Schließlich verursacht er den **Sonnenwind**, eine von der Sonne ausgehende Korpuskular- oder Teilchenstrahlung, die aus Wasserstoffatomkernen und Elektronen mit einer Beimengung von Heliumkernen besteht.

Die Planeten

Allgemeines sowie Bahn und Stellung der Planeten zur Sonne

Die **Planeten** (oder: »Wandelsterne«) sind Himmelskörper, die nicht selbst leuchten, sondern nur das empfangene Sonnenlicht reflektieren. Mit bloßem Auge können wir Merkur, Venus, Mars, Jupiter und Saturn sehen. Uranus und Neptun sind nur mit dem Fernrohr zu beobachten, während sich Pluto gar den Amateurfernrohren entzieht und nur mit großen Instrumenten erfasst werden kann. Merkur ist immer nur für kurze Zeiten sichtbar, nämlich abends tief über dem Westhorizont und morgens tief über dem Osthorizont, sodass eigentlich nur die vier Planeten **Venus, Mars, Jupiter** und **Saturn** für den durchschnittlichen Himmelsbeobachter interessant sind. Sie bieten dafür aber auch ein umso prächtigeres Schauspiel.

Auf den Sternkarten sind die Planeten **nicht** verzeichnet, das sie in verhältnismäßig kurzer Zeit ihre Standorte ändern. Einem **Himmelskalender**, der jährlich erscheint, können wir aber die Rektaszension und Deklination eines jeden Planeten für bestimmte Tage eines bestimmten Monats entnehmen und so den Aufenthalt und die Sichtbarkeit der Planeten anhand der drehbaren Sternkarte feststellen. Die Tabellen, die die Örter der Himmelskörper nach Rektaszension und Deklination zu bestimmten Tagen angeben, heißen **Ephemeriden** (vgl. S. 189 ff.).

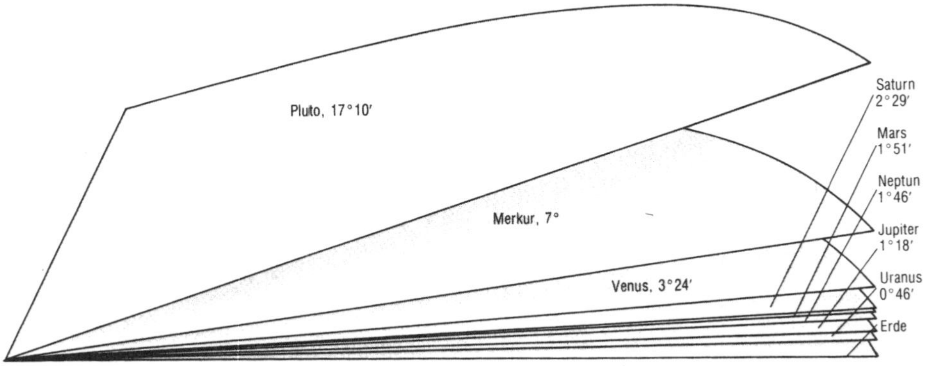

Die Ebenen der Planetenbahnen um die Sonne, im Vergleich mit der Ebene der Erde. Nur Pluto und Merkur weichen um mehr als 3°30′ ab.

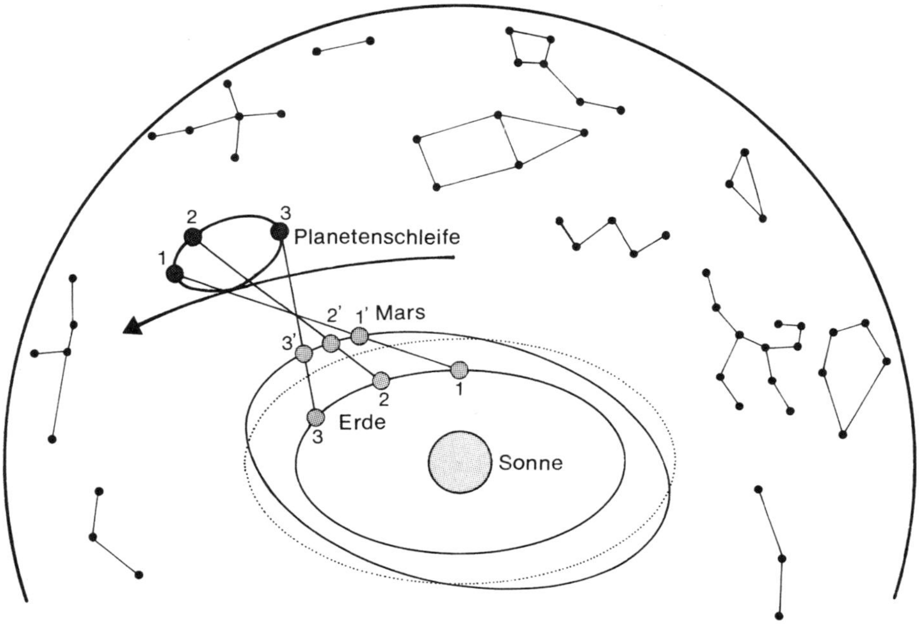

Die Erde (auf der Innenbahn) überholt den Mars auf der Außenbahn. So entsteht die scheinbare Schleifenbewegung des Mars.

Wenn wir einen Planeten in einem längeren Zeitraum beobachten, stellen wir fest, dass er sich gegenüber den Sternen und Sternbildern weiterbewegt, und zwar nicht gleichmäßig, sondern in einer schlingen- oder **schleifenartigen Bahn**. Wie diese eigentümliche Bewegung der Planeten zu Stande kommt, zeigt die Abbildung. Die Sonne steht im Mittelpunkt. In der Innenbahn um sie herum bewegt sich die Erde. In der Außenbahn rotiert der Mars um die Sonne. Befindet sich die Erde bei Punkt I und der Mars bei Punkt 1, dann scheint für den Beobachter auf der Erde der Mars an der Himmelskugel bei 1 zu stehen. Wandert die Erde nach Punkt 2 weiter und der Mars seinerseits nach Punkt 2, verschiebt sich das Bild an der Himmelskugel nach 2. Die Bewegung des Mars erscheint als rückläufig. Sie kommt bei 3 zu einem Stillstand und wird dann wieder rechtläufig. Die eigentümliche Rückläufigkeit des Mars kommt dadurch zu Stande, dass der Mars seine Bahn langsamer zieht als die Erde und dabei von der Erde überholt wird.

Wenn ein Planet von der Erde aus gesehen ganz dicht neben der Sonne oder hinter ihr steht, dann sprechen wir von einer **Konjunktion** (lat.: con-

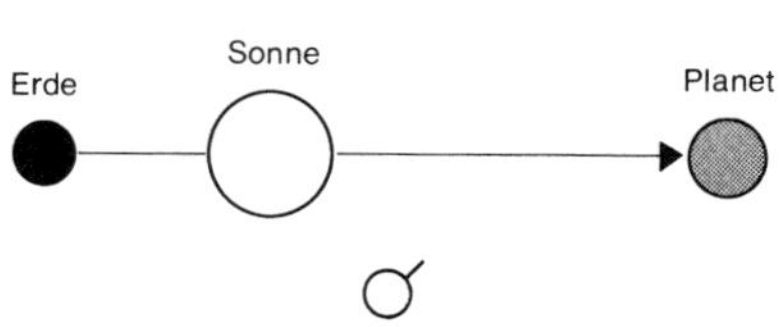

Planet in Konjunktion mit der Sonne.

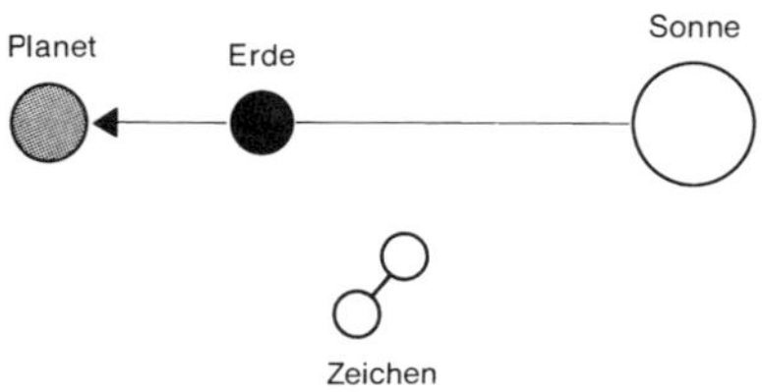

Planet in Opposition zur Sonne.

iunctio = Verbindung) des Planeten mit der Sonne.
Wenn der Planet von der Erde aus gesehen der Sonne gegenübersteht, dann sagen wir, dass der Planet zur Sonne in **Opposition** steht (lat.: oppositio = entgegengesetzte Stellung).
Die folgende Abbildung zeigt die wichtigsten Stellungen der Planeten zur Sonne, ihre so genannten **Konstellationen**.

Nehmen wir zuerst das Beispiel eines **äußeren Planeten**, eines Planeten also, dessen Bahn außen um die Erdbahn verläuft, wie z. B. Mars! Steht er von der Erde aus gesehen in Konjunktion mit der Sonne, ist er von uns aus nicht zu sehen, weil er in den Strahlen der Sonne versinkt. Steht er aber von der Erde aus gesehen in Opposition zur Sonne, ist für uns die beste Gelegenheit zur Beobachtung des Mars; er ist dann die ganze Nacht über beobachtbar. Seltener gebräuchlich ist die Stellungsangabe der **Quadratur** (= Geviertschein; Zeichen: □), in der der Gesichtswinkel zwischen dem Mars und der Sonne genau 90° beträgt.
Wenden wir uns nun dem Beispiel eines **inneren Planeten** zu, eines Planeten also, dessen Bahn im Inneren der Erd-

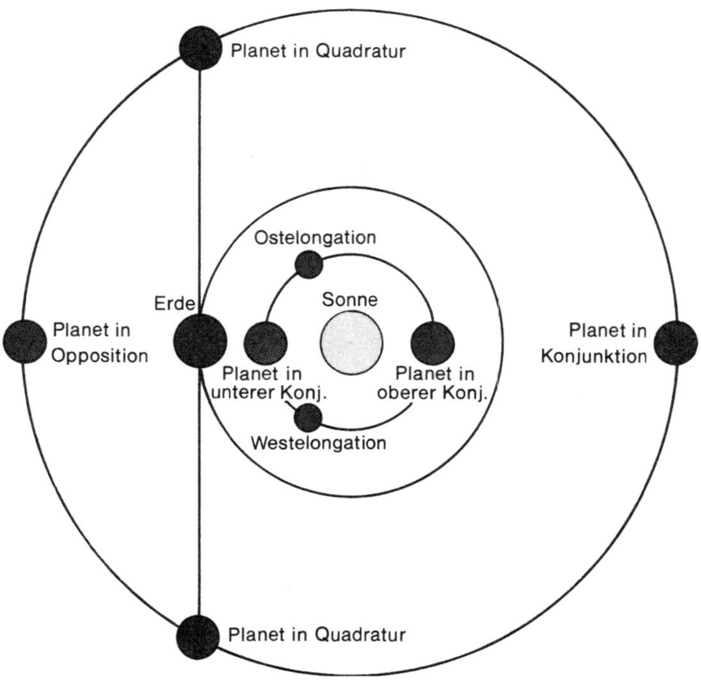

Stellungen der inneren und äußeren Planeten.

bahn verläuft, wie etwa Venus! Venus gerät von der Erde aus gesehen niemals in Opposition zur Sonne; sie kennt nur eine untere und eine obere Konjunktion. Steht Venus vor der Sonne, befindet sie sich in unterer Konjunktion. Wenn Venus hinter ihr steht, ist der Fall der oberen Konjunktion gegeben. Ferner sind noch die beiden Punkte der Ost- und West-**Elongation** (lat: elongatio = Auslängung, Verlängerung) wichtig. Die Venus steht einmal (wiederum von der Erde aus gesehen) östlich und einmal westlich von der Sonne; das ist dann jeweils ihre größte Elongation.

Merkur

Der Merkur hat die **sonnennächste Bahn**. Er kann deshalb von uns nur um den Zeitpunkt seiner größten östlichen oder westlichen Elongation gesehen werden. Merkur und Venus zeigen wie unser Mond den Wechsel von **Lichtphasen**. Sie sind allerdings nur im guten Fernrohr zu erkennen.

Wie die Venus-Merkur-Sonde »Mariner 10« in den Jahren 1974 und 1975 durch zahlreiche Nahaufnahmen und Messungen nachgewiesen hat, hat Merkur eine starke Ähnlichkeit mit unserem Mond. Auch er ist mit **Kratern** übersät. Auch er besitzt Strahlensysteme, Rillen und Berglandschaften. Ebenfalls finden sich auf der Merkuroberfläche ausgedehnte dunkle **Ebenen**, die »Merkurmeere«, die hier allerdings als Planitiae (= Ebenen) bezeichnet werden. Eine große Merkurebene von 1300 km Durchmesser ist die Caloris Planitia (lat: Glutebene).

Dieser Name deutet schon auf die enormen Hitzegrade von über 400 °C

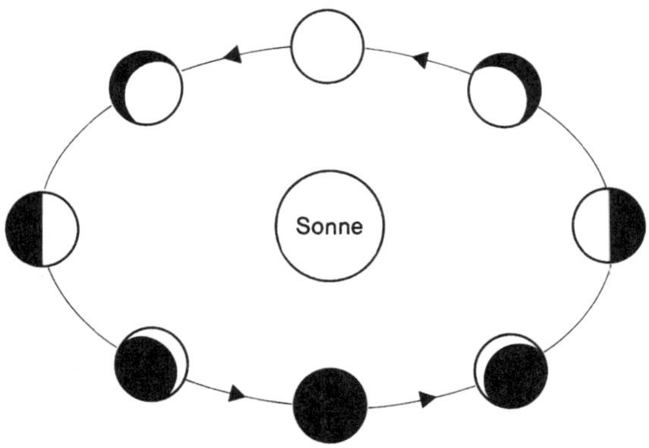

Die Bahn des Merkurs von der Erde aus gesehen. Durch die verschiedene Stellung zur Sonne entstehen seine Lichtphasen.

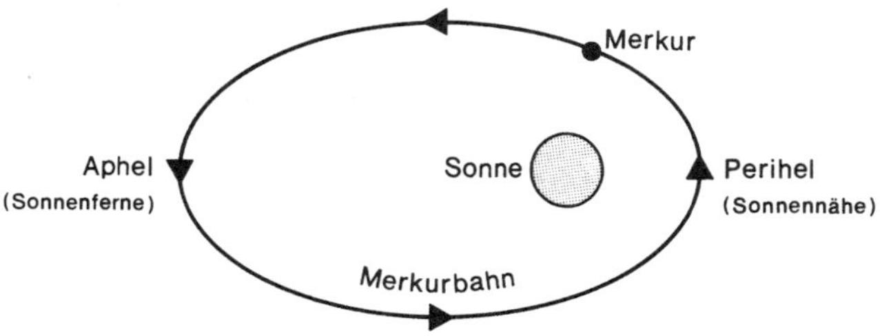

Die Bewegungen der Planeten um die Sonne vollziehen sich auf ellipsenartigen Bahnen. So steht auch Merkur einmal der Sonne fern (Aphel) und ein andermal der Sonne nah (Perihel).

Mosaikaufnahme der Merkuroberfläche, aufgenommen von der NASA-Raumsonde »Mariner 10« Mitte der 70er Jahre.

hin, die dann auf dem Merkur erreicht werden, wenn er in Sonnennähe (grch.: Perihel) steht. Bei Sonnenferne (grch.: Aphel) beträgt die Temperatur des Merkurs an den heißesten Stellen 285 °C. Auf der Nachtseite hingegen herrscht eine eisige Kälte von bis zu –180 °C. Diese **starken Temperaturunterschiede** hängen auch mit der Tatsache zusammen, dass der Merkurtag und die Merkurnacht ungewöhnlich lang sind. Ein voller Tag- und Nachtkreislauf dauert auf dem Merkur nämlich 176 Erdentage. Da der Merkur 88 Tage benötigt, um einmal die Sonne zu umrunden, müssen zwei Merkurjahre vergehen, bis ein bestimmter Punkt der Oberfläche wieder die gleiche Tageszeit hat. Ein Merkurmond wurde von »Mariner 10« nicht entdeckt.

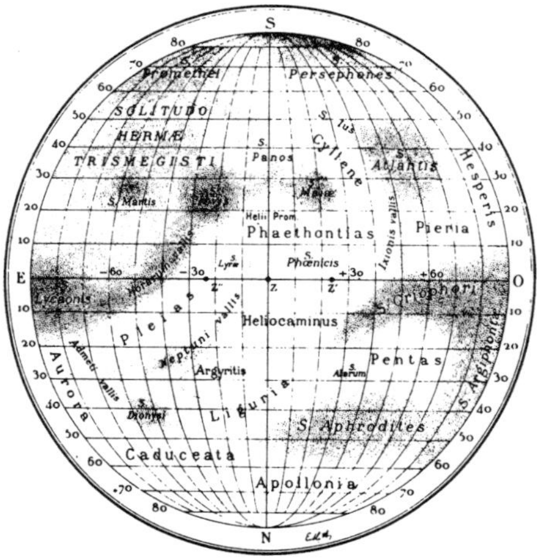

Die beste nach einem Teleskop gefertigte Merkurkarte stammt von Eugenois Antoniadi. Die dunklen Markierungen erinnern an jene des Mars, sind jedoch weniger ausgeprägt. Antoniadis Nomenklatur hat sich weitgehend durchgesetzt.

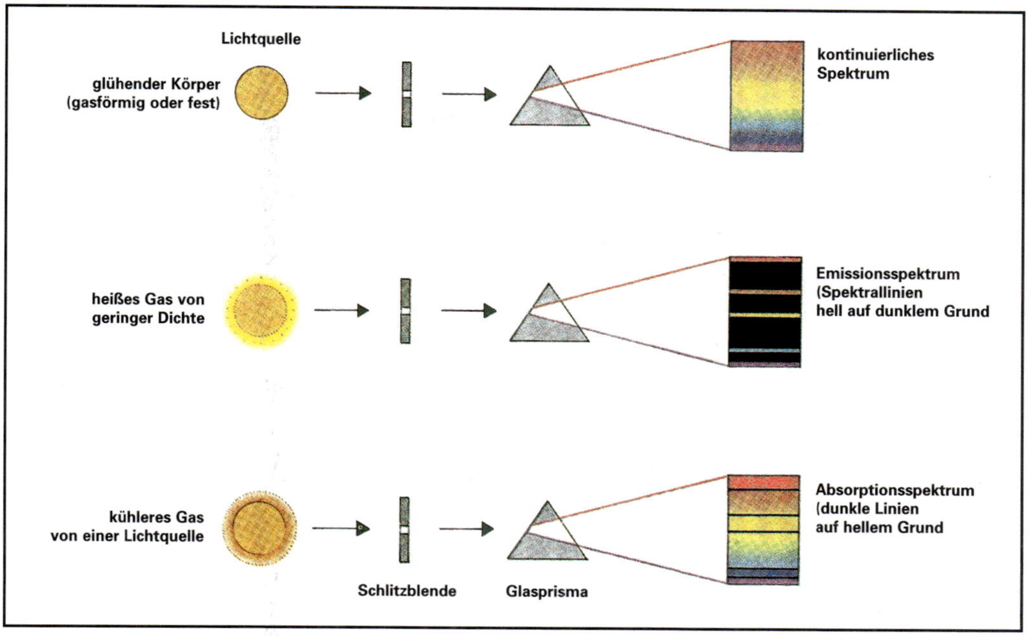

Spektralanalyse: Verschiedene Lichtquellen zeigen verschiedene Spektren. Die Sonne hat ein Absorptionsspektrum.

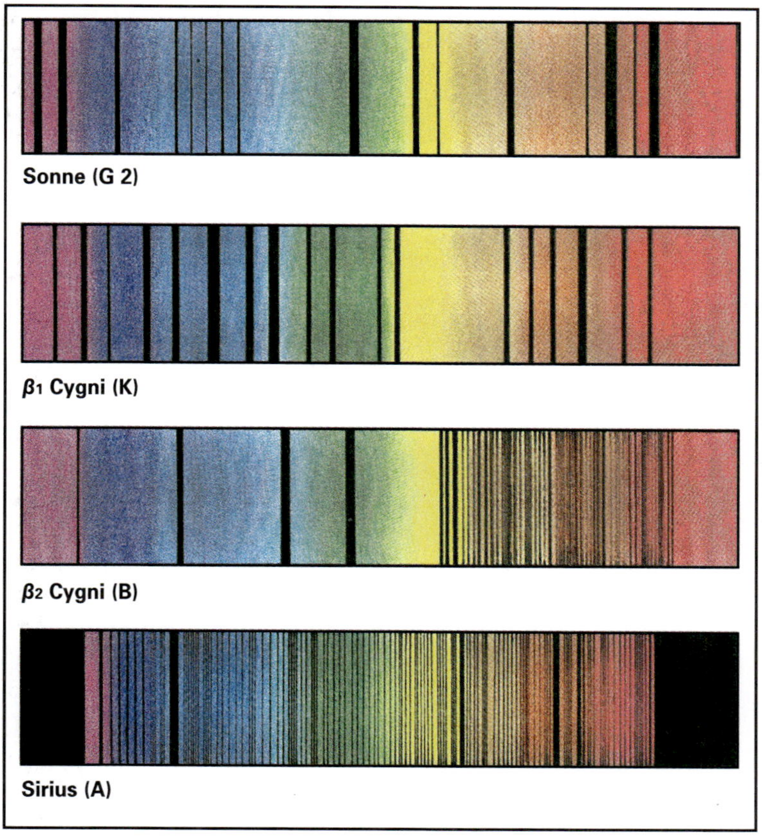

Spektren verschiedener Sterne: der Sonne, zweier Sterne im Schwan und des Sirius. An den unterschiedlichen Fraunhoferschen Linien erkennt man die Elemente, die auf den Sternen vertreten sind.

Mondaufnahme mit Minolta Dimage Z2 Digitalkamera, Blende 2,8, Belichtungszeit 1/100 sec, durch einen 102/500 Refraktor in Okularprojektion mit 32 mm Okularbrennweite.

Der Mondkrater Tsiolkovsky, hier in einer Aufnahme der Apollo 8, hat einen Durchmesser von 242 km und wurde von der sowjetischen Luna 3-Raumsonde entdeckt.

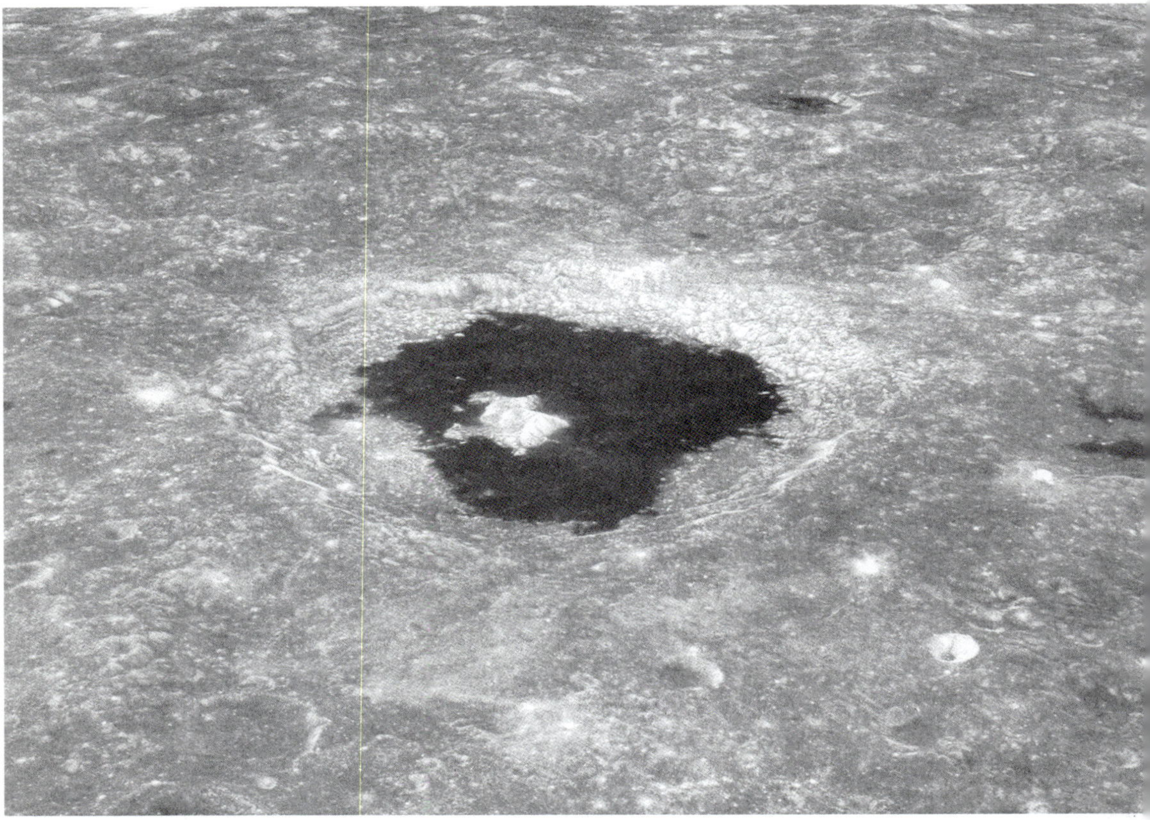

lick aus der Mondumlaufbahn
on »Apollo 8« auf die Erde
Heiligabend 1968).

stronaut Aldrin als Besatzungs-
itglied von »Apollo 11«
Juli 1969 auf dem Mond.

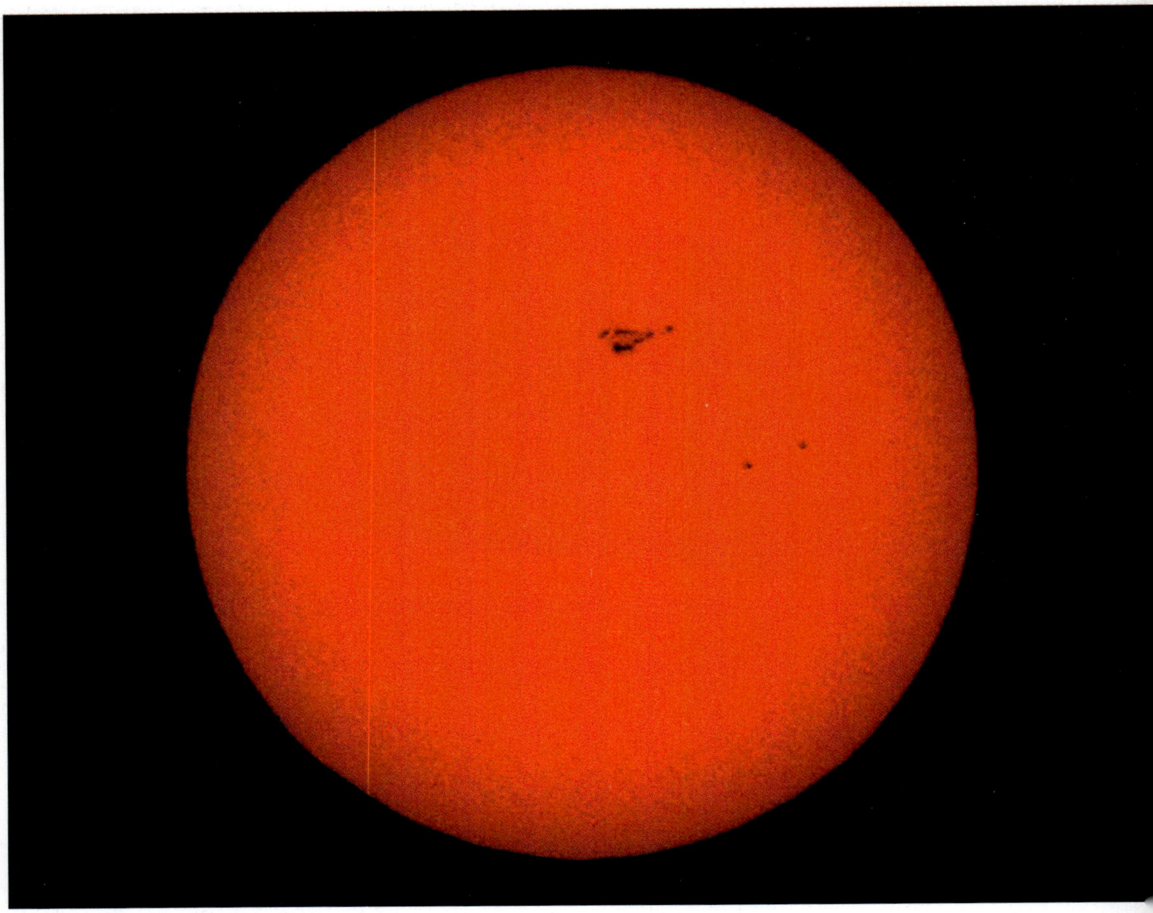

Auch mit einfachen Mitteln kann man auf der Sonne einiges festhalten. Die digitale Minolta Spiegelreflexkamera mit 760 mm Fotoobjektiv und 2-Konverter wi mit Sonnenfilterfolie zum Miniteleskop.

Sonnenfackeln (Protuberanzen) sind ein reizvolles Beobachtungs objekt. Dieser Amateurfotograf verwendete eine Atik 2HS Kame ra, einen 100/900 ED Refraktor mit 3600 mm effektiver Brennweite und einen Solarspectrum 0,65 A Filter.

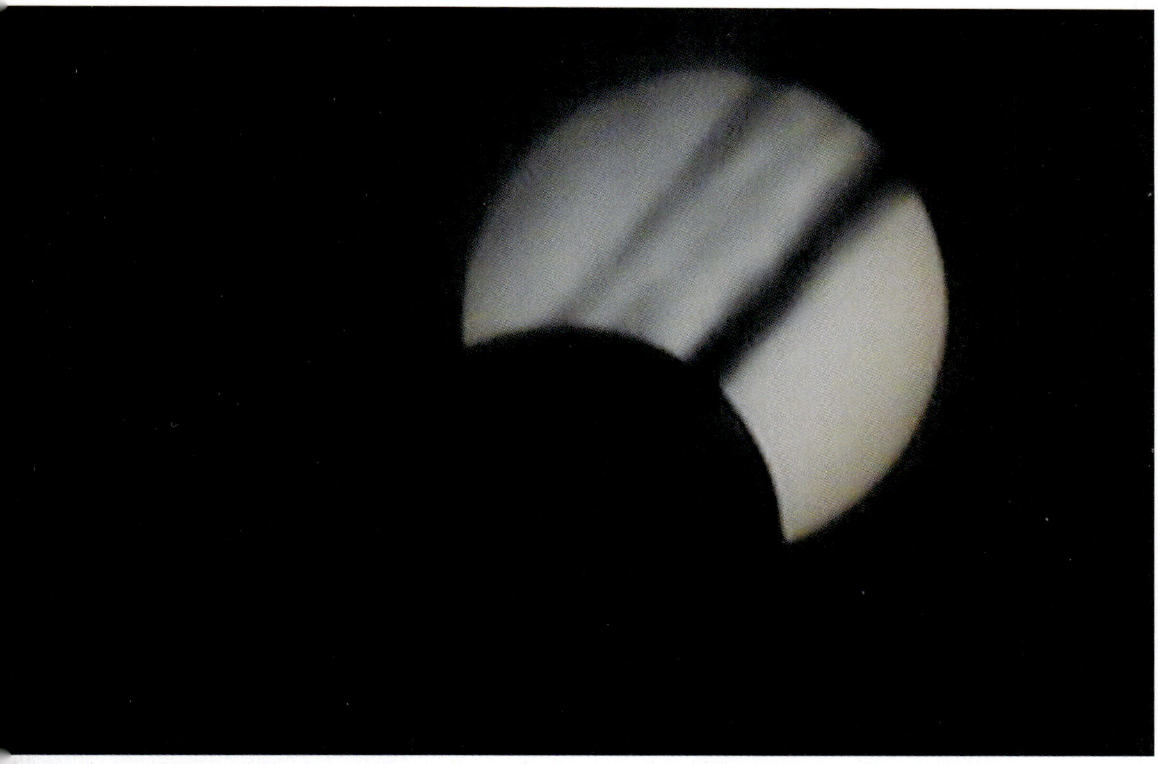

iese Aufnahme der partiellen Sonnenfinsternis von 2003 entstand mit einem 1000-mm-Teleobjektiv und aader Sonnenfilterfolie.

otale Mondfinsternis vom 04. 05. 2004 um 22.15 Uhr, fast zur Mitte der Totalitätsphase.

Die Oberfläche des sonnennächsten Planeten Merkur gleicht sehr der unseres Mondes, bis auf das fast völlige Fehlen von Maregebieten. Die Streifen und Helligkeitsunterschiede beruhen auf der Mosaiktechnik, mit der die von »Mariner 10« gewonnenen Bilder auf der Erde zusammengesetzt wurden.

Ein kleiner Ausschnitt der Merkuroberfläche zeigt Krater unterschiedlicher Altersstufen des Planeten. Jüngere Krater weisen einen scharfen Rand auf, während ältere Kraterstrukturen durch unzählige Einschläge eingeebnet wurden.

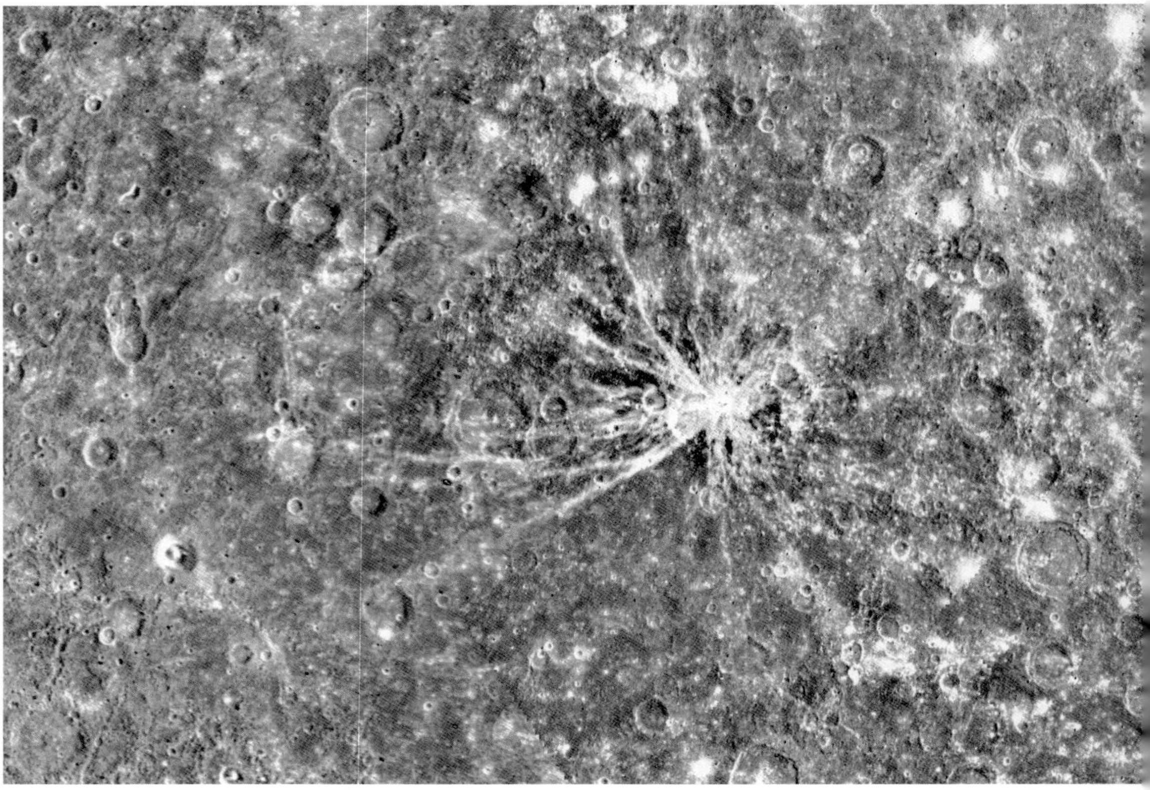

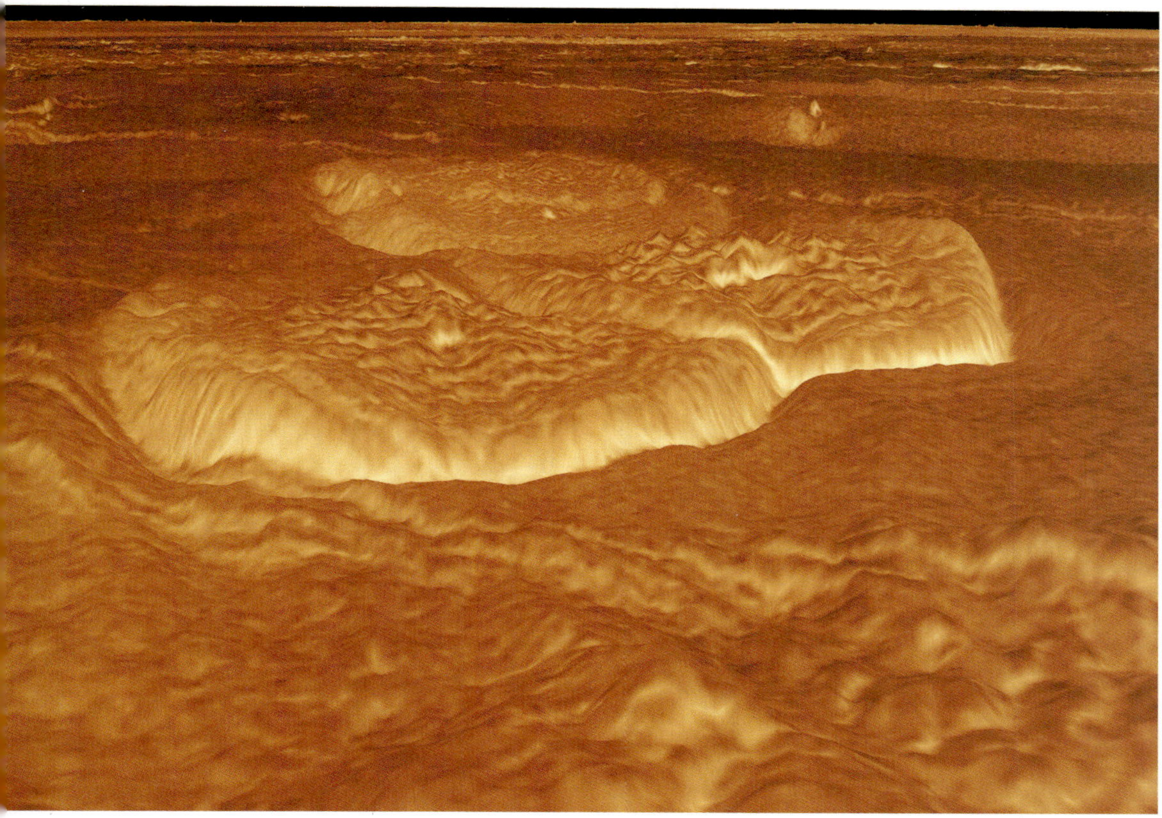

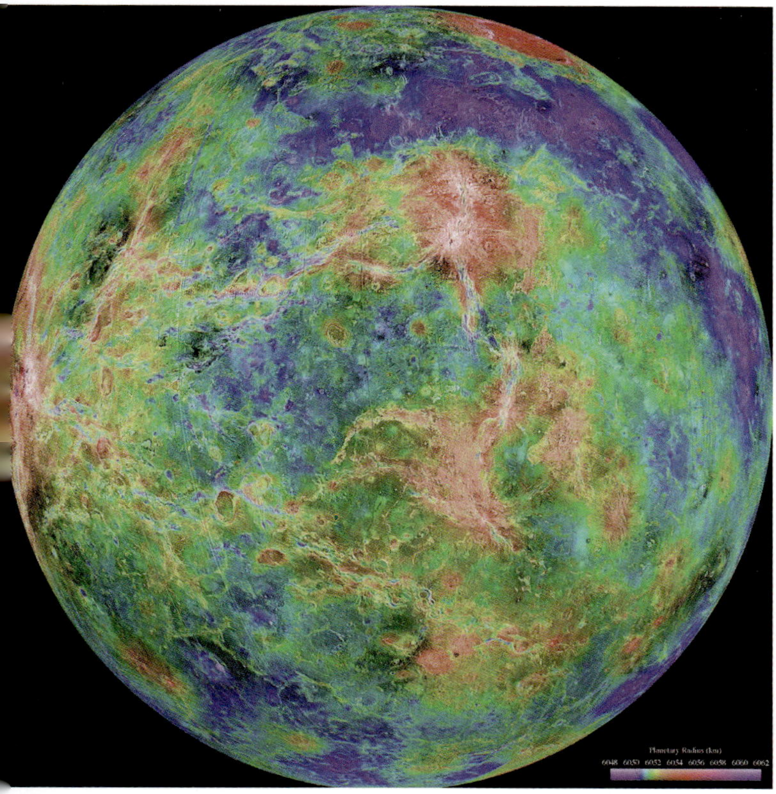

Ausschnitt der östlichen Kante des Alpha-Gebirges der Venusoberfläche, erstellt anhand der Radaraufnahmen der »Magellan«-Sonden.

Kontrastreiche Falschfarbenkartografie der Venus, erstellt anhand von Radardaten.

Auf dieser hervorragenden Marsaufnahme sind unter anderem die Valles-Marineris-Region und die Polkappen zu sehen.

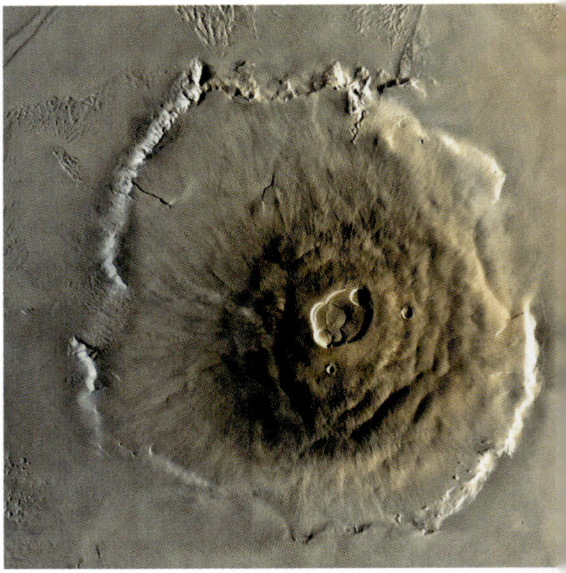

Der Olympus Mons auf dem Mars ist der höchste Vulkan unseres Sonnensystems. Mit seinen 25 km Höhe ist er beinahe dreimal höher als der Mount Everest.

Kompositaufnahme des Kraterrands des Olympus Mons.

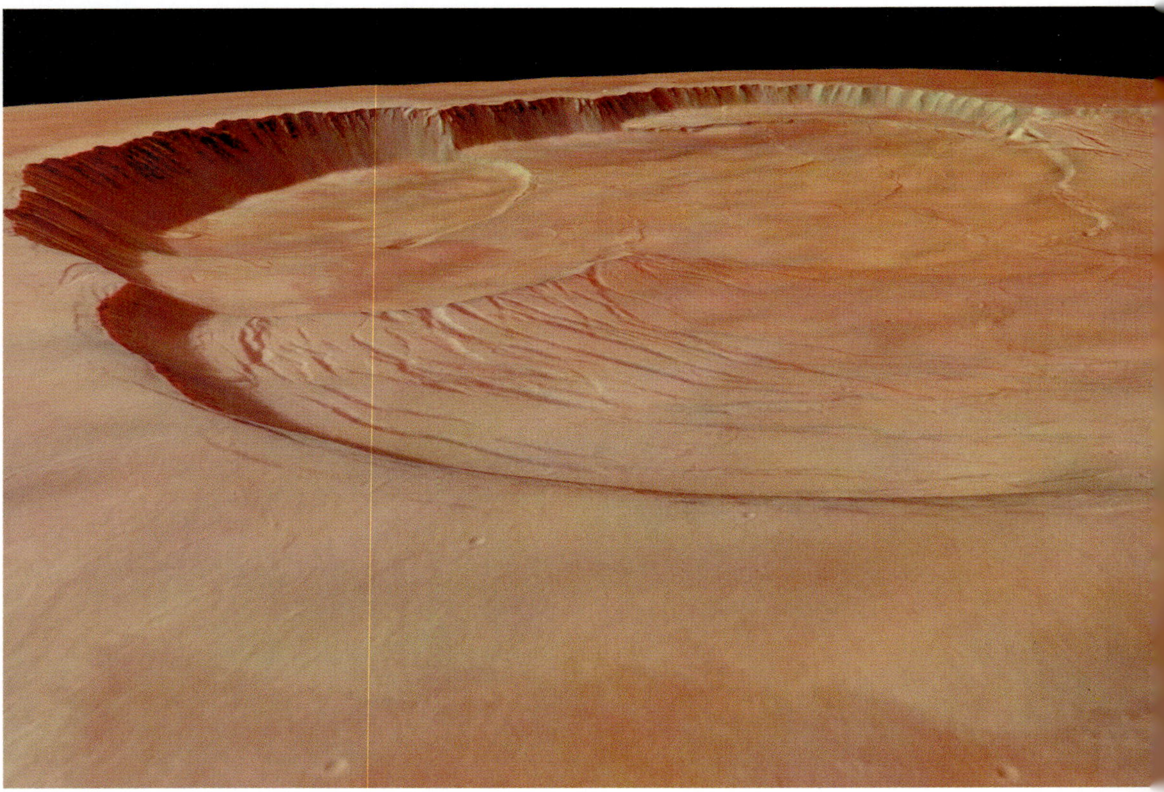

Amateuraufnahme des Gasriesen Jupiter mit einer Webcam. Der große rote Fleck in der Bildmitte ist ein Wirbelsturm, der bereits im 18. Jahrhundert entdeckt worden ist. In den letzten Jahrzehnten ist eine Abnahme seiner Farbintensität hin zum Orangen zu beobachten.

Auf dieser Aufnahme sind aktive Vulkane auf dem Jupitermond Io zu erkennen.

Amateuraufnahme des Saturn mit LX 200 10" Meadteleskop, Philips ToUCam 840 und einer 2 x Barlowlinse.

Saturnaufnahme des Hubble-Weltraumteleskops. Die Aufnahme wurde zur Kontraststeigerung blau eingefärbt.

Nahaufnahme des Kometen Tempel 1, Ziel der NASA »Deep Impact«-Mission.

Der Komet Machholz bei seinem Vorbeiflug an den Plejaden (M 45) am 8. Januar 2005.

Der Andromedanebel (M 31), über 1 Mio. Lichtjahre von uns entfernt und dennoch unsere Nachbargalaxie.

M 13 – einer der vielen tausend Kugelsternhaufen, die besonders lohnende Objekte auch für kleinere Amateurfernrohre darstellen.

Der Triffidnebel (M 20) ist ein Emissionsnebel.

Der Omeganebel (M 17), auch Schwanennebel genannt, ist ein lohnendes Objekt unseres Sommerhimmels. Er steht tief am Horizont im Sternbild des Schützen.

Diese wunderschöne Amateuraufnahme zeigt den offenen Sternhaufen der Plejaden (M 45). Er ist in einem blauen Reflektionsnebel eingebettet und wird im Volksmund Siebengestirn genannt.

Der Orionnebel (M 42) ist das »Paradeobjekt« der Gasnebel. Er befindet sich im Wintersternbild des Orion.

Polarlichtähnliche Erscheinung an den Polen des Planeten Jupiter, verursacht durch sein Magnetfeld.

Strichspuraufnahme aus den bayerischen Alpen mit der digitalen Canon EOS 10 D Spiegelreflexkamera und einem 30-mm-Weitwinkelobjektiv bei einer Belichtungszeit von 40 Minuten.

Diese Polarlichtaufnahme entstand am 30.10.2003 um 23.30 Uhr während des zweiten Substorms.

Erde und Mond im Größenvergleich.

Diese Aufnahme des Wettersatelliten NOAA GOES-7 zeigt den Hurrikan »Andrew« bei seinem Erreichen der Küste von Louisiana (USA).

Venus

Die Venus hat man in früheren Zeiten oft mit der Erde verglichen. Beide Planeten haben ja auf den ersten Blick auch Gemeinsamkeiten. Sie weisen eine ähnliche Größe und Dichte auf, sind Nachbarn im Planetensystem und könnten mit ihren Wolkenstrukturen fast miteinander verwechselt werden.
Durch die jüngste Venusforschung aber ist die Vorstellung von der Verwandtschaft zwischen Venus und Erde gründlich zerstört worden. Die sowjetischen Venus-Sonden, die »Mariner 10«-Sonde und die »Pioneer«-Sonden der USA sowie die terrestrische Radarastronomie haben eine Fülle neuer Informationen über die Beschaffenheit der Venusoberfläche und -atmosphäre geliefert.
Danach herrscht auf der Venusoberfläche eine **hohe Temperatur** von etwa 500 °C, und das fast unabhängig von Tag und Nacht und den Breitengraden. Das bedeutet noch größere Hitze als auf dem sonnennäheren Merkur! Lediglich oberhalb der Wolkenoberfläche herrscht eine tiefe Temperatur von −90 °C.
Weitere Überraschungen sind der **hohe Druck** an der Venusoberfläche, der die Druckverhältnisse auf der Erde um das 90-fache übersteigt, und die Zusammensetzung der Atmosphäre, die zu 97 % aus Kohlendioxid besteht. Die äußerst hohe Temperatur auf der Venus findet ihre Erklärung durch den so genannten **»Treibhauseffekt«**, wie er vom Gewächshaus her bekannt ist. Während die Sonnenstrahlen ungehindert durch das Glasdach einfallen und den Boden erhitzen, kann die vom Boden aufsteigende Wärme nicht durch das Glas entweichen. So ergibt sich eine überhöhte Temperatur. Bei der Venus übernimmt diese Funktion eine mehrschichtige dichte Wolkendecke. Als regelrechter Wärmespeicher wirkt das in großen Mengen enthaltene Kohlendioxidgas. Die besonders in der Äquatorgegend aufgenommene Wärme wird im Verlaufe einer retrograden, periodischen Strömung mit 4-tägigem Zyklus nahezu gleichmäßig auf die gesamte Planetenoberfläche verteilt. Die abgekühlten Luftschichten sinken über den Polen ab und werden wieder in die Äquatorgegend zurückverfrachtet.
Die Sonden »Venus 9« und »Venus 10« übermittelten 1975 erstmals auch Venusfotos, die über die Beschaffenheit der Landestellen Aufschluss gaben und die übertroffen wurden von den jüngsten (1982) Farbbildern der Sonden »Venera 13« und »Venera 14«. Alle diese Bilder zeigen abgeflachte Gesteinsbrocken von unregelmäßiger Form. Durch die Radarforschung haben wir Hinweise darauf erhalten, dass es auf der Venusoberfläche **Krater** und **Gebirgszüge** gibt. Man hat vor allem zwei große Gebirgsregionen vermessen, denen man nach den beiden ersten Buchstaben des griechischen Alphabetes die Namen Alpha- und Betagebirge gegeben hat. Ob und inwieweit es tätige Vulkane auf der Venus gibt, wofür manches zu sprechen scheint, müssen weitere Forschungen klären. Die von früheren Generationen geäußerten Gedanken und Vorstellungen über mögliche Lebensformen auf der Venus müssen nach dem, was wir heute von der Venus wissen, endgültig »zu den Akten gelegt« werden.
Durch das Fernrohr können wir wegen der dichten **Wolkenschicht**, die die Venus in einer Höhe von etwa 65 km

Diese dreidimensionale Computeranimation, basierend auf den Radarabtastungen der »Magellan«-Sonde, zeigt den 8 km hohen Vulkan Maat Mons.

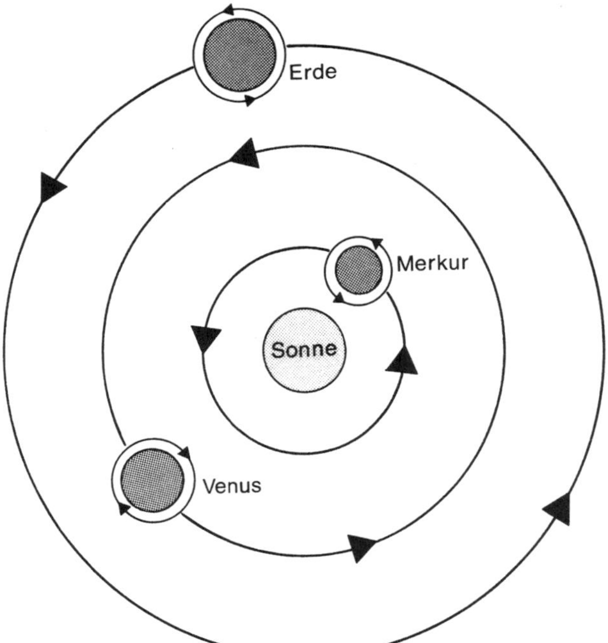

Vom Himmelsnorden aus gesehen umkreisen alle Planeten die Sonne entgegen dem Uhrzeigersinn. Im gleichen Sinne erfolgt auch – mit Ausnahme der Venus – ihre Drehung um die eigene Achse. Die Venus dreht sich im Uhrzeigersinn um sich selbst.

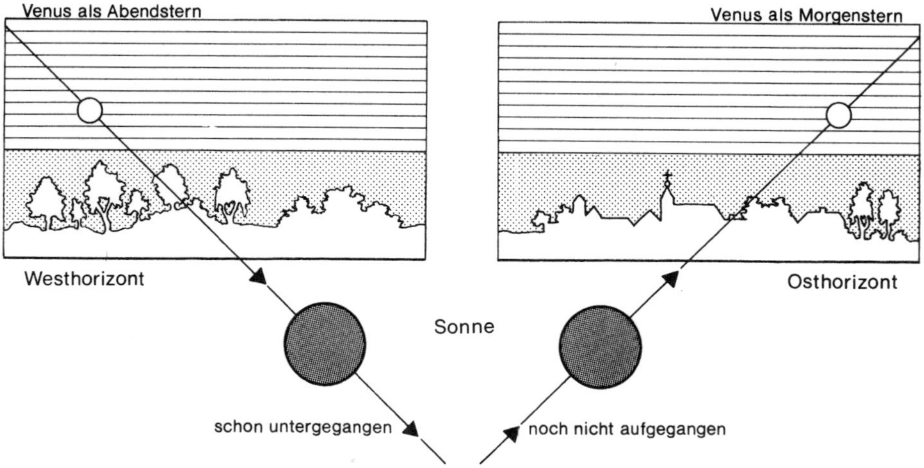

Abend- und Morgenstern sind ein und derselbe Stern: unser Nachbarplanet Venus.

über der Oberfläche ständig einhüllt, keinerlei Einzelheiten der Oberfläche erkennen. Diese Wolkenschicht bewegt sich wie erwähnt in 4 Tagen einmal um die Venus, während der Planet selbst 243 Tage für die Rotation benötigt. Da die Venus in 224,7 Tagen einmal um die Sonne kreist, dauert die Drehung um sich selbst also weit über ein Venusjahr.

Die Venus, nach Sonne und Mond das dritthellste Gestirn unseres Himmels (das wir unter günstigen Bedingungen sogar bei Tage beobachten können), hat eine besonders **starke Rückstrahlfähigkeit**. Dieses Vermögen, das empfangene Sonnenlicht zu reflektieren, nennt man **Albedo** (lat. = Weiße).

Noch eine Besonderheit macht die Venus zu einem beliebten Beobachtungsobjekt: Sie ist unser Morgen- und Abendstern »in **einer** Person«. Ihre Abendsichtbarkeit fällt in die Zeit der östlichen Elongation. Die Venus ist dann über dem Westhorizont nach Sonnenuntergang als strahlender Abendstern zu sehen. Ihre Sichtbarkeit am Morgen fällt in die Zeit der westlichen Elongation. Die Venus ist dann über dem Osthorizont als strahlender Morgenstern vor Sonnenaufgang zu sehen.

Mars

Der Mars ist wohl der bekannteste und volkstümlichste unter den Planeten. Lange Zeit galt er als »Favorit«, wenn es um die Frage nach außerirdischem Leben in unserem Sonnensystem ging. Ungezählte Science-Fiction-Romane, -Hörspiele und -Filme spielen auf unserem roten Nachbarplaneten oder handeln von menschenähnlichen Wesen, die vom Mars kommen. Die Geschichte der UFOs (unbekannte Flugobjekte) liefert zu diesem Kapitel einen Sonderbeitrag. Hier bewahrheitet sich einmal mehr, was **Wilhelm von Humboldt** meint, wenn er schreibt: »Es gibt doch

Eine der besten Aufnahmen der Marsoberfläche, aufgenommen vom Hubble-Weltraumteleskop, aus der Umlaufbahn der Erde, zur Zeit der Marsopposition.

in der Welt nichts Interessanteres für den Menschen als wieder den Menschen.«

Die jüngste Forschung hat uns auch im Blick auf Mars und die Frage nach Leben auf ihm sehr viel nüchterner gemacht. Noch in den fünfziger und sechziger Jahren unseres Jahrhunderts galt es bei vielen Wissenschaftlern als höchstwahrscheinlich, dass die Marsoberfläche in bestimmten Zonen primitives pflanzliches Leben enthalte, das im Rhythmus der Jahreszeiten farbliche Veränderungen zeige. Heute wissen wir, dass diese sichtbaren Veränderungen auf der Marsoberfläche durch planetenweite Staubstürme zustande kommen.

Weder die sowjetischen Marssonden noch die »Mariner«-Sonden der USA noch auch die Untersuchungen des Marsbodens durch die »Viking«-Sonden haben uns direkte oder indirekte Hinweise auf die Existenz primitiven Marslebens geliefert. Die Laboruntersuchungen der Bodenproben haben keine Mikroorganismen festgestellt, sodass es nach dem derzeitigen Stand der Erkenntnisse **nicht** danach aussieht, dass der Mars in irgendeiner Form Träger von Leben ist. Irgendwo muss die vorbiologische (chemische) Entwicklung auf dem Mars stecken geblieben sein. Aber darüber ist das letzte Wort noch nicht gesprochen. Die Mars-Sonde der NASA »Mars Odyssey 2001« hat durch spektakuläre Aufnahmen reichhaltiges Eisvorkommen 30 bis 60 Zentimeter unter der Marsoberfläche nachgewiesen. Dieses Wasservorkommen in gefrorener Form lässt die Möglichkeit zu, dass sich auf unserem Nachbarplaneten doch Leben bis zu einem gewissen Grad entwickelt haben könnte. Und die jüngste glückliche Landung der US-Sonde »Spirit« im Januar 2004 im Gusev-Krater südlich des Mars-Äquators und die ersten großartigen Buntfotos lassen auf eine erfolgreiche Arbeit des Roboter-Fahrzeugs hoffen, das auch nach Lebensspuren suchen wird.

Die Marsoberfläche entspricht einer trockenen und kalten **Wüsten- und Gebirgslandschaft**. Der Sand weht vielfach zu **Dünen** zusammen. Als man auf den ersten Funkbildern von »Mariner 4« im Jahre 1965 zahlreiche Krater entdeckte, meinte man eine tote »Mondlandschaft« vor Augen zu haben. Inzwischen wissen wir durch das Fortschreiten der Forschung, dass der Mars wesentlich interessantere Formationen als die Krater zu bieten hat, die bei ihm übrigens stärkere Verwitterungen zeigen als auf dem Mond: eine Reihe von **trockenen Flussläufen, Schwemmgebiete** mit ausgewaschenen Tälern, **Einsturzzonen** mit zahlreichen Verwerfungen und große **vulkanische Erhebungen**.

Alles spricht dafür, dass es auf dem Mars früher einmal sehr viel fließendes Wasser gegeben hat; die ausgedehnten Schwemmgebiete und flussartigen Talläufe sind Spuren dieser Vergangenheit. Auch heute noch besitzt der Mars Eislager unter dem Boden, deren Temperatur niemals über den Schmelzpunkt steigt. Dieses im Boden befindliche Wassereis (Permafrost) gibt es vor allem an den beiden Polen des Mars. Es wird in vergangenen wärmeren Perioden des Mars aufgetaut sein und Flüsse und Seen gebildet haben.

Der größte Marsvulkan, gegenwärtig wohl nicht mehr tätig, ist **Nix Olympica**, auch **Mons Olympicus** (Berg Olymp) genannt. Er besitzt einen Basisdurchmesser von 600 km und auf dem Gipfel, in einer Höhe von 25 km, einen Krater von 50 km Durchmesser. Damit dürfte er der größte Vulkan im ganzen Sonnensystem sein.

Der Mars hat nur eine **dünne Atmosphäre**, die zu 95 % – ähnlich wie die Venus – aus Kohlendioxid besteht. Ihre Dichte entspricht der der Erdatmsphäre in etwa 30 km Höhe. Auch in einer so dünnen Atmosphäre können Wolken

Nahaufnahme des südlichen Teils des Valles Marineris, aufgenommen von der ESA-Sonde »Marsexpress«.

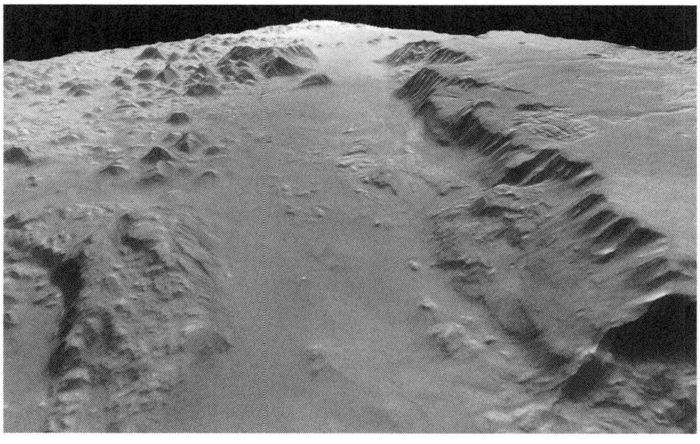

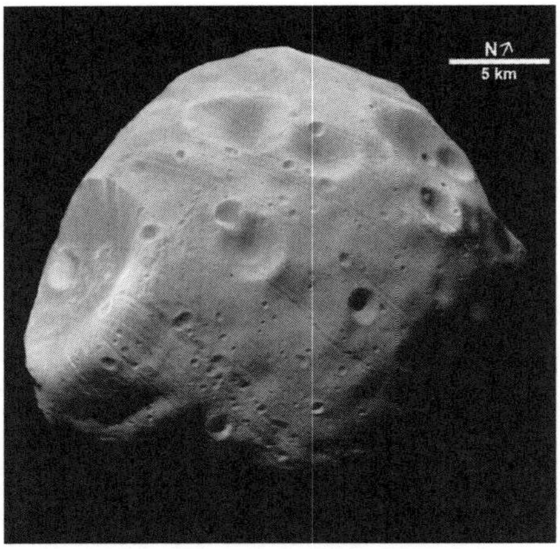

Der kraterübersäte Marsmond Phobos, aufgenommen aus einer Entfernung von nur 200 km.

und Bodennebel entstehen. Eis und Wolken bilden sich auf dem Mars nicht nur aus Wasser, sondern auch aus Kohlendioxid.

Die höchsten **Marstemperaturen** mittags am Äquator steigen auf +20 °C. Sie fallen aber wegen der dünnen Atmosphäre sehr bald und liegen zur Zeit des Sonnenuntergangs bereits bei −70 °C, um des Nachts noch weiter zu sinken. Die tiefsten Temperaturen weisen natürlich die Pole auf; nachts sinken sie dort auf mindestens −120 °C.

Die beiden **Monde** des Mars heißen Phobos und Deimos, »Furcht« und »Schrecken« – Namen, die mit Bedacht für die Begleiter des Kriegsgottplaneten ausgesucht wurden. Beide Monde, die wie angeknabberte Kartoffeln aussehen, wurden 1877 von dem amerikanischen Astronomen Asaph Hall entdeckt. Phobos, der innere Satellit des Mars, hat eine Größe von 18 x 22 km. Deimos, der äußere der beiden Monde, hat einen Durchmesser von 12–13 km.

Die amerikanische Raumsonde Mariner 9 und die Orbiter-Stufen der Sonden Viking 1 und 2 haben 1972 und 1976 die ersten Nahaufnahmen der beiden kleinen Marsmonde übermittelt.

Kleine Planeten (Planetoiden)

Zwischen der Mars- und Jupiterbahn befindet sich der Gürtel der Kleinplaneten (**Asteroiden** oder **Planetoiden**). Damit ist die verhältnismäßig große Lücke zwischen Mars und Jupiter verständlicher, aber eine Fülle von Spekulationen nach wie vor offen. Die Astronomen vermuten, dass sich etwa 50 000 Klein- und Kleinstkörper in diesem Raum bewegen.

Ihre Entstehung dachte man sich früher so, dass dort aus irgendwelchen Gründen ein Großplanet, der die Masse aller Planetoiden in sich vereinte, auseinander geplatzt sei und eine Vielzahl von Kleinkörpern in den Raum gesprengt habe. Heute erklärt man das Zustandekommen des Planetoidengürtels – eher umgekehrt – damit, dass die Urwolke aus Gas in jener Zone so dünn gewesen sei, dass sich kein großer Planet daraus habe bilden können.

Noch bevor man die Planeten Neptun und Pluto kannte, begann bereits die Entdeckung der ersten Planetoiden. Der italienische Astronom Giuseppe Piazzi war es, der in der Neujahrsnacht von 1800 auf 1801 in Palermo den ersten Kleinplaneten Ceres entdeckte. Schon bald wurden weitere Planetoiden aufgespürt.

Einige Kleinplaneten fallen durch den Verlauf ihrer **Bahnen** aus dem Rahmen.

Sie kreuzen die Marsbahn nach innen und kommen der Erde verhältnismäßig nahe (wie z. B. Eros und Hermes), oder sie bewegen sich auf der Jupiterbahn und über sie hinaus (wie etwa Hidalgo) oder befinden sich sogar noch im Raum zwischen Saturn und Uranus, wie der erst 1977 entdeckte Chiron, der möglicherweise zu einem weiteren Gürtel von Planetoiden außerhalb der Saturnbahn gehört.
Bisher sind etwa 5000 Kleinplaneten entdeckt worden; 2200 davon erhielten **Namen** und Nummern. Zuerst benannte man die Planetoiden nach antiken Göttinnen wie Ceres, Pallas, Juno und Vesta, später nach Städten und Naturforschern und schrieb sie immer mit einer weiblichen Endung. Vor allem aber verwandte man weibliche Vornamen, um die Welt der Planetoiden ganz den Damen zu widmen. So heißt der Himmelskörper 164 Eva, der Himmelskörper 798 Ruth, der Himmelskörper 832 Karin usw.

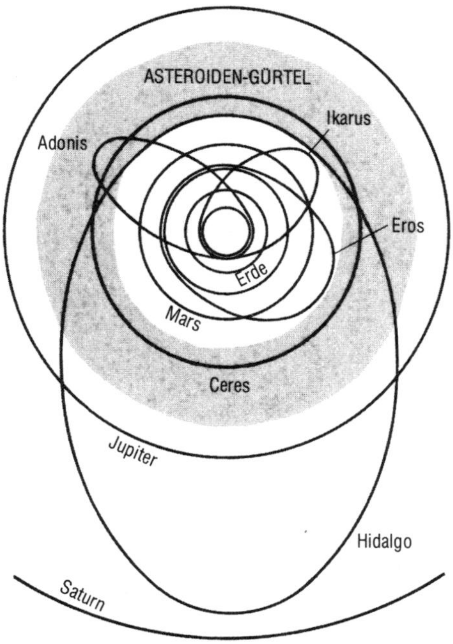

Die Mehrzahl der Planetoiden (auch: »Asteroiden«) hat ihre Umlaufbahn in der »Lücke« des Sonnensystems, die zwischen den Bahnen von Mars und Jupiter klafft. Ein paar allerdings schweifen ab. Ceres, der größte der Planetoiden, hingegen verlässt den Gürtel nicht.

Es gibt manche lustige kleine Geschichte zur Entstehung dieser Namensgebungen. Der Astronom **Karl Reinmuth** aus Heidelberg, »Weltrekordler« in der Entdeckung von Planetoiden, hatte gerade zu der Zeit, als der Film **»Der blaue Engel«** mit **Marlene Dietrich** lief, den Kleinplaneten 1010 entdeckt. Er erzählt: »Ein jüngerer Kollege hatte den Film gesehen und sich dabei in Marlene Dietrich verliebt. Es war wirklich schlimm. Immer wenn wir beobachteten, schwärmte er von den göttlichen Beinen dieser unsterblichen Frau. Um meine Ruhe zu haben, taufte ich einen meiner Sterne nach dem Vornamen seines Idols«. Seither gibt es also den Planetoiden Marlene.
In die schöne Literatur ist der Gürtel der Planetoiden durch die bezaubernde Geschichte **»Der kleine Prinz«** von **Antoine de Saint-Exupéry** eingegangen, in der der Prinz von seinem kleinen Heimatplaneten aus viele andere Planetoiden bereist und die Merkwürdigkeiten und Geheimnisse des Lebens kennen lernt.
Wie groß sind die Kleinplaneten? Die überwiegende Mehrheit sind Himmelskörper von weit unter 100 km Durchmesser. Die kleinsten noch als Planetoiden anzusprechenden Objekte haben einen Durchmesser von 50 m, die

Die 30 ersten Planetoiden in der Reihenfolge ihrer Entdeckung

Nr.	Name	entdeckt im Jahr	Durchmesser in km (ca.)	Rotationszeit in Stunden	Umlaufzeit um die Sonne in Tagen
1	Ceres	1801	1000	9,07	1681
2	Pallas	1802	500 (?)	10,67	1684
3	Juno	1804	200 (?)	7,21	1594
4	Vesta	1807	400 (?)	5,34	1325
5	Astraea	1845	100	16,80	1511
6	Hebe	1847	150	7,74	1380
7	Iris	1847	150	7,13	1345
8	Flora	1847	100	13,60	1193
9	Metis	1848	100	5,06	1347
10	Hygiea	1849	150	18,00	2040
11	Parthenope	1849		10,67	1403
12	Victoria	1850	50		1302
13	Egeria	1850		7,04	1510
14	Irene	1851	100		1520
15	Eunomia	1851	150	6,08	1569
16	Psyche	1852	100	4,30	1826
17	Thetis	1852		12,27	1417
18	Melpomene	1852		14,00	1270
19	Fortuna	1852		7,46	1394
20	Massalia	1852	100	8,09	1365
21	Lutetia	1852		6,13	1388
22	Kalliope	1852	100	4,14	1813
23	Thalia	1853		6,15	1556
24	Themis	1853		8,50	2026
25	Phocaea	1853			1358
26	Proserpina	1853			1581
27	Euterpe	1854		8,50	1313
28	Bellona	1854		15,70	1691
29	Amphitrite	1854	150	5,38	1491
30	Urania	1854		13,66	1329

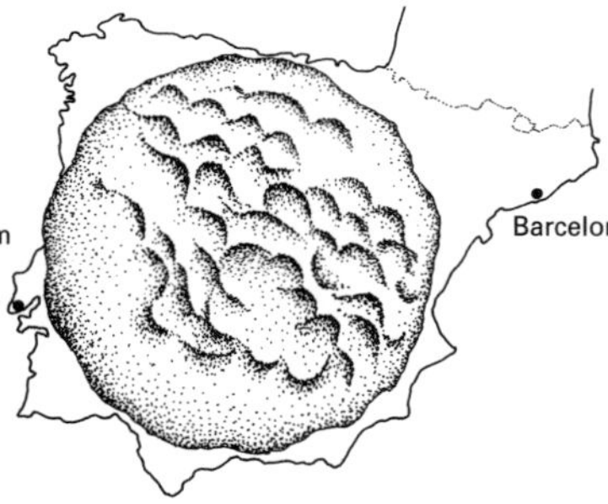

Ceres, der größte Planetoid, den wir kennen. Nach neueren Messungen hat er sogar einen Durchmesser von 1048 km.

größten Planetoiden – wie Ceres, Chiron, Pallas und Vesta – besitzen einen Durchmesser von mehreren hundert Kilometern. Möglicherweise sind die beiden Marsmonde Phobos (ein unregelmäßiger Brocken; 18 x 22 km groß) und Deimos (12–13 km Durchmesser) eingefangene Kleinplaneten.
1951 vermutete der amerikanische Planetenforscher Gerard Peter Kuiper, dass unser Sonnensystem nicht mit den Bahnen von Neptun und Pluto endet, sondern dass es außerhalb der Neptunbahn noch einen Bereich gäbe, in dem Kometenkerne und Planetoiden recht zahlreich um die Sonne kreisen. Man sprach vom Kuiper-Gürtel, einer zweiten Aufenthalts-Zone von Planetoiden neben dem Mars-Jupiter-Gürtel. In der jüngsten Zeit wurden tatsächlich zahlreiche Kleinplaneten außerhalb der Neptunbahn aufgespürt, bis 2001 stieg die Zahl auf 400. Seither sind in diesem Bereich über 600 Planetoiden entdeckt worden.

Jupiter

Der Jupiter ist der **größte Planet** unseres Sonnensystems und führt die Reihe der »jupiterähnlichen« Planeten an. Sein Durchmesser beträgt am Äquator 142 800 km und übersteigt den Durchmesser des Erdäquators um das Elffache.
An den Polen Jupiters macht sich eine starke **Abplattung** bemerkbar; der Durchmesser von Pol zu Pol ist 8 800 km kürzer als der Äquatordurchmesser. Der Grund für diese starke Abplattung an den Polen liegt in der äußerst **raschen Rotation** des Jupiters: Am Äquator beträgt sie 9 Stunden und 50 Minuten, in den mittleren und höheren Breiten etwa 5 Minuten mehr. Jupiter und Saturn sind die beiden Planeten mit der größten Masse und der geringsten Dichte.
Mit einem Amateurfernrohr ab 10 cm freie Öffnung können wir auf der Jupiterscheibe bereits eine ganze Reihe von Einzelheiten erkennen. Da Jupiter von einer dichten **Atmosphäre** mit den verschiedensten Wolkenbewegungen umgeben ist, sind diese erkennbaren Einzelheiten allerdings keine Oberflächenerscheinungen, sondern durchweg atmosphärische Phänomene.
Wir unterscheiden zwischen **dunklen Bändern** und **hellen Zonen**, die – abwechselnd – parallel zum Äquator verlaufen. Die hellen Streifen sind aufsteigende Gasströme, die dunklen Streifen absteigende Ströme. Die Temperatur an der Wolkenoberfläche beträgt −145 °C. Oft können wir helle und rötliche Flecke, Brücken und Girlanden zwischen den Bändern und Zonen wahrnehmen, die sich aber in kurzer Zeit wieder verändern.

Am bekanntesten und beständigsten ist der **Große Rote Fleck** (GRF), ein riesiger atmosphärischer **Wirbelsturm** auf der Südhalbkugel. Er verändert seine Farbe und scheint zeitweise ganz verschwunden zu sein, taucht dann aber immer wieder in seiner ovalen Gestalt – wie ein Auge – auf. Seine Ost-West-Länge beträgt 40 000 km, seine Nord-Süd-Breite 15 000 km.

Winde und **Stürme** auf dem Jupiter erreichen Geschwindigkeiten von 150 m/s und übersteigen damit die Geschwindigkeit von Orkanen auf der Erde um das Fünffache. Ungeheure elektrische Entladungen in Form von **Gewittern** müssen diese atmosphärischen Bewegungen und Strömungen begleiten.

Die **Atmosphäre** Jupiters besteht zu 85 % aus Wasserstoff, zu 14 % aus Helium und zu 1 % aus Methan, Ammoniak und anderen Elementen. Wahrscheinlich ergibt sich die kennzeichnende rötliche Färbung der Jupiterwolken durch eine Verbindung von Ammoniak und Schwefelwasserstoff, wobei auch Phosphor mitwirken mag.

Vor allem durch die Erkundungen der »Pioneer«-Sonden 10 und 11 (1972 und 1973 gestartet) und der Raumschiffe »Voyager 1« und »Voyager 2« (Start 1977) sowie der Galileo-Sonde (Start 1989) haben wir viele neue Kenntnisse über den Jupiter gewonnen. Die Auswertung der zahlreichen Fotos, Messungen und Daten ist noch nicht abgeschlossen.

Zu den Neuentdeckungen zählen z. B. der große und starke **Strahlungsgürtel**, den Jupiter besitzt, der **Ring** um den Riesenplaneten in einer äußeren Entfernung von 57 000 km und die drei weiteren Monde, die 1979 durch die Raumsonden gefunden wurden. Von den inzwischen entdeckten 16 **Jupitermonden** können wir – wie einst Galilei – die vier größten bereits in einem kleinen Fernrohr erkennen. Es ist reizvoll, den Tanz dieser vier Satelliten des Jupiters über ein paar aufeinander folgende Tage hinweg zu beobachten.

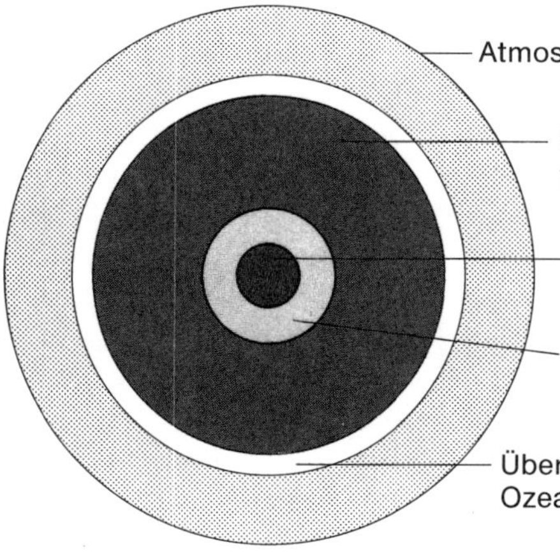

Innerer Aufbau des Jupiters.

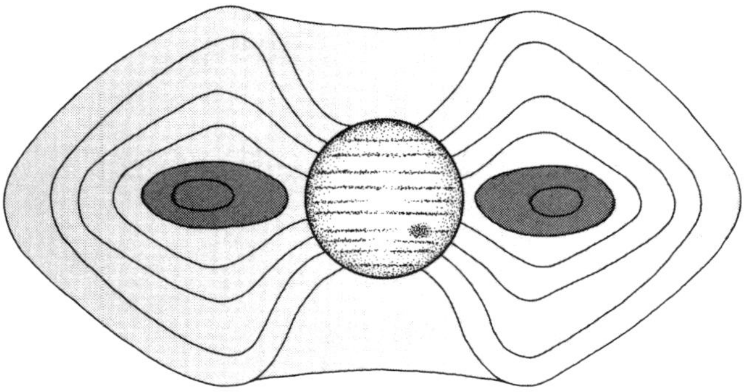

Mit Radioteleskopen gelang es, das starke Magnetfeld rund um Jupiter zu kartieren. Es ist bei weitem größer als die Magnetosphäre der Erde.

Die vier größten Jupitermonde

Nummer	Name	Durchmesser	Mittlere Entfernung von Jupiter
1	Io	3640 km	421 400 km
2	Europa	3070 km	670 500 km
3	Ganymed	5220 km	1 069 000 km
4	Kallisto	4890 km	1 881 200 km

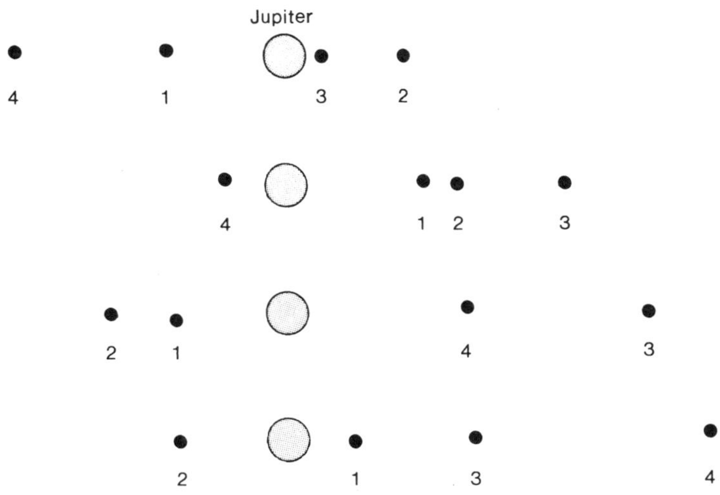

Bewegungen der vier größten Monde um Jupiter innerhalb von vier Tagen.

Die Umlaufbahnen von acht der Trabanten des Jupiters.

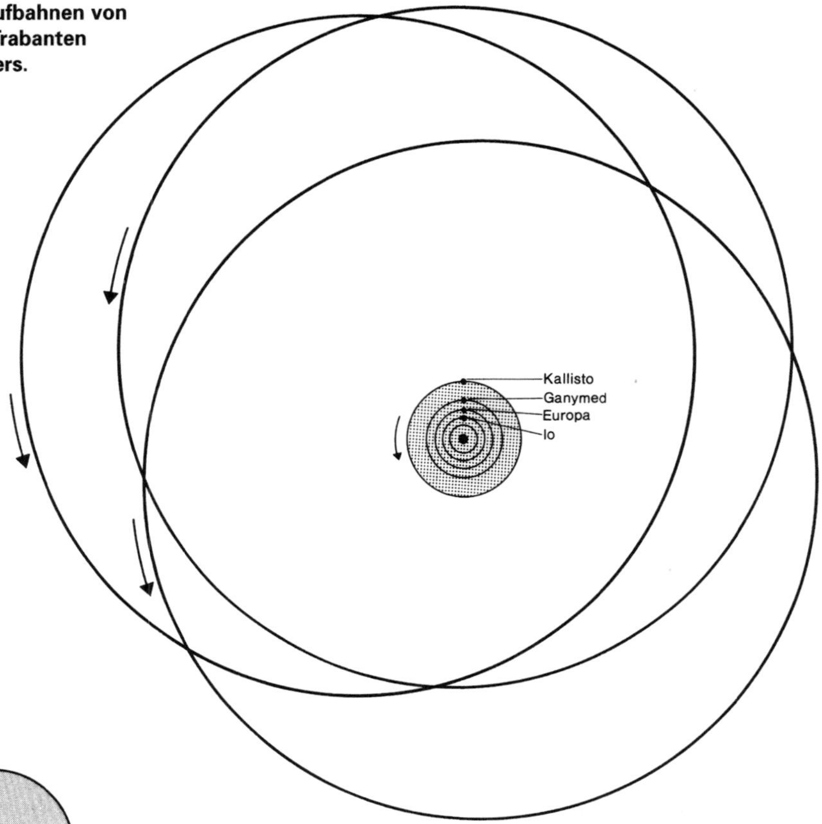

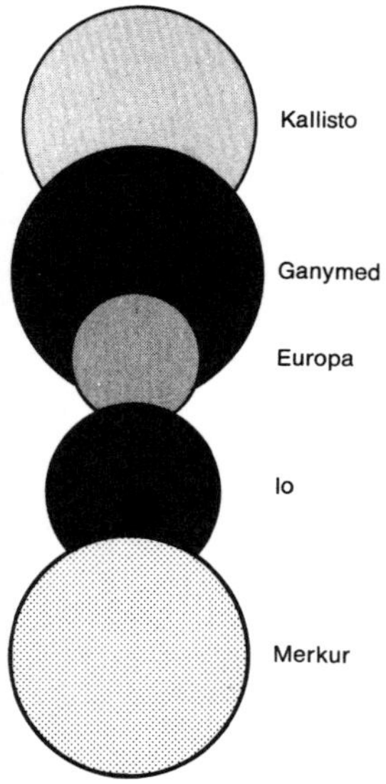

Die vier größten Jupitermonde im Größenvergleich zu Merkur.

Saturn

Die im Sonnensystem nach außen hin folgenden Planeten Saturn, Uranus und Neptun haben alle **starke Ähnlichkeit mit Jupiter**. Der Saturn erschien bis vor wenigen Jahren durch seinen **Ring** als der eigenartigste Planet. Diesen Ruf der Besonderheit hat er verloren, als 1977 um den Uranus und 1979 auch um den Jupiter ein solcher Ring entdeckt wurde. Immerhin aber hat Saturn den – für uns – auffälligsten und lichtstärksten Ring, während man die Ringe um Uranus und Jupiter auch mit grö-

Amateuraufnahme des Saturns.

ßeren Teleskopen nicht wahrnehmen kann, sodass nach wie vor der Fernrohrblick auf den beringten Saturn als »optischer Leckerbissen« der Amateurastronomie gilt.

Schon länger wusste man, dass der Ring des Saturns eigentlich aus mehreren Ringen besteht, und unterschied von außen nach innen die Ringe A, B und C. Wir müssen also vom **»Ringsystem«** des Saturns sprechen. Zwischen dem Ring A und B verläuft eine Trennungslinie, die nach ihrem Entdecker **Giovanni Domenico Cassini** (1625–1712) die **Cassinische Teilung** (oder: Trennung) heißt. 1969 fand man auf fotografischem Wege noch einen weiteren Ring, der fast bis an die äußerste Schicht der Saturnatmosphäre reicht, und gab ihm den Buchstaben D zur Kennzeichnung. Auch weitere Teilungslinien wurden sichtbar. »Pioneer 11« half in jüngster Zeit noch zwei Saturnringe mehr entdecken: die Ringe F und E, beide noch außerhalb von Ring A liegend. Ring A – und damit das

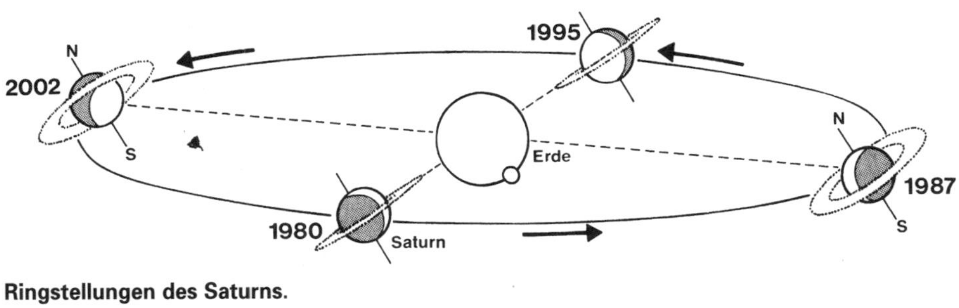

Ringstellungen des Saturns.

Je nach Lage des Saturns auf seiner Bahn um die Sonne sehen wir sein Ringsystem in verschiedener Gestalt.

Die gerade noch sichtbaren Saturnringe während der nur alle 15 Jahre auftretenden Kantenlage zur Erde.

hauptsächliche Ringsystem des Saturns – hat einen äußeren Durchmesser von 278 000 km, während seine – vermutlich ungleichmäßige – Dicke nur etwa 15 km beträgt. Die **Ringe** selbst bestehen aus unzähligen Einzelteilen, angefangen von Eisstaubkörnern von wenigen Mikron bis hin zu felsbrockenartigen Körpern.

Der Saturnring ist übrigens von der Erde aus nicht immer in der gleichen Weise zu sehen. Da Saturn auf seiner Bahn um die Sonne in ganz verschiedene Stellungen zur Erde gerät, sehen wir auch seinen Ring von Zeit zu Zeit in verschiedener Perspektive. Am günstigsten für die Beobachtung ist der Zeitpunkt der größten Ringöffnung, wenn wir Erdbewohner entweder auf die Nord- oder auf die Südseite des Ringsystems schauen. Ungünstig dagegen ist der Zeitpunkt der Kantenstellung des Ringes, wenn wir gewissermaßen dem Ring auf die Kante sehen, sodass er äußerst schmal und dunkel erscheint und im Fernrohr praktisch verschwindet.

Mindestens 17 **Monde** umkreisen den Saturn. Zwei »Kleinstsatelliten« wurden bereits durch Auswertung der von »Voyager 2« zurückgesandten Fotos entdeckt.

Der größte Saturnmond ist **Titan**, der einen Durchmesser von 5 150 km und eine dichte, undurchsichtige Atmosphäre aus Methan, Stickstoff, Kohlendioxid, Wasserstoff und anderen Gasen besitzt. Es wurden Temperaturen von –20 °C bis –160 °C gemessen.

Uranus und Neptun

Den Abschluss unserer Planetenbetrachtung bilden Uranus, Neptun und Pluto. Sie bewegen sich in der Gegenwart vor dem Hindergrund der Sternbilder Wassermann, Steinbock und Schlangenträger.

Uranus fällt dadurch auf, dass seine Rotationsachse um 98° gegen die Bahnebene geneigt ist, die Uranuskugel bei der Wanderung um die Sonne also fast waagerecht **»auf der Seite«** liegt. Dieser Planet neigt deshalb abwechselnd die Gebiete um den Äquator und die Polbereiche der Sonne bzw. der Erde zu. Nordpol und Südpol haben ein halbes Uranusjahr lang Nacht und ein halbes Uranusjahr lang Tag. Da ein Uranusjahr aber 84 Erdenjahren entspricht (der Weg des Uranus um die Sonne ist viel länger!), bedeutet das, dass an den Polen des Uranus jeweils 42 Erdenjahre lang Sonnenschein und 42 Jahre lang Dunkelheit herrschen! Die dichte und grünlich schimmernde **Atmosphäre** aus Methan und Wasserstoff erlaubt keinen Blick auf die Oberfläche des Uranus. Da seine scheinbare Größe über 6,^{m}0 steigt, kann man ihn unter günstigen Bedingungen und bei genauer Kenntnis seiner Position noch mit dem bloßen Auge wahrnehmen. Einzelheiten der Wolkenstruktur können nur große Teleskope sichtbar machen. Die größten fünf **Monde** des Uranus heißen: Ariel, Umbriel, Titania, Oberon und Miranda. Insgesamt wurden bisher 15 Satelliten um Uranus entdeckt. Ähnlich wie bei Saturn wurden 7 feine Ringe nachgewiesen.

Neptun ist berühmt durch seine Entdeckungsgeschichte (siehe Abschnitt **»Aus der Geschichte der Astronomie«**). Auch seine Scheibe zeigt eine leicht grünliche Einfärbung, was ebenfalls auf den hohen Methananteil in der **Atmosphäre** zurückzuführen ist. Er braucht 164,8 Jahre zu einem Sonnenumlauf, wobei ihn acht **Monde** begleiten, von denen Triton und Nereid(e) die größten sind. Jüngste Messungen ergeben für Triton einen ähnlich großen Durchmesser, wie wir ihn vom Saturnmond Titan her kennen.

Nähere Aufschlüsse und detaillierte Fotos erbrachte die Sonde »Voyager 2«, die 1986 an Uranus und 1989 an Neptun vorbeigeflogen ist.

Pluto

Der Pluto, als Stern 14. Größe nur von großen Fernrohren erfassbar, hat von allen Planeten die **stärkste Bahnexzentrizität** (= Abweichen, Abstand vom Mittelpunkt); ein Teil seiner Bahn verläuft noch innerhalb der Neptunbahn. Wie unsicher auch heute noch Angaben über so ferne Himmelskörper wie Pluto sind, zeigt die Tatsache, dass man bisher in allen Veröffentlichungen den **Durchmesser** Plutos auf etwa 6000 km veranschlagte, seit 1978 aber, dem Jahr der Entdeckung des Plutomondes Charon, nur noch mit einem Durchmesser von etwa 3000 km (die Hälfte weniger!) rechnet. Der Mond Charon hat wohl einen Durchmesser von 1500 km, entspricht also einem größeren Planetoiden. Möglicherweise ist Pluto **nicht** der äußerste Planet unseres Sonnensystems. Schon lange hat man die Existenz eines zehnten großen Planeten vermutet, und zwar auf Grund einiger sonst unerklärlicher Bahnstörungen in der Bewegung von Uranus und Neptun. Sogar ein Name wurde schon gefunden – eine Verlegenheitslösung allerdings –, nämlich **»Transpluto«**, was auf Deutsch heißt: Planet jenseits von Pluto. Bisher blieben alle Forschungen und Beobachtungen ohne Ergebnis. Doch noch ist die »Transpluto-Akte« nicht geschlossen ... Inzwischen gibt es erste Bilder von Pluto, die wir dem Weltraumteleskop »Hubble« verdanken: Auf dem sonnenfernsten Planeten wechseln helle und dunkle Regionen, Täler und Krater.

70 % der Masse Plutos bestehen aus Gestein, das von Eis und flüchtigen chemischen Verbindungen bedeckt ist. Die Temperatur bleibt tief im Minusbereich, ändert sich aber innerhalb der Minusskala je nach Entfernung von der Sonne.

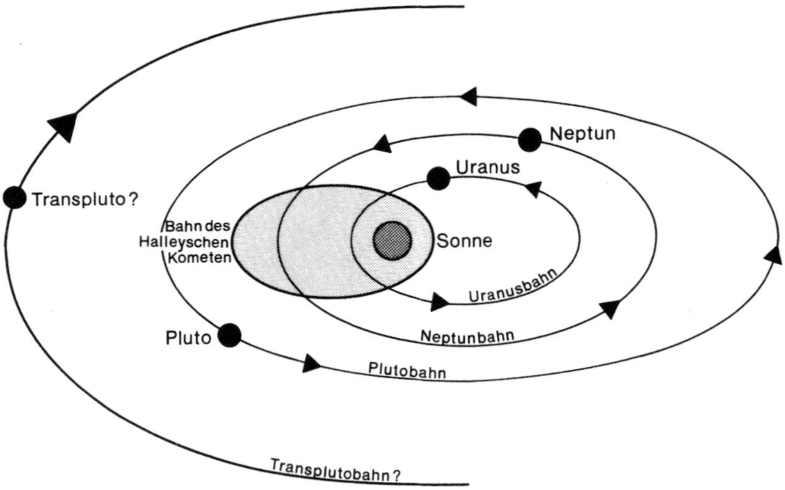

Vermutete Bahn eines 1972 von dem amerikanischen Astronomen Joseph Brady postulierten Planeten »Transpluto«. Laut Brady können die beobachteten Bahnunregelmäßigkeiten des Halleyschen Kometen nur von einem weiteren Planeten verursacht werden. »Transpluto« umkreise die Sonne in einer Entfernung von rund 10 000 Mill. km; ein Umlauf dauere 464 Jahre.

Daten der Planeten unseres Sonnensystems

	Merkur	Venus	Erde	Mars	Jupiter	Saturn	Uranus	Neptun	Pluto
Mittlere Entfernung von der Sonne in Millionen km	57,9	108,2	149,6	227,9	778,3	1427	2869,5	4496,5	5900
Umlaufzeit (siderisch) in Tagen bzw. Jahren	88 T.	224,70 T.	365,26 T.	686,98 T.	11,86 J.	29,46 J.	84,02 J.	164,79 J.	247,70 J.
Äquatordurchmesser in km	4878	12 102	12 756	6787	142 796	120 000	50 800	49 400	2420
Mittlere Bahngeschwindigkeit in km/s	47,9	35,0	29,8	24,1	13,1	9,6	6,8	5,4	4,7
Masse in Erdmassen	0,0558	0,815	1,000	0,107	318,00	95,15	14,55	17,23	0,0022
Dichte in g/cm^3	5,44	5,16	5,52	3,95	1,33	0,69	1,21	1,70	0,9
Schwerebeschleunigung an der Oberfläche in cm/s^2	360	850	982	376	2600	1120	940	1300	?
Bahnexzentrizität	0,206	0,007	0,017	0,093	0,048	0,056	0,047	0,009	0,25
Bahnneigung gegen Ekliptik	7°0,3′	3°23,7′	–	1°51,0′	1°18,3′	2°29,4′	0°46,4′	1°46,4′	17°8′
Neigung des Äquators gegen die Bahnebene	7°?	6°?	23°27	25°10′	3°07	26°45	98°	29°	?
Rückstrahlvermögen (Albedo)*	0,06	0,76	0,39	0,15	0,51	0,42	0,66	0,62	?
Zahl der Monde	–	–	1	2	16 + 44 Minimonde	30	15	8	1

* Die Albedo (lateinisch: albus = weiß) gibt man nicht in Prozentzahlen, sondern in Dezimalwerten an. So bedeutet die hohe Albedo der Venus von 0,76 eine Rückstrahlfähigkeit von 76 %, d. h. 76 % des auftreffenden Sonnenlichtes werden reflektiert.

Kometen und Meteoriten

Außer den Planeten mit ihren Monden und den Planetoiden zwischen Mars und Jupiter und im Kuiper-Gürtel ziehen noch die Kometen sowie Gesteinsbrocken und Staubkörner **(Meteoriten)** ihre Bahnen durch unser Sonnensystem. Die Leuchterscheinung, die ein Meteorit hervorruft, wenn er in die Erdatmosphäre eindringt, wird **Meteor** (volkstümlich »Sternschnuppe«) genannt. Erreicht so ein Körper, statt in der Erdatmosphäre zu verglühen, die Erdoberfläche, heißt er **Meteorit**. Solche Meteoriten finden wir oft in Naturkunde-Museen.

Die **Kometen** (grch.: Haar- oder Schweifsterne) sind Himmelskörper aus Staub und größeren Materieteilchen, die **in Eis** aus Wasser, Methan, Ammoniak, Kohlendioxid und anderen Gasen **eingefroren** sind. Man hat die Kometen deshalb in der astronomischen Literatur als »schmutzige Schneebälle« bezeichnet.

Ihre Zusammensetzung erinnert an die Zusammensetzung der jupiterartigen Planeten. Genauer betrachtet gliedert sich ein Komet in verschiedene Formen: Der **Kern**, aus den genannten Eis- und Staubteilen bestehend, kann einen Durchmesser von 1 bis 50 km besitzen. Wenn sich der Kometenkern auf seiner Bahn um die Sonne dem Zentralgestirn allmählich nähert, erwärmt sich der »schmutzige Schneeball«; die Gase verdampfen, der Staub löst sich zu einem Teil, und es bildet sich die so genannte **Koma**, eine Wolke aus Gas und Staub, die den Kern des Kometen wie eine Atmosphäre umgibt und einen gewaltigen Durchmesser bis zu 150 000 km, gelegentlich aber auch von über 1 Million km hat. Kern und Koma bilden zusammen den **Kopf** des Kometen.

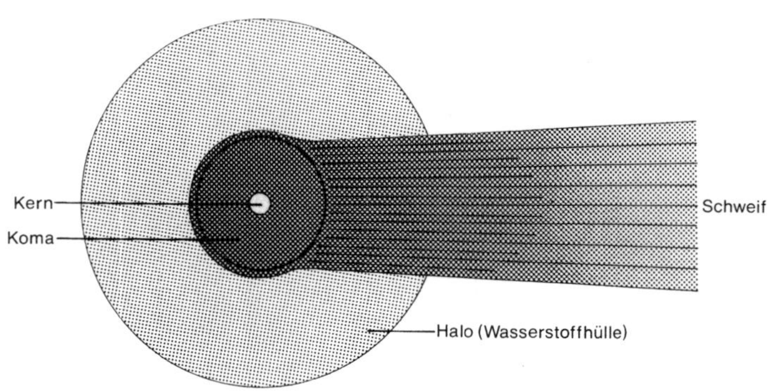

Aufbau eines Kometen.

Taucht ein Komet aus den Tiefen des Sonnensystems auf, wird er erstmals in der Nähe des Asteroidengürtels sichtbar. Wenn er sich der Marsbahn nähert, beginnt sich seine Koma zu entwickeln. Bald darauf fängt sein Schweif zu wachsen an, der in Sonnennähe seine maximale Ausdehnung erreicht. Bei der Rückreise des Kometen in die Tiefen des Sonnensystems werden Schweif und Koma zunehmend kleiner.

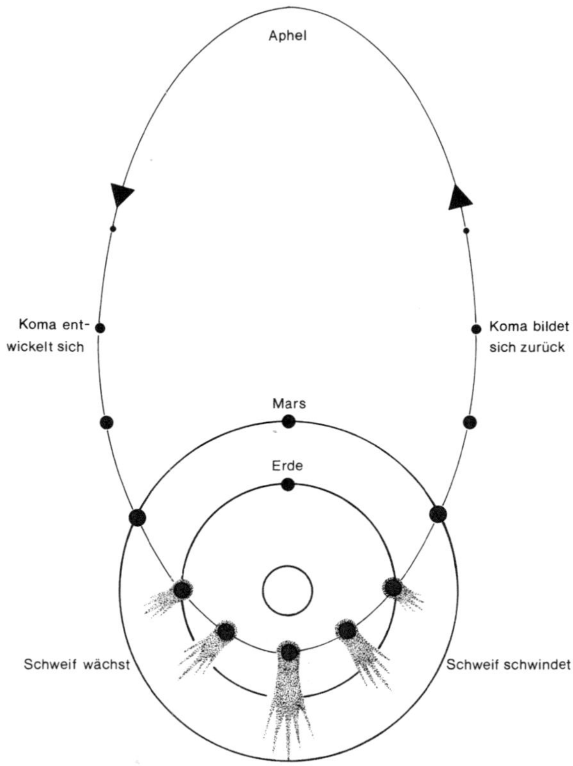

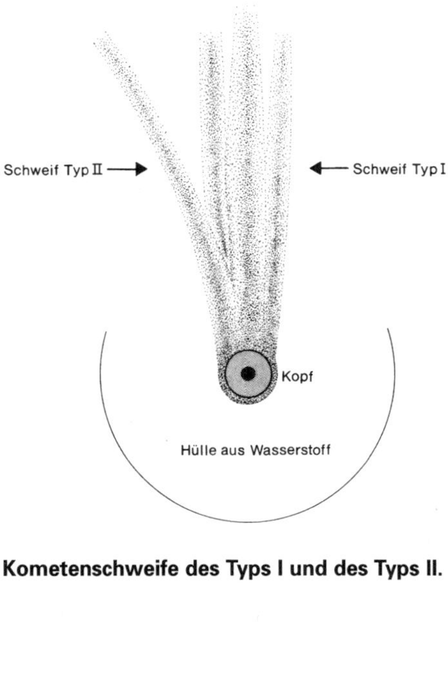

Kometenschweife des Typs I und des Typs II.

Tritt der Komet nun in das innere Planetensystem ein und damit in unmittelbare **Sonnennähe**, »bläst« der Strahlungsdruck der Sonne (Sonnenwind) die verdampften Gase und Staubteilchen vom Kopf des Kometen weg, und es entsteht der lange und äußerst dünne **Kometenschweif**, der immer von der Sonne abgewandt ist und Längen bis zu einigen Millionen Kilometern erreicht. Wir unterscheiden zwischen den **Gasschweifen** (Schweife vom Typ I) und den – sich langsamer bildenden – schwächeren **Staubschweifen** (Typ II). Dann und wann beobachten wir einen Kometen mit einem nach vorne gerichteten **Gegenschweif**, der eben-

falls das Abströmen von Staubpartikeln zur Ursache hat.
Schließlich ist mit Hilfe von Raumsonden ein großes **Halo** (grch.: halos = Kreis) aus Gas um die Kometen entdeckt worden; dies ist eine Art Hof aus Wasserstoff mit einem Durchmesser bis zu 50 Millionen km. So besteht ein Komet, wenn er uns in Sonnennähe erscheint, aus Kern, Koma, Schweif und Halo. Unsere Sonne ist es also, die diesen Himmelskörper erst zur leuchtenden Entfaltung bringt, indem sie den eingefrorenen und nichtleuchtenden Kometenkern beim Herannahen veranlasst, Koma und Schweif zu bilden.
Zugleich aber bedeutet jede Sonnenannäherung für einen Kometen **Masseverlust** und **Schrumpfung**; denn die in den Schweif abgestoßene Materie ist für den Kometen unwiederbringlich verloren. Die Astronomen haben berechnet, dass ein durchschnittlicher Komet etwa 100 Sonnenannäherungen erlebt, bis sich seine Restmaterie endgültig auflöst und der Komet verschwindet. Der **Bielasche Komet**, 1826 von **Wilhelm von Biela** entdeckt, verzerrte und teilte sich 1845 vor den Augen der beobachtenden Astronomen und blieb seither verschollen. An seiner Stelle trat später ein **Meteorschwarm** auf, der aus den Bruchstücken des Kometen bestand.
In jedem Jahr werden von den Astronomen rund 12 Kometen beobachtet. In dieser Zahl sind sowohl neu entdeckte als auch bekannte Kometen enthalten, deren **Wiederkehr** vorausberechnet ist. Die allermeisten Kometen sind nur im großen Fernrohr erkennbar. Dann und wann – im Schnitt alle 3 bis 4 Jahre – tritt ein besonders helles Objekt an unserem Himmel auf, das mit bloßem Auge gesehen werden kann und dann die Aufmerksamkeit vieler erregt.

In früheren Zeiten versetzte eine weithin sichtbare Kometenerscheinung die Menschen in Unruhe und Angst; denn Kometen galten damals als Vorboten des göttlichen Strafgerichtes, die Kriege, Naturkatastrophen, Pest und Hungersnöte ankündigten. Erst allmählich setzte sich die Erkenntnis durch, dass auch Kometen ebenso normale, natürliche Himmelskörper wie die übrigen Gestirne sind. Seit Beginn unserer Zeitrechnung sind etwa 500 Kometen mit dem »unbewaffneten« Auge zu sehen gewesen.
Am berühmtesten in der Astronomiegeschichte ist wohl der **Halleysche Komet**, so benannt nach dem englischen Astronomen **Edmund Halley** (1656–1742). Halley entdeckte bei der Bahnberechnung des hellen Kometen von 1682, dass die früheren Kometen von 1531 und 1607 dieselbe Bahn hatten, und schloss daraus, dass es sich um ein und denselben Kometen handeln müsse. Er erkannte seine ellipsenförmige Bahn um die Sonne und berechnete seine Wiederkehr für 1759. Damit war der **periodische Charakter** des Kometen entdeckt und zum ersten Mal seine Wiederkehr vorausgesagt, die dann auch prompt eintrat. Der Halleysche Komet, dessen Bahn sich bis weit über die Neptunbahn erstreckt, hat eine Sonnenumlaufzeit von 76,2 Jahren. So kehrte er 1835 und 1910 wieder und auch 1986 zeigte er sich pünktlich. Seine Helligkeit hat im Laufe der letzten Sonnenannäherungen offensichtlich abgenommen.
Helle Kometen der jüngsten Vergan-

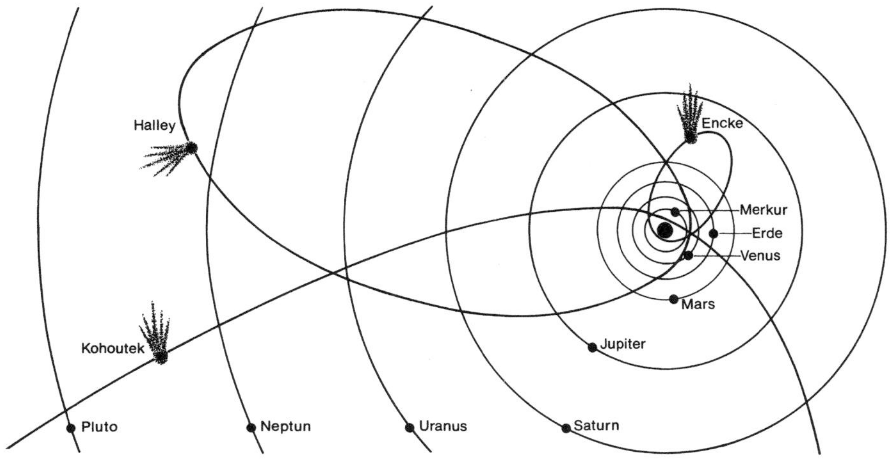

Die Bahnen der Kometen Halley, Kohoutek und Encke. Der Kometenschweif ist stets der Sonne abgewandt.

genheit waren der Komet **Ikeya-Seki** von 1965, der Komet **West** von 1976, der unerwartete Komet **Hyakutake** von 1996 oder vor allem der Komet **Hale-Bopp** von 1997, der als der dritthellste Komet gilt, der jemals registriert wurde. Die Namen der Kometen leiten sich nach altem astronomischen Brauch von ihren Entdeckern her. So wurde der letztgenannte Komet von den beiden Amateurastronomen Alan Hale aus Cloudcroft (New Mexico) und Thomas Bopp aus Stanfield (Arizona) unabhängig voneinander entdeckt.

Die meisten Kometen bewegen sich wie der Halleysche Komet in lang gestreckten Ellipsen um die Sonne. Während die Planeten und Planetoiden die Sonne wie eine flache Scheibe umgeben, hüllt die Wolke der Kometen die Sonne in Form einer Kugel ein. Man spricht deshalb auch von einem Kometenhalo um die Sonne, in dem sich 100 Milliarden Kometen befinden. Diese **Kometenwolke**, die unser Planetensystem begleitet, ist wahrscheinlich ein Restbestand der Urwolke, aus der sich das Planetensystem einst gebildet hat. Die Vorstellung von einer großen **»Kometenwolke«** um unser Sonnensystem geht auf den holländischen Astronom **Jan Hendrik Oort** zurück. Die **»Oortschen Wolken«** gelten als Ausgangsmaterial für die Entstehung von Kometen.

Wir unterscheiden zwischen **kurzperiodischen Kometen** mit einer Umlaufzeit unter 100 Jahren und **langperiodischen Kometen** (Umlaufzeit über 100 Jahre). Der Komet **Encke** etwa – entdeckt 1786 – hat eine Umlaufzeit von nur 3,3 Jahren, während der langperiodische Komet **Kohoutek** – zum ersten Mal 1973 beobachtet – wahrscheinlich 75 000 Jahre braucht, um die Sonne zu umlaufen. Kann man die Bahn eines Kometen berechnen, so lässt sich auch seine Wiederkehr voraussagen. Zurzeit kennen wir über 100 solcher periodischen Kometen.

Bekannt wurde jüngst der Komet **Hyakutake**, der im März 1996 den nächsten Erdpunkt erreichte und »nur« 16 Millionen km von uns entfernt war. Man konnte ihn eine Zeit lang sehr schön im Umkreis des Großen Wagens erkennen.

Wenn ein Komet verhältnismäßig nah an einem der großen Planeten vorbeiläuft, wird er durch dessen Schwerefeld angezogen und gezwungen, die Sonne in einer engeren Bahn als bisher zu umlaufen. So gibt es durch die bahnverändernden Störungen der großen Planeten eine ganze Reihe von Kometen, die als **»Kometenfamilie«** einem bestimmten Planeten zugeordnet zu sein scheinen. Am bekanntesten ist die des Jupiters, zu der mindestens 68 Kometen gehören.

Fantasie und Angst haben die Menschen schon oft der Frage nachgehen lassen, ob und inwieweit die Gefahr eines **Zusammenstoßes** zwischen der Erde und einem Kometen oder anderen Himmelskörpern gegeben ist. Diese Gefahr ist ziemlich gering; sie wäre für die Erde wohl auch nur von begrenzter, d. h. regionaler Bedeutung. Immerhin sind manche Forscher der Meinung, der Himmelskörper, der am 30. Juni 1908 im Gebiet des Flusses Tunguska in Sibirien über 50 km weit Landschaft und Leben vernichtet habe, sei ein mit der Erde zusammengestoßener kleiner Kometenkern gewesen.

Der Raum zwischen den Planeten wie auch der zwischen den Sternen ist nicht »leer«; er enthält vielmehr in unterschiedlicher Verteilung **Gas- und Staubmassen**. Zu den Staubmassen gehören die meist kleinen, zwischen 0,5 und 5 mm messenden Teilchen, die wir **Meteoriten** nennen (grch.: meteoron = das Schwebende).

Die Meteoriten werden als **Sternschnuppen** für uns sichtbar, wenn sie mit der hohen Geschwindigkeit von 30 km/s und mehr in die Lufthülle der Erde eindringen und dort normalerweise in 100 km Höhe die bekannten, »dahinhuschenden« **Leuchterscheinungen** hervorrufen. Beim Zusammenstoß des Meteoriten mit den Luftmolekülen entwickelt sich eine so große Hitze, dass ein Teil von ihm verdampft. Die verdrängten Moleküle stoßen auf andere Atome und Moleküle der Luft und regen sie zum Leuchten an.

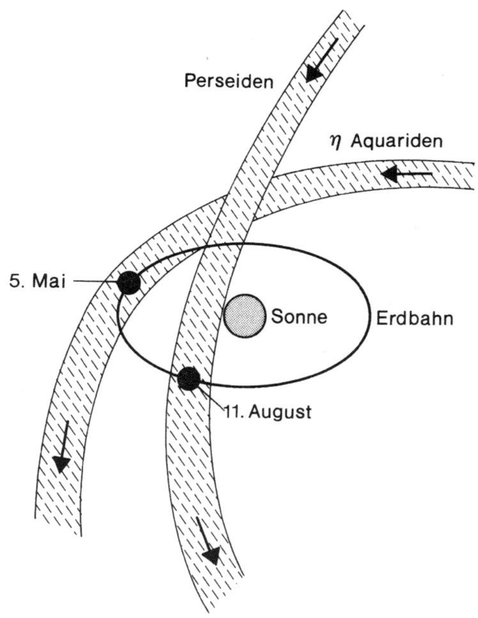

Die Entstehung von Meteorschwärmen: Zu bestimmten Zeiten im Jahr tritt die Erde in einen der großen Staubringe unseres Planetensystems ein. Das bedeutet verstärkten Sternschnuppenfall. Die beiden gezeigten Staubringe gehen auf abgebröckelte Teile und Überreste zweier Kometen zurück.

So entsteht längs der Bahn des Meteoriten ein breiter leuchtender Luftschlauch. Dadurch macht sich die »Sternschnuppe« unserem Auge bemerkbar. Auf diese Weise kann schon ein winziger Körper, der nur ein drittel Gramm wiegt, zu einer sehr hellen Sternschnuppe werden. Die kleinen Staubkörner verdampfen aber schon bald während ihrer Bahn durch die Erdatmosphäre und lösen sich auf.

Ein aufmerksamer Beobachter nimmt in einer Stunde durchschnittlich 10 Sternschnuppen wahr. Darüber hinaus fallen täglich ungezählte Meteoriten in die Erdatmosphäre ein, von denen wir nichts wahrnehmen.

Neben diesem täglichen Sternschnuppenfall gibt es aber auch zu bestimmten Zeiten im Jahr ausgesprochene **Meteorschwärme**. In unserem Planetensystem kreisen eine Reihe von Staubringen. Sie bestehen aus abgebröckelten Teilen und Überresten von Kometen, die sich einmal auf diesen Bahnen bewegt haben. Immer dann wenn die Erde auf ihrer Bahn um die Sonne einen solchen Staubring kreuzt, können wir einen **verstärkten Sternschnuppenfall** beobachten.

Die Meteorschwärme, durch die sich die Erde in jedem Jahr zur gleichen Zeit hindurchbewegt, haben ihre Namen von den Sternbildern, in deren Bereich der scheinbare Ausgangspunkt (Radiant) des Meteorstromes liegt. So gibt es z. B. den Meteorstrom der **Perseiden**, dessen Ausgangspunkt im Sternbild des Perseus zu liegen scheint und dessen Maximum (höchste Zahl der Sternschnuppen) am 11. August zu registrieren ist, und den Meteorstrom der **Leoniden**, dessen Ursprung im Sternbild des Löwen (lat.: leo = Löwe) liegt und dessen Maximum am 17. November zu erleben ist.

Wir sahen: Meteoriten seit weithin **Restmaterial von aufgelösten Kometen**. Ist es nun aber auch so, dass sich durch allmähliche Zusammenballung von Meteorstaub auch wieder neue Kometen bilden? Wir wissen es nicht. Aber wenn es so wäre, würde dies den großen Kreislauf des Weltalls mit seinem Werden und Vergehen auch im kleineren Maßstab belegen.

Neben den durchschnittlichen Sternschnuppen gibt es auch größere und äußerst helle Meteore, die wir **Bolide** (Feuerkugeln) nennen. Sie wiegen 1 kg oder weit mehr, gelangen unverdampft in tiefere Luftschichten und fallen zur Erde nieder. Solche Brocken, die am Boden aufschlagen, heißen ebenfalls **Meteoriten**. Es gibt darunter gewaltige Körper, deren Aufschlag auf der Erde stellenweise Verwüstungen anrichten kann.

Der berühmte **Barringer-Krater** im US-Bundesstaat Arizona, der einen Durchmesser von 1300 m und eine Tiefe von 175 m hat, ist die Auswirkung eines riesigen Meteoriten, der einige 10 000 t Gewicht gehabt haben muss und vor 30 000 Jahren auf unseren Planeten gestürzt ist. Mitunter brechen die Bolide auf dem letzten Stück ihrer rasenden Fahrt durch die Erdatmosphäre auseinander und gehen dann in Form eines **Steinregens** nieder. 1803 fiel in Frankreich ein »Regen« von etwa 2 000 Meteoritsteinen nieder. 1868 gingen in Polen in der Nähe von Puttusk über 100 000 solcher Himmelsbrocken nieder, und 1912 gab es in Arizona einen Meteoritenfall von mehr als 14 000 Bruchstücken.

Die Herkunft solcher einzeln auftreten-

Einige wichtige Sternschnuppenschwärme (Meteorströme)				
Name	Lage des Ausgangspunktes (Radiant)	Zeitraum	Maximum	Stündliche Anzahl
Quadrantiden	Bootes	1.1. – 4.1.	3.1.	145
Virginiden	Jungfrau	1.3. – 10.5.	3.4.	20
Lyriden	Leier	12.4. – 24.4.	22.4.	40
η Aquariden	Wassermann	29.4. – 21.5.	5.5.	120
δ Aquariden	Wassermann	25.7. – 10.8.	3.8.	30
Perseiden	Perseus	20.7. – 19.8.	11.8.	300
Orioniden	Orion	11.10. – 30.10.	19.10.	50
Leoniden	Löwe	14.11. – 20.11.	17.11.	verschieden
Geminiden	Zwillinge	5.12. – 19.12.	12.12.	50

den großen Meteoriten ist noch nicht voll geklärt; es besteht aber möglicherweise ein Zusammenhang mit den **Planetoiden**, jenen ungezählten Himmelsbrocken zwischen Mars und Jupiter, von denen manche durchaus in bedrohliche Erdnähe geraten könnten.

Bei den aufgefundenen und untersuchten Meteoriten unterscheidet man zwischen **Steinmeteoriten** und **Eisenmeteoriten**. Außerdem gibt es die Kombination der **Steineisenmeteoriten**. Am häufigsten scheinen Steinmeteoriten vorzukommen; da sie aber am leichtesten zerbrechlich sind, handelt es sich bei den größten und schwersten Metoritenfunden um Bolide aus Eisen.

Der größte bekannt gewordene Meteoritenfund der Erde ist der Hoba-Meteorit, er liegt auf einer Viehfarm in Südwestafrika (Namibia) und wiegt rund 60 t. Es ist ein Eisenmeteorit, der aus einer Nickel-Eisen-Legierung besteht.

Einschlag der Fragmente des Kometen Shoemaker-Levi 9 auf den Planeten Jupiter.

Der Sternenhimmel

»**U**nser« Sternenhimmel ist der Sternenhimmel der **nördlichen** Erdhalbkugel. Der **Gesamthimmel** ist in 88 Sternbilder gegliedert, deren Grenzen 1928 international festgelegt wurden. Sie dienen als Orientierungshilfe, gleichsam als Planquadrate des Himmels.

Sternbilder der nördlichen Himmelshalbkugel

Lateinischer Name	Genitiv	Deutscher Name	Internat. Abkürzung	Sternzahl
Andromeda	Andromedae	Andromeda	And	139
Aries	Arietis	Widder	Ari	80
Auriga	Aurigae	Fuhrmann	Aur	144
Bootes	Bootis	Bootes Ochsentreiber	Boo	140
Camelopardalis	Camelopardalis	Giraffe	Cam	138
Canes venatici	Canum venaticorum	Jagdhunde	CVn	88
Cancer	Cancri	Krebs	Cnc	92
Canis minor	Canis minoris	Kleiner Hund	CMi	37
Cassiopeia	Cassiopeiae	Cassiopeia	Cas	126
Cepheus	Cephei	Cepheus	Cep	159
Coma (Berenices)	Comae	Haar der Berenike	Com	70
Corona borealis	Coronae borealis	Nördliche Krone	CrB	31
Cygnus	Cygni	Schwan	Cyg	197
Delphinus	Delphini	Delphin	Del	31
Draco	Draconis	Drache	Dra	220
Equuleus	Equulei	Füllen	Equ	16
Gemini	Geminorum	Zwillinge	Gem	106
Hercules	Herculis	Herkules	Her	227
Lacerta	Lacertae	Eidechse	Lac	48
Leo	Leonis	Löwe	Leo	161
Leo minor	Leo minoris	Kleiner Löwe	LMi	40
Lynx	Lyncis	Luchs	Lyn	87
Lyra	Lyrae	Leier	Lyr	69
Pegasus	Pegasi	Pegasus	Peg	178
Perseus	Persei	Perseus	Per	136
Pisces	Piscium	Fische	Psc	128
Sagitta	Sagittae	Pfeil	Sge	18
Taurus	Tauri	Stier	Tau	188
Triangulum	Trianguli	Dreieck	Tri	30
Ursa maior	Ursae maioris	Großer Bär	UMa	227
Ursa minor	Ursae minoris	Kleiner Bär	UMi	54
Vulpecula	Vulpeculae	Füchschen	Vul	62

Zahl, Helligkeit und Benennung der Sterne

In seinem volkstümlichen Kinderlied fragt **Wilhelm Hey: »Weißt du, wieviel Sternlein stehen an dem blauen Himmelszelt?«** Nun, wie viele Sterne es gibt, kann kein Astronom sagen. Unsere modernen Fernrohre reichen in immer tiefere Räume des Weltalls und stoßen auf immer neue Sternströme und Sternsysteme. Alte Sterne vergehen, junge Sterne bilden sich. Wer könnte da die Zahl der einzelnen Sterne zählen oder auch nur schätzen! Im Weltall gibt es mehr Sterne als Sandkörner an den Stränden und in den Wüsten der Erde! Allein die erfassbare Sternenzahl betrage 70 Tausend Millionen Millionen Millionen, berichtete unlängst der australische Astronom Simon Driver auf einer Konferenz der Internationalen Astronomischen Union in Sydney. Das sind 70 Trilliarden oder ausgeschrieben eine 7 mit 22 Nullen! Diese Zahl umfasst jedoch nur diejenigen Sterne, die zurzeit mit modernsten Teleskopen generell zu erspähen sind. Die wirkliche Zahl der Sterne, vor allem wenn man an weitere Universen denke, sei noch unvorstellbar größer, vielleicht unendlich, so Driver.

Aber die Anzahl der **mit bloßem Auge** sichtbaren Sterne können wir ungefähr angeben. Sie beläuft sich für den Gesamthimmel unter günstigsten Bedingungen (gute Sehschärfe des Betrachters, unverstellter Horizont, klares Wetter, mondlose Nacht) auf etwa 6000. Davon steht ungefähr die Hälfte am Südhimmel. Von den verbleibenden 3000 entfallen noch etliche weitere Sterne, weil wir nicht von hundertprozentig günstigen Beobachtungsbedingungen ausgehen können, sodass wir praktisch 2000–2500 Sterne mit unbewaffnetem Auge am nördlichen Himmel sehen. Es sind dies die Sterne von der 1. bis zur 6. Größe.

Die Astronomen teilen die Sterne in verschiedene **Größenklassen** ein. Dabei ist nicht an die wirkliche Größe (Umfang oder Durchmesser) gedacht, sondern an die Helligkeit der Sterne, so wie sie von der Erde aus erscheint **(scheinbare Helligkeit)**. Diese Einteilung geht zurück auf den griechischen Sternforscher **Hipparch** (190–125 v. Chr.), der den hellsten Sternen die 1. Größe und den schwächsten, mit dem Auge gerade noch erkennbaren Sternen die 6. Größe zuschrieb. Dieses Prinzip wurde später verfeinert und ergänzt.

Der Unterschied zwischen zwei aufeinander folgenden Größenklassen beträgt 2,5; das heißt, ein Stern erster Größe erscheint 2,5-mal heller als ein Stern zweiter Größe. Um die Größenklassen zu bezeichnen, wird ein kleines hochgestelltes ^{m} hinter die Zahl gesetzt, als Abkürzung des lateinischen Wortes magnitudo = Größe. So hat Regulus, der helle Stern im bekannten Sternbild des Löwen, die scheinbare Helligkeit $1{,}3^{m}$. Größere Helligkeiten als $1{,}0^{m}$ erhalten eine Null bzw. ein Minuszeichen. So hat Sirius, der hellste Stern am ganzen Fixsternhimmel, die Helligkeit $-1{,}6^{m}$, unsere Sonne $-26{,}86^{m}$.

Während das menschliche Auge bei günstigsten Bedingungen gerade noch die Sterne der 6. Größe wahrnehmen kann, zeigt ein guter Feldstecher bereits Sterne bis zur 9. Größenklasse. Das Fernrohr des Verfassers – ein Amateurrefraktor mit 125 mm Objektivdurchmesser – weitet den Blick bis zu Sternen von $12{,}5^m$. Unsere größten Teleskope erfassen fotografisch noch Sterne bis zur Größenklasse 23 oder 24.

Diese **scheinbare Helligkeit** – also die Helligkeit, in der ein Stern uns erscheint – sagt noch nichts über seine wahre Helligkeit aus. Es kann sein, dass uns ein Stern nur deshalb so hell erscheint, weil er der Erde verhältnismäßig nahe steht, und dass umgekehrt ein Stern nur deshalb so lichtschwach erscheint, weil er sehr viel weiter von der Erde entfernt ist. Die Astronomen haben daher den Begriff der **wahren Helligkeit** (Leuchtkraft) eingeführt. Sie stellen sich alle Sterne in die gleiche Entfernung von der Erde versetzt vor, und zwar in eine Entfernung von 32,6 Lichtjahren (10 parsec) und vergleichen ihre Leuchtkraft miteinander. Stünde z. B. die Sonne in dieser Entfernung von 32,6 Lichtjahren, würde sie uns nur noch als schwach leuchtender Stern von $4{,}8^m$ erscheinen. Sirius dagegen würde aus gleicher Entfernung als Stern von $1{,}3^m$ strahlen; er hat also eine wesentlich höhere Leuchtkraft als unsere Sonne.

Zum Vergleich sei hier die scheinbare Helligkeit der Planeten aufgeführt:

Merkur	$+1^m$	bis	$-1{,}3^m$
Venus	$-3{,}6^m$	bis	$-4{,}4^m$
Mars	$+2^m$	bis	$-2{,}6^m$
Jupiter	$-1{,}1^m$	bis	$-2{,}4^m$
Saturn	$+1{,}2^m$	bis	$-0{,}5^m$

Die Bezeichnung der Sterne auf Sternkarten und in Katalogen erfolgt durch die Buchstaben des griechischen Alphabetes:

α – Alpha	ν – Ny
β – Beta	ξ – Xi (Ksi)
γ – Gamma	o – Omicron
δ – Delta	π – Pi
ε – Epsilon	θ – und P – Rho
ζ – Zeta	σ – und Σ – Sigma
η – Eta	τ – und T – Tau
ϑ – Theta	υ – Ypsilon
ι – Jota	φ – Phi
κ, K – Kappa	χ – Chi
λ – Lambda	ψ – Psi
μ – My	ω – Omega

Die 15 hellsten bei uns sichtbaren Fixsterne

Sternname	Bezeichnung	Größenklasse
Sirius	α Canis Maioris	$-1{,}6^m$
Arktur	α Bootis	$0{,}0^m$
Wega	α Lyrae	$0{,}0^m$
Capella	α Aurigae	$+0{,}1^m$
Rigel	β Orionis	$+0{,}3^m$
Procyon	α Canis Minoris	$+0{,}4^m$
Beteigeuze	α Orionis	$+0{,}7^m$
Atair	α Aquilae	$+0{,}8^m$
Aldebaran	α Tauri	$+0{,}9^m$
Spica	α Virginis	$+1{,}0^m$
Pollux	β Geminorum	$+1{,}1^m$
Deneb	α Cygni	$+1{,}2^m$
Regulus	α Leonis	$+1{,}3^m$
Antares	α Scorpii	$+1{,}5^m$
Castor	α Geminorum	$+1{,}5^m$

In der Regel erhält der hellste Stern eines Sternbildes die Bezeichnung *α* (Alpha), der zweithellste *β* (Beta), der dritthellste *γ* (Gamma) usw. Die Sternbilder werden in der Astronomie mit ihrem lateinischen Namen bezeichnet. Zur genauen Benennung eines Sternes wird dann der griechische Buchstabe mit dem lateinischen Namen seines Sternbildes verbunden. So wird Sirius bezeichnet als der Stern *α* Canis Maioris (Alpha-Stern des Großen Hundes) und der Polarstern als der Stern *α* Ursae Minoris (Alpha-Stern des Kleinen Bären).

Der jahreszeitliche Wechsel der Sternbilder

Woher kommt es, dass wir zu verschiedenen Zeiten einen verschiedenen Sternenhimmel über uns sehen, dass beispielsweise im Winter der Orion mit dem Großen und Kleinen Hund hoch im Süden strahlt und im Sommer diese beherrschende Stelle von den drei Sternen Adler, Leier und Schwan eingenommen wird? Abgesehen von den Zirkumpolarsternen – jenen Sternen im näheren Umkreis des Polarsternes, die in unseren Breiten nie untergehen – vollzieht sich ja ein **ständiger Wechsel** im Aufsteigen und Absinken der Sterne und Sternbilder. Für den Anfänger, der sich erst noch zurechtfinden muss, hat das etwas Verwirrendes: der fortgeschrittene Sternfreund indes erblickt darin eine reizvolle und willkommene Abwechslung.

Die Erklärung für den Szenenwechsel am Himmel können wir uns durch eine einfache Beobachtung selber geben. Merken wir uns nämlich bestimmte Sterne und verfolgen wir ein paar Abende hintereinander ihren Aufgang, so werden wir feststellen, dass sie jeden Abend um 4 Minuten früher im Osten aufgehen und dementsprechend auch um 4 Minuten früher im Westen untergehen. Die Zeit von einem Aufgang eines Sternes bis zum nächsten Aufgang nennt man einen **Sterntag**. Ein Sterntag ist 4 Minuten kürzer als der **Sonnentag** mit seinen 24 Stunden.

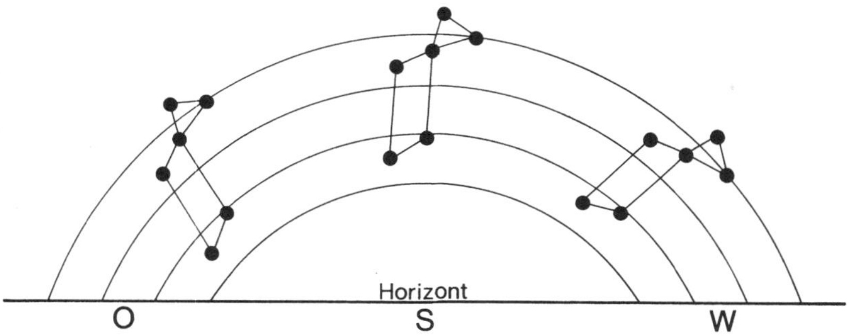

Die Sterne gehen infolge der Erdumdrehung im Osten auf, erreichen im Süden ihren Höchststand (Kulmination) und gehen im Westen unter. Wie hoch die Sterne im Süden stehen, hängt von ihrem Aufgangspunkt ab.

Im Laufe eines Monats macht dieser kleine Unterschied immer schon zwei Stunden aus, sodass es – immer zur jeweils gleichen Zeit – am ersten und letzten Tag eines Monats zu einem deutlich veränderten Gesamtbild am Himmel kommt. Auf das ganze Jahr bezogen bedeutet dies, dass alle verschiedenen Sternbilder des nördlichen Sternenhimmels nacheinander unser abendliches Beobachtungsfeld durchlaufen, und da der tägliche Unterschied von 4 Minuten im Laufe eines Jahres genau 24 Stunden ausmacht, haben sie am Ende wieder die gleiche Ausgangsposition erreicht, sodass der Kreislauf von Neuem beginnen kann.
Die Sterne gehen infolge der Erdumdrehung im Osten auf, erreichen im Süden ihren **Höchststand (Kulmination)** und gehen im Westen unter. Wie hoch die Sterne im Süden stehen, hängt von ihrem Aufgangspunkt ab.

Anhand einer **drehbaren Sternkarte** kann man leicht feststellen, dass die für den Winter charakteristischen Sternbilder Orion, Großer und Kleiner Hund am 20. Januar um 22.30 Uhr hoch im Süden stehen, in der gleichen Stellung aber auch am 28. September um 6 h morgens zu beobachten sind. Es ist also falsch, zu sagen, diese »Wintersternbilder« seien **nur** im Winter zu sehen! Dasselbe gilt entsprechend natürlich auch von den so genannten Sommersternbildern. Es kommt immer auf den **Vergleichspunkt** der Tages- bzw. Nachtzeit an! Und dabei gehen wir begreiflicherweise von den hauptsächlichen und lohnendsten Beobachtungszeiten aus, nämlich von den Abend- und frühen Nachtstunden einer jeden Jahreszeit.

Die Zirkumpolarsterne als erste Orientierungshilfe

Die schon erwähnten **Zirkumpolarsterne** (lat.: circum = um herum, in der Nähe von) sind die Sterne und Sternbilder, die sich im unmittelbaren Umkreis des Polarsterns befinden und für uns nicht untergehen. Wir können sie das ganze Jahr über in jeder klaren Nacht

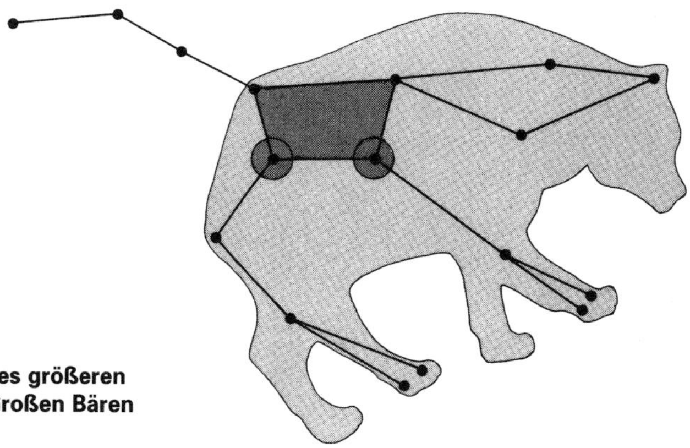

Der Große Wagen ist Teil eines größeren Sternbildes: Er gehört zum Großen Bären (Ursa maior).

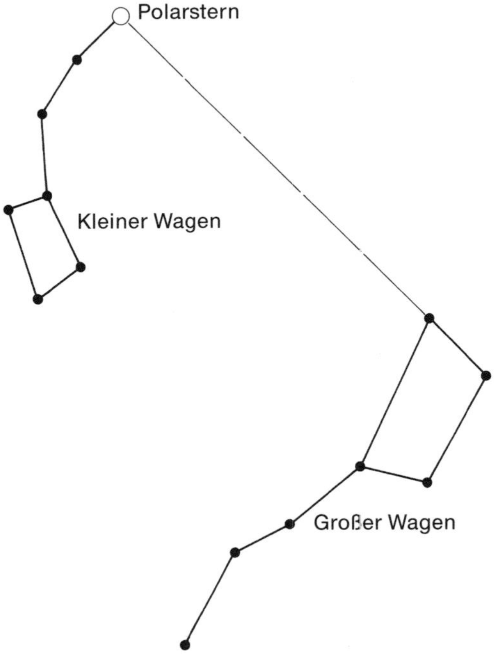

Eine fünffache Verlängerung der beiden letzten Kastensterne des Großen Wagens führt zum Polarstern.

beobachten. Sie bieten sich in besonderer Weise dazu an, dass man mit ihnen vertraut wird und dadurch eine erste Orientierung am Sternenhimmel gewinnt.

Am bekanntesten und volkstümlichsten von allen Sternbildern ist zweifellos der **Große Wagen**. Ohne Schwierigkeit können wir ihn am Himmel auffinden, denn es bedarf keiner allzu großen Fantasie, sich aus den sieben mittelhellen Sternen einen Wagenkasten mit einer Deichsel vorzustellen. Eigentlich ist der Große Wagen nur ein Teilstück eines umfassenderen Sternbilds: des **Großen Bären**. Aber für unseren Zweck können wir uns mit dem Ausschnitt des Wagens begnügen.

Vom Großen Wagen aus finden wir am leichtesten den **Polarstern**. Wir verlängern die beiden letzten Kastensterne um etwa das Fünffache und stoßen auf einen Stern zweiter Größe. Es ist der Nordstern oder Polarstern, der optische Mittelpunkt unseres ganzen Sternenhimmels. Alle Sterne und damit alle Sternbilder scheinen sich um ihn zu drehen. Dieser Eindruck ergibt sich durch die Tatsache, dass die (gedachte)

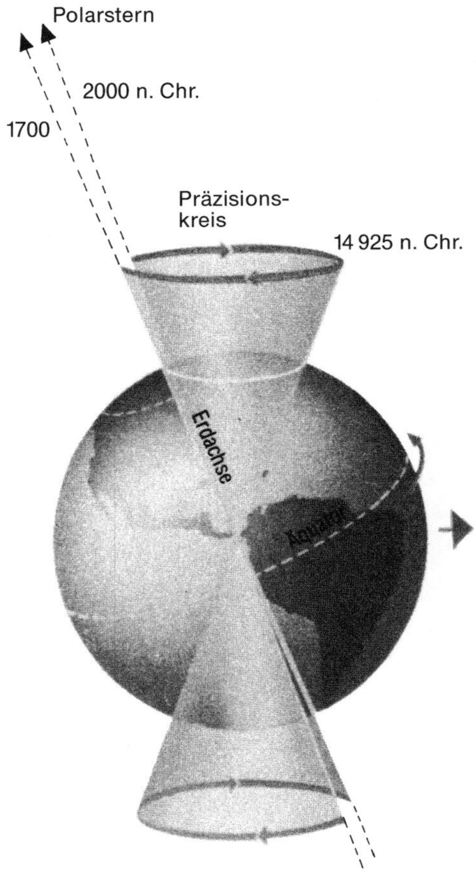

Die Lage der Erdachse im Raum ändert sich langsam. Dieser »Präzession« genannte Vorgang verursacht eine allmähliche Verschiebung der Jahreszeiten.

Erdachse auf den Polarstern weist, der deshalb bei der täglichen Drehung der Erde um sich selbst stillzustehen scheint. In Wirklichkeit beschreibt auch der Polarstern einen kleinen Kreis am Firmament, da er noch etwa 1° (= zwei Vollmondbreiten) vom genauen nördlichen Himmelspol absteht.

Übrigens wird der Polarstern nicht immer »Polarstern« bleiben; er war es auch nicht in früheren Jahrtausenden. Die Erdachse schwankt ein wenig und führt im Laufe von 25 850 Jahren **(Platonisches Jahr, Weltjahr)** eine Taumelbewegung, ähnlich einem ins Schwanken geratenen Kreisel aus. Infolgedessen weist die Erdachse in immer andere Richtungen und damit auf andere Sterne. So wird es in den kommenden Jahrtausenden andere »Polarsterne« geben. Im Jahre 4100 etwa ist Alderamin im Sternbild des Cepheus der Nordstern, im weiteren Verlauf Deneb im Schwan, um das Jahr 14 000 die Wega – der Hauptstern der Leier –, bis der Himmelspol wieder an unseren jetzigen Polarstern heranrückt. Wenn es in 26 000 Jahren noch eine Menschheit auf dem Planeten Erde gibt, wird sie wiederum unseren Nordstern als Orientierungs- und Anhaltspunkt benutzen ...

Der Himmelswagen kann ganz **verschiedene Stellungen** einnehmen. Er bewegt sich rückwärts, also mit der Deichsel nach hinten, um den Polarstern. In welcher Stellung sich der Große Wagen gerade befindet, hängt von der Jahreszeit und von der Uhrzeit ab. Um Mitternacht im Herbst z. B. steht der Wagen in seiner Tiefstellung, um Mitternacht im Frühling in seiner Hochstellung.

Nach diesem ersten Schritt der Orientierung wollen wir uns weiter im Umkreis des Polarsterns umsehen. Es ist vorteilhaft, wenn wir uns ein paar weitere Sterne und Sternbilder so einprägen, dass wir sie jederzeit wiedererkennen.

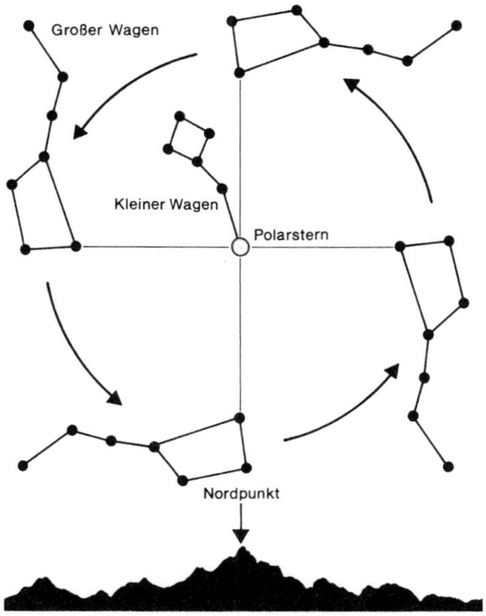

In jeder Stellung des Wagens weist die Verlängerung der beiden letzten Kastensterne auf den Nordstern, der der letzte Deichselstern des Kleinen Wagens ist.

Wenn wir vom drittletzten Deichselstern des Großen Wagens ausgehen und eine gedachte Linie über den Polarstern hinaus verlängern, kommen wir zu dem markanten Sternbild der **Cassiopeia**, das aus einer Gruppe von fünf Sternen besteht, die etwa in der Form eines gedruckten »W« angeordnet sind. Der Name Cassiopeia (Frau des äthiopischen Königs Cepheus) stammt aus der griechischen Sagenwelt.

Ungefähr im rechten Winkel zur Achse Großer Wagen–Polarstern–Cassiopeia verläuft eine zweite Himmelsachse. Sie

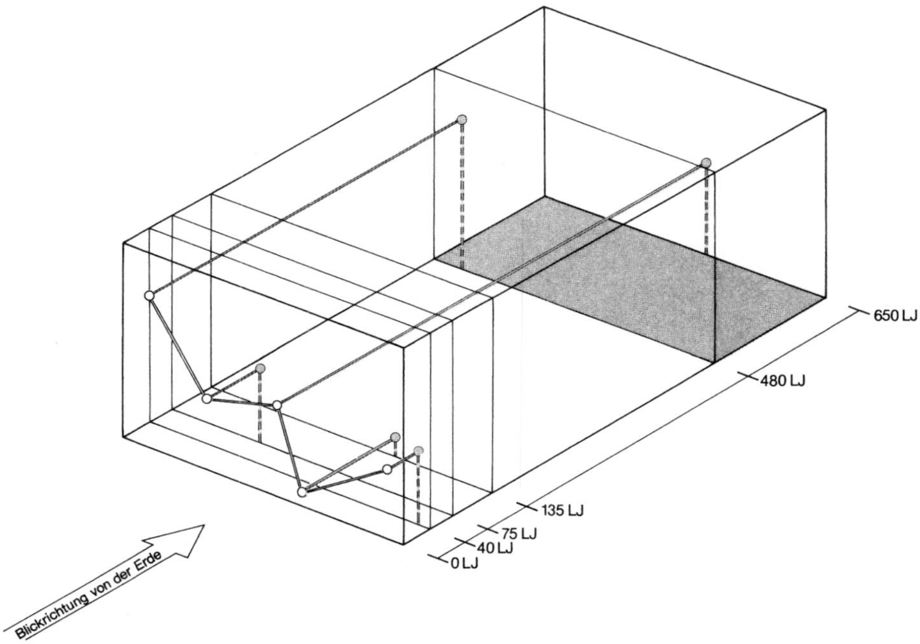

Sterne, die an der Himmelssphäre als »Sternbild« erscheinen, müssen keineswegs räumlich zusammengehören. Das Sternbild Cassiopeia beispielsweise, das große »Himmels-W«, setzt sich auf fünf Sternen in Entfernungen zwischen 40 und 650 Lichtjahren zusammen.

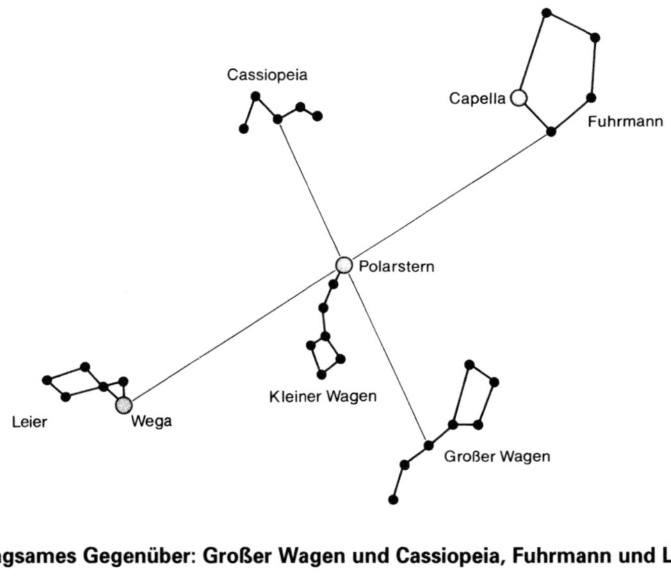

Ein einprägsames Gegenüber: Großer Wagen und Cassiopeia, Fuhrmann und Leier.

ist gekennzeichnet durch das Sternbild Fuhrmann (Hauptstern Capella) auf der einen und durch das Sternbild Leier (Hauptstern Wega) auf der anderen Seite. Sie verläuft wiederum durch den Polarstern. Beide Achsen bilden ein griechisches Kreuz – dabei sind beide Balken gleich lang –, in dessen Mittelpunkt der Nordstern steht.
Wenn wir uns die vier Sternbilder dieser beiden Achsen fest einprägen, haben wir bereits eine wesentliche Orientierung am Himmel gewonnen. Sie bewegen sich zwar wegen der Erdumdrehung scheinbar um den Polarstern und verändern dadurch ihre Lage von Stunde zu Stunde, aber die Stellung der Sternbilder **zueinander** verändert sich nicht. Dabei müssen wir uns vor Augen halten, dass alle Fixsterne, die wir am Himmel sehen, große Sonnen sind, so unendlich weit von uns entfernt, dass wir ihre **Eigenbewegung (EB)** nur innerhalb sehr langer Zeiträume feststellen können.
Nur ein Bruchteil der 300 000 Sterne, deren Eigenbewegung heute bekannt ist, hat eine EB von mehr als 1" (Bogensekunde) pro Jahr. (Der Umfang des Himmelskreises beträgt 1 296 000 Bogensekunden!). Es gibt allerdings einen »Schnellläufer« unter den Sternen: Barnards Pfeilstern (im Sternbild Schlangenträger) hat eine EB von 10,31" im Jahr. In 180 Jahren ändert er – von der Erde aus gesehen – seinen Standort um den Durchmesser des Vollmondes (etwa 30 Bogenminuten).

Erläuterung der vierteljährlichen Sternkarten: Wann sehen wir welche Sternbilder?

Zum Kennenlernen der Sternbilder unseres Sternenhimmels wählen wir vier verschiedene Zeitabschnitte im Jahr, aber jeweils die gleiche Uhrzeit. Wir betrachten den Sternenhimmel im **März** (Frühlingsbeginn), im **Juni** (Sommerbeginn), im **September** (Herbstbeginn) und im **Dezember** (Winterbeginn), und zwar in jedem Fall gegen Ende des jeweiligen Monats um 21 Uhr. Für jeden Monat sind zwei Sternkarten abgebildet. Die erste Karte zeigt die Sternbilder der **nördlichen** Blickrichtung (Zirkumpolarbereich), die zweite Karte zeigt die Sternbilder der **südlichen** Blickrichtung (Bereich um die Ekliptik).

Der Sternenhimmel im März

Blick nach Norden

Der Große Wagen befindet sich kurz vor seiner Zenitstellung. Er steht »auf dem Kopf« und bewegt sich rückwärts (mit dem Kasten voran) um den Polarstern. Im Vergleich mit dem Kleinen Wagen fällt die unterschiedliche Form der Deichsel auf: Beim Großen Wagen ist sie leicht nach unten, beim Kleinen Wagen stark nach oben gebogen. Zwischen den beiden Wagen schlängelt sich der lichtschwache Drache in Richtung Herkules hin. In der griechischen Sage ist der Drache der Hüter der goldenen Äpfel, den Herkules besiegt.

Schräg gegenüber vom Großen Wagen, in der Diagonale Richtung Nordwesten, leuchtet die gut sichtbare Cassiopeia und neben ihr der schwächere Cepheus, beides Sternbilder des Zirkumpolarbereichs. Nach der griechischen Sage ist Cassiopeia Königin von Äthiopien und Frau des Königs Cepheus, die sich rühmt, die schönste Frau aller Völker zu sein. Zur Strafe dafür wird ihre Tochter Andromeda an einen Felsen geschmiedet und soll dem Walfisch zum Fraß vorgeworfen werden (siehe Sternkarten September/Süden und Dezember/Süden, in denen das Sternbild Walfisch erscheint). Andromeda wird von Perseus gerettet. Wir sehen, die Sage hat die genannten Sternbilder hier zu einem himmlischen Bilderbuch vereint.

Die – im Sinken begriffene – Andromeda ist übrigens berühmt durch den Andromedanebel (M 31), eine gewaltige Sternansammlung wie unsere Milchstraße (Galaxie), die aus den Tiefen des Weltalls als ein mattes Wölkchen durch das Sterngebiet der Andromeda schimmert.

Perseus und der über ihm stehende Fuhrmann mit dem hellen Hauptstern Capella (= Ziegenböckchen) sind nur teilweise zirkumpolar. Im Osten ist Bootes (= Bärenhüter, Ochsentreiber; wiederum eine Sagengestalt) mit dem rötlichen Hauptstern Arktur (= Wächter des Bären) aufgegangen. Darunter leuchtet die kleine, aber hübsche Krone mit dem Hauptstern Gemma (= Edelstein).

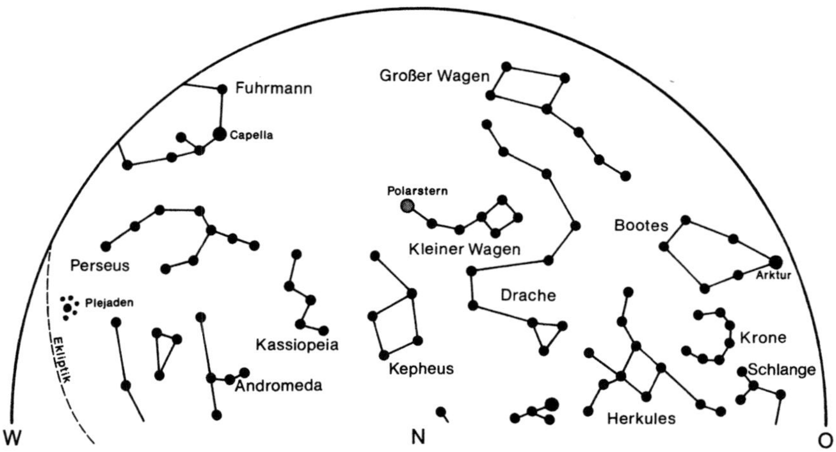

Blick nach Süden
Hier stehen noch die Wintersternbilder Orion mit den beiden prächtigen Hauptsternen Beteigeuze (= Schulter) und Rigel (= Fuß), Großer Hund mit Sirius und Kleiner Hund mit Procyon (= Vorhund) auf halber Höhe. Auch der voranschreitende Stier mit Aldebaran (= der Nachfolgende; gedacht ist wohl an die Sterngruppe der Plejaden, der der Aldebaran nachfolgt) ist noch zum Teil sichtbar. Im Osten ist schon das Frühlingssternbild Löwe mächtig heraufgestiegen und strebt dem Zenit zu. Der Hauptstern des Löwen – Regulus (= Kleiner König, Prinz) – steht genau auf der Linie der scheinbaren Sonnenbahn. Wir nennen sie Ekliptik. Das Wort stammt aus dem Griechischen und bedeutet so viel wie »Finsternislinie«. Sonnen- und Mondfinsternisse können nämlich nur entstehen, wenn sich der Neumond bzw. der Vollmond in ihrer unmittelbaren Nähe aufhält. Um die Ekliptik herum bewegen sich auch die Planeten. In welchem Sternbild sie sich auch aufhalten, immer werden wir sie in der Zone um die Ekliptik entdecken.
In derselben Himmelszone sehen wir schließlich die Sternbilder des Tierkreises angeordnet. Auf unserer Karte sind sichtbar: Jungfrau, Löwe, Krebs, Zwillinge und Stier.

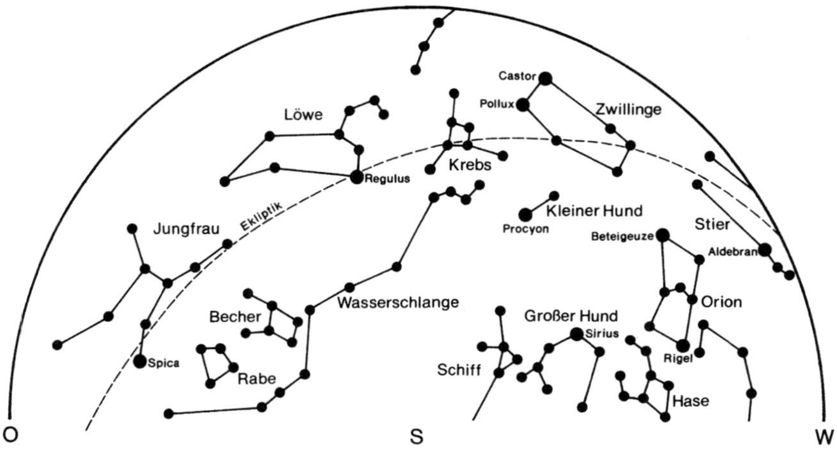

Der Sternenhimmel im Juni

Blick nach Norden

Der Große Wagen hat seine Zenitstellung verlassen und beginnt zu sinken, während der Kleine Wagen und der Drache kulminieren. Gegenüber dem Himmelswagen beginnt die Cassiopeia nach ihrer Tiefstellung wieder aufzusteigen. Zwischen Cassiopeia und Drache schimmert Cepheus auf halber Höhe. Knapp über dem Horizont im Nordwesten stehen die Zwillinge und der Fuhrmann; ihre hohe Zeit ist der Winter. Neu heraufgekommen im Osten sind jetzt die »Sommersternbilder« Leier mit der hellen Wega (= herabstürzender Adler) und Schwan mit dem Hauptstern Deneb (= Schwanz des Schwanes). Zusammen mit dem Sternbild Adler und seinem Hauptstern Atair (siehe Sternkarte »Blick nach Süden«) werden sie in den Sommermonaten die beherrschende Stellung am Himmel einnehmen.

Die Hauptsterne dieser drei Sternbilder (Wega, Deneb und Atair) bilden das bekannte »Sommerdreieck«. Wega gehört zu den hellsten Lichtpunkten unseres Sternenhimmels. Sie ist 28 Lichtjahre von uns entfernt und hat einen dreimal so großen Durchmesser wie unsere Sonne. Deneb hat eine Leuchtkraft, die die unserer Sonne um das 10 000-Fache übertrifft. Er ist sehr viel weiter von uns entfernt als Wega, nämlich 1500 Lichtjahre.

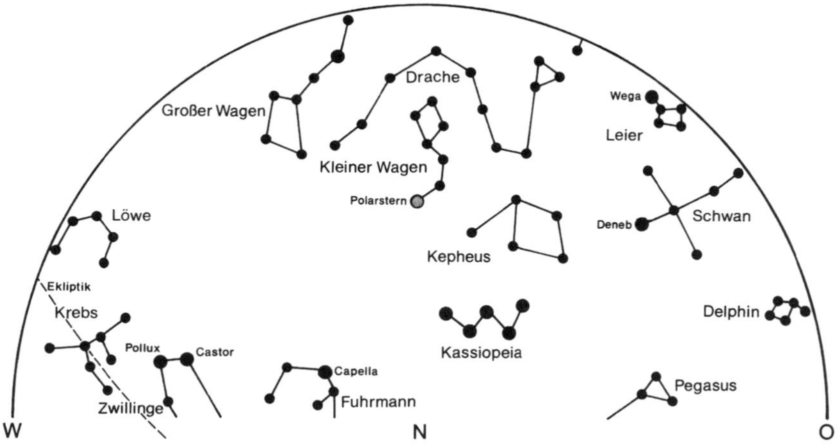

Blick nach Süden

Hoch im Süden stehen die drei Sternbilder Bootes, Krone und Herkules. Herkules – das ist die lateinische Form des Namens des griechischen Sagenhelden – ist eines der umfassendsten Sternbilder und bietet dem Betrachter zahlreiche Sterne. Er ist jetzt am günstigsten zu beobachten. In ihm befindet sich der berühmte Kugelsternhaufen M 13, eine Ansammlung von einer Vielzahl von Fixsternsonnen mit einem Gesamtdurchmesser von 100 Lichtjahren. Schon im Feldstecher bietet er einen großartigen Anblick.

Die unter Herkules stehenden Sternbilder Ophiuchus (= Schlangenträger) und Schlange sind in den leicht aufgehellten Sommermonaten nicht immer deutlich zu erkennen, da sie wenig markante Lichtpunkte bieten. Aufgestiegen im Osten ist das Sommersternbild Adler; sein Stern 1. Größe Atair (= auffliegender Adler) ist 16 Lichtjahre von uns entfernt und bildet mit Deneb (Schwan) und Wega (Leier), wie bereits erwähnt, das Sommerdreieck.

Dass die Zeit des Frühlings zu Ende ist, zeigt der im Westen untertauchende Löwe. Auf der Himmelszone um die Ekliptik leuchten jetzt als Sternbilder des Tierkreises: Schütze, Skorpion, Waage, Jungfrau und Löwe. In der Richtung des Schützen vermutet man das Zentrum unseres Milchstraßensystems.

Interessant ist Antares (= Gegenmars), der Hauptstern im Skorpion. Er ist ein roter Riesenstern mit einem 330-mal größeren Durchmesser als unsere Sonne. Seine Entfernung von uns beträgt 360 Lichtjahre. Antares, der 10 000-mal heller ist als unsere eigene Sonne, hat einen Begleitstern, welcher eine starke Radiostrahlung aussendet. Solch ein Doppel- und Mehrfachsystem gibt es unter den Fixsternen oft.

Die südlich der Ekliptik stehenden Sternbilder Centaur, Rabe und Becher sind lichtschwach. Nur ein geübtes Auge kann sie auf Anhieb identifizieren.

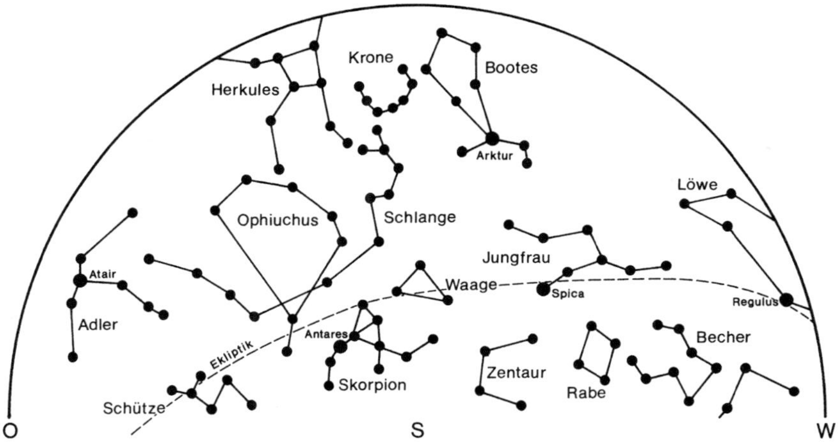

Sternenhimmel im September

Blick nach Norden

Der Große Wagen setzt zu seinem Tiefstand an und steht fast waagerecht über dem Horizont. Über dem vorletzten Deichselstern, der Mizar heißt, befindet sich ein kleiner Stern der Größe 4,2.

Es ist Alkor, der auch das »Reiterlein« genannt wird, weil er auf der Wagendeichsel aufzusitzen scheint. Alkor ist ein ferner Begleiter von Mizar, den er in 800 000 Jahren einmal umkreist. Er gilt in der volkstümlichen Sternkunde als »Augenprüfer«: Wer ihn mit bloßem Auge erkennen kann, hat gutes Sehvermögen.

Die dem Himmelswagen schräg gegenüberstehende Cassiopeia hat dreiviertel ihrer maximalen Höhe erreicht. Cepheus kulminiert, und der Drache nimmt eine Position auf mittlerer Höhe ein. Hercules, Krone und Bootes sinken im Westen ab und kündigen damit das Sommerende an. Wieder im Aufsteigen begriffen sind im Osten Fuhrmann, Perseus und Andromeda, gefolgt von der auffälligen Gruppe der Plejaden, die zum Stier gehört. Wegen der früh einsetzenden Dämmerung heben sich die Sterne wieder schöner und klarer vom Abenddunkel ab.

Einem aufmerksamen Beobachter fällt auf, dass der Beta-Stern im Perseus – Algol (= Teufel, Dämon der Wüste) – in bestimmten Abständen seine Helligkeit ändert. Sein Licht schwankt zwischen den Größen 2,2 und 3,5. Die Astronomen haben einen Begleiter des Algol nachgewiesen, der ihn umkreist und in einer Periode von 68,8 Stunden bedeckt und dadurch die teilweise Verfinsterung hervorruft. Algol ist der zuerst entdeckte »Bedeckungsveränderliche«.

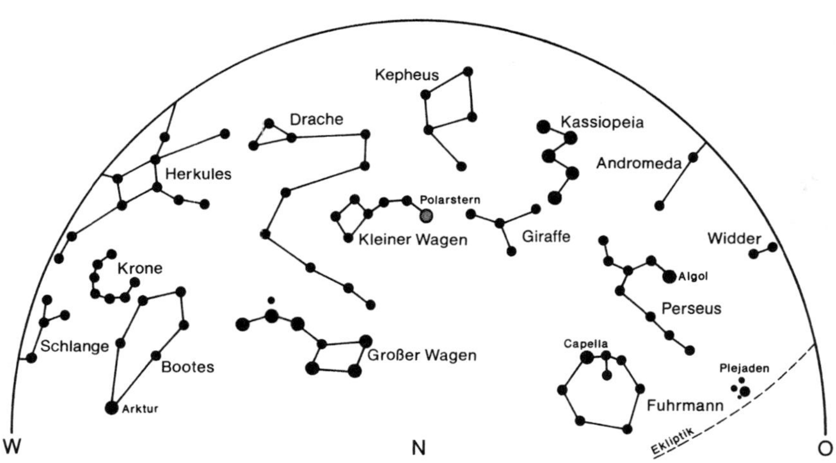

Blick nach Süden

Noch hat das große Sommerdreieck aus Deneb (Schwan), Wega (Leier) und Atair (Adler) die Stellung nicht geräumt; immerhin gehören drei Wochen im September noch dem Sommer. Im Osten und im Westen stehen lichtschwache, aber großen Raum einnehmende Sternbilder: Ophiuchus im Westen und Pegasus (das geflügelte Pferd der Sage) im Osten. Sie sind keine markanten, einprägsamen Erscheinungen.

An der Ekliptik entlang ziehen sich weitere Sternbilder des Tierkreises:

Fische, Wassermann, Steinbock und Schütze. Auch diese Namen sind mit der griechischen Mythologie verbunden. Hinter den Fischen verbergen sich Venus und Amor, die bei einer drohenden Gefahr in Fische verwandelt worden sind, und der Gott Pan verzauberte sich in den Steinbock, um sich vor dem Riesen Typhon zu verstecken.

Am dunklen Herbsthimmel können Walfisch und Südliche Fische, die zwischen Horizont und Ekliptik stehen, aufgefunden werden. Auch der Delphin – ein kleines, aber ausgeprägtes Sternbild, das ein wenig westlich der Südlinie und ziemlich genau in der Mitte zwischen Schwan, Adler, Wassermann und Pegasus eingebettet ist – lässt sich gut erkennen.

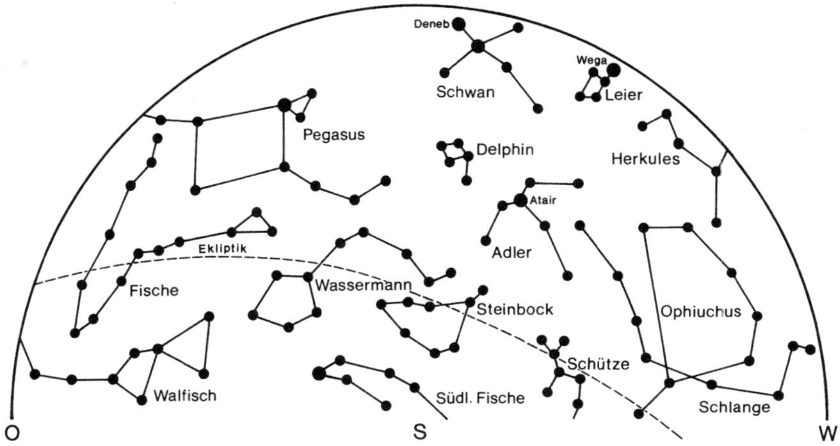

Der Sternenhimmel im Dezember

Blick nach Norden

Der Große Wagen tritt wieder seinen Aufstieg an, nachdem er die »Talsohle« verlassen hat. In Entsprechung dazu geht für die Cassiopeia das Himmelskarussell nach unten. Cepheus ist ebenfalls im Sinken, während der Drache bereits die unterste Position erreicht. Der Kleine Wagen steht genau senkrecht mit der Deichsel nach oben, sodass der Polarstern als der oberste Stern erscheint.

Perseus und Fuhrmann stehen hoch oben im Norden; östlich davon kommen Castor und Pollux, die beiden Hauptsterne der Zwillinge, auf und darunter der lichtschwächere Krebs. Im Westen verschwinden Schwan, Delphin und Pegasus. Wega in der Leier lugt knapp über dem Nordwesthorizont hervor. Capella, Hauptstern im Fuhrmann, ist ein heller Stern der Zirkumpolarzone und übertrifft die Leuchtkraft unserer Sonne um das 150-Fache. Er ist 42 Lichtjahre von uns entfernt.

Von den beiden Hauptsternen der Zwillinge ist Pollux der hellere, obwohl er als Beta-Stern klassifiziert ist. Sein Licht mutet orangefarben an: Pollux ist mit 32 Lichtjahren Entfernung der der Erde am nächsten stehende Rote Riese. Castor gehört zu einem Mehrfachsystem, in dem sechs Sonnen miteinander verbunden sind. Die Namen Castor und Pollux (Söhne von Zeus und Leda) spielen in zahlreichen Sagen der Antike eine Rolle.

Der Krebs ist durch den offenen Sternhaufen Krippe (Praesepe; M 44) interessant. Schon mit dem bloßen Auge ist die Krippe als mondgroße Nebelwolke erkennbar. Sie umfasst etwa 500 Sonnen; ihre Entfernung beträgt über 500 Lichtjahre. Offene Sternhaufen gehören zu den jüngsten Formationen der Milchstraße, Kugelsternhaufen dagegen zu den ältesten.

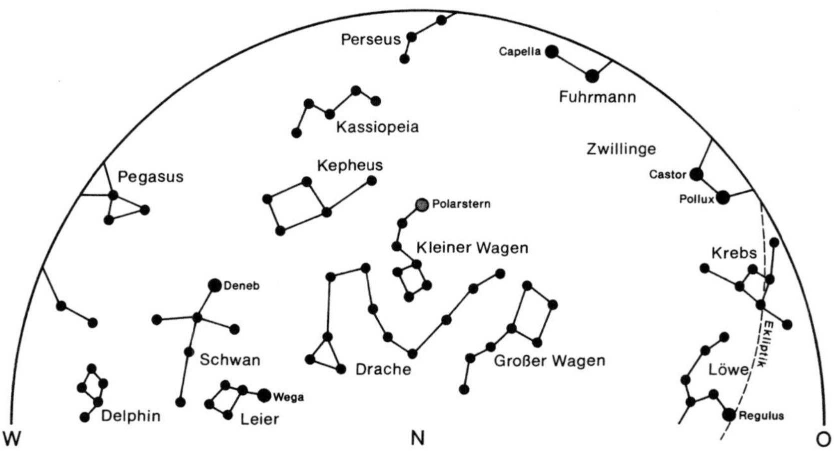

Blick nach Süden

König Winter regiert! Das Erscheinen des Himmelsjägers Orion mit seinen beiden Hunden belegt es unübersehbar. Neben dem Sommerdreieck gibt es ein ebenso markantes »Winterdreieck«. Es ist fast gleichseitig und wird aus Beteigeuze (Orion), Sirius (Großer Hund) und Procyon (Kleiner Hund) gebildet. Der Abstand zwischen Sirius und Procyon entspricht ziemlich genau der Bandbreite der Milchstraße, die sich zart schimmernd zwischen ihnen hindurchzieht, links an Beteigeuze vorbeiführt und dann durch den Fuhrmann verlaufend sich zum Zenit erstreckt, um von dort über Cassiopeia, Cepheus und Schwan zum Nordwesthorizont abzusinken.

Der Orion ist eines der lohnendsten Objekte am Himmel. Beteigeuze ist ein roter Riesenstern mit 400-mal größerem Durchmesser als unsere Sonne und stellt die stärkste Infrarotquelle des Himmels dar. Rigel, trotz der Beta-Bezeichnung der hellste Stern im Orion, ist ein blauweißer »Überriese« mit einer Helligkeit, die 25 000-mal größer ist als die unserer Sonne. Beteigeuze ist 270 Lichtjahre und Rigel 650 Lichtjahre von uns entfernt. Im Schwertgehänge des Orion unter den drei hellen Gürtelsternen befindet sich der berühmte Orionnebel, ein unregelmäßig geformter (diffuser) Nebel aus Staub und Gas, aus dem junge Sterne entstehen. Wir blicken hier gewissermaßen in eine Geburtskammer des Weltalls. Der Feldstecher vermittelt einen Eindruck von dem 1600 Lichtjahre entfernten Gebilde.

Im Süden kulminiert der Stier. Er ist reizvoll durch die beiden offenen Sternhaufen der Hyaden (= Regengestirn; V-förmig um Aldebaran angeordnet) und der Plejaden (= Tauben) sowie durch den Crab-Nebel, den Überrest eines gewaltigen Sternzusammenbruchs (Supernova-Explosion). Von den Plejaden, auch Siebengestirn und Glucke genannt, kann man mit unbewaffnetem Auge 6, bei guten Bedingungen 9 bis 10 Sterne erkennen. Im Feldstecher bietet sich einer der schönsten Anblicke des Sternenhimmels: Welch eine gedrängte Schar von funkelnden Sonnen zieht

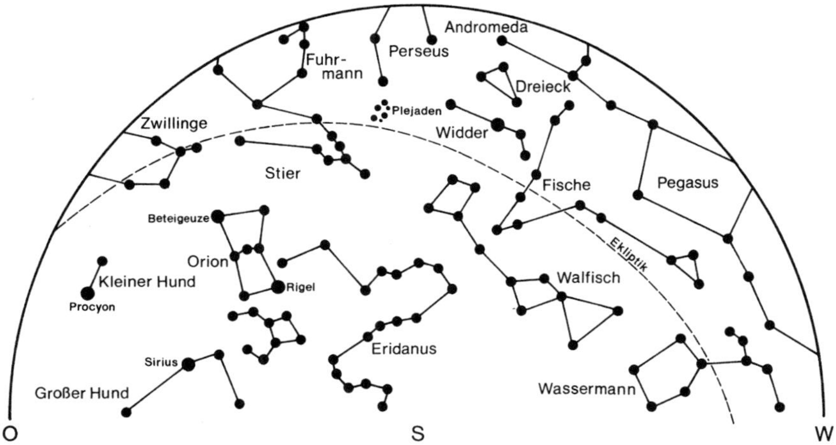

da an unserem Auge vorüber! Zur Gruppe der Plejaden, die 410 Lichtjahre entfernt sind, zählen insgesamt etwa 200 Sterne.
Über den Plejaden stehen Fuhrmann, Perseus und Andromeda. Im Westen befinden sich die langen, umfassenden, aber lichtarmen Sternbilder Pegasus, Fische, Walfisch und Wassermann, während Eridanus (= Fluss der Unterwelt) – das längste Sternbild des Gesamthimmels, das bis weit in den Sternenhimmel der Südhalbkugel hinabreicht – in der unteren Mitte des Firmamentes seine lichtschwachen Kurven zieht.

Der Tierkreis

An dieser Stelle seien einige Bemerkungen zum Thema »Tierkreis« eingefügt:
Die Abbildung zeigt in der Mitte die Sonne, die von der Erde umkreist wird. Der innere Kreis ist die **Erdbahn**. Der äußere Kreis ist die **Ekliptik**, um die herum die zwölf Sternbilder des Tierkreises leuchten. Diese Himmelszone heißt **»Tierkreis«**, weil die meisten Sternbilder in ihr nach Tieren benannt sind. Hier zeigen sie sich mit ihren lateinischen Namen. Wir sehen, die Ekliptik ist eigentlich eine Erweiterung der Erdbahnebene in den Raum hinaus. Unsere Abbildung zeigt aber auch, warum wir die Ekliptik als **scheinbare Sonnenbahn** bezeichnen können. Von der Erde aus gesehen wandert die Sonne im Laufe eines Jahres durch alle Sternbilder des Tierkreises. Der Pfeil, der von der Erde über die Sonne zum Sternbild Capricornus (Steinbock) weist, bedeutet: Von der Erde aus gesehen befindet sich die Sonne zu diesem Zeitpunkt im Sternbild Steinbock. Wandert die Erde auf ihrer Bahn um die Sonne weiter, verschiebt sich die Sonne perspektivisch in die nächsten Sternbilder des Tierkreises hinein.

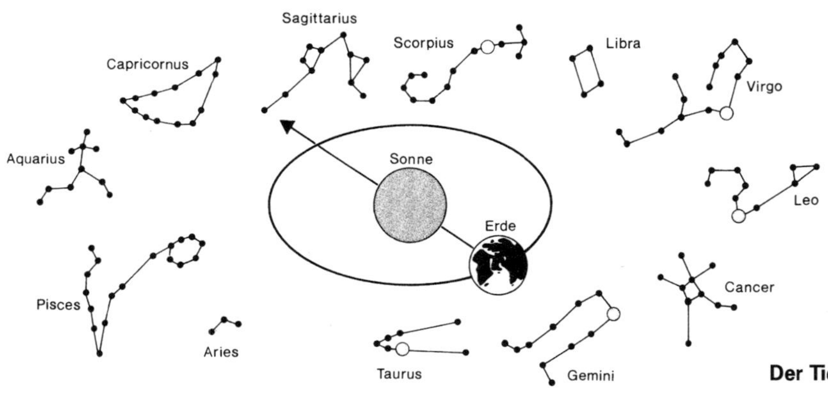

Der Tierkreis.

Zum Umgang mit monatlichen Sternkarten

Die folgenden Sternkarten (Quelle: Frankfurter Allgemeine Zeitung) zeigen unseren nördlichen Sternenhimmel, wie er in der Abfolge der zwölf Monate des Jahres zu sehen ist. Als Beobachtungszeit ist jeweils die **Monatsmitte** um **21 Uhr MEZ** (Mitteleuropäische Zeit = Zonenzeit, die für 15° östliche Länge gilt) gewählt. Dabei ist es ohne wesentlichen Einfluss auf das Gesamtbild des Himmels, ob wir etwas eher oder etwas später mit unseren Beobachtungen beginnen. Beachten müssen wir allerdings, dass während der Sommermonate die zur Sternenbeobachtung nötige Dunkelheit erst ab etwa 22 Uhr (= 23 Uhr Mitteleuropäische Sommerzeit) eintritt und sich vorher nur die hellsten Sterne zu erkennen geben.

Die Veränderung des Sternenhimmels, die sich durch die allmähliche Wanderung der Sternbilder von Osten nach Westen ergibt, macht sich von einem Monat zum anderen für den Anfänger nur wenig bemerkbar. Erst wenn wir den charakteristischen Sternenhimmel der vier Jahreszeiten miteinander vergleichen, fällt uns die Verschiebung des Himmelskarussells klar und deutlich auf. Es ist deshalb in diesem Buch zunächst die »Himmelsbühne« der vier Jahreszeiten »aufgezogen« und in ihren Erscheinungen grundlegend erläutert, während die jetzt folgenden Monatskarten für den praktischen Selbstgebrauch nur mit kurzen Anmerkungen versehen sind.

Für die Orientierung am Sternenhimmel ist es zunächst wichtig, die **Himmelsrichtungen** auszumachen. Mit einem Kompass können wir ohne Weiteres die Nordrichtung feststellen, aus der sich die anderen Richtungen dann von selbst ergeben. Ohne Kompass finden wir die Nordrichtung, wenn wir vom Polarstern aus eine Linie senkrecht nach unten ziehen. Am Horizont treffen wir dann auf den Nordpunkt. Wenn wir den Polarstern bzw. den Nordpunkt vor uns haben, ist rechts Osten, im Rücken Süden und links Westen. Die Monatskarten müssen wir nun so halten, dass die Richtung, zu der hin wir beobachten wollen, **unten** auf der Karte geschrieben steht. Das ermöglicht am ehesten eine Übereinstimmung mit der Ansicht des Sternenhimmels über uns. Wenn wir die Beobachtungsrichtung ändern, müssen wir auch unsere Sternkarte entsprechend drehen. Blicken wir nach Norden, muss der Nordhorizont auf unserer Sternkarte unten sein. Blicken wir nach Süden, muss der Südhorizont auf unserer Sternkarte unten sein usw. Wenn wir zuerst mit dem Aufsuchen der Zirkumpolarsterne beginnen, werden wir uns bald nach und nach mit den weiteren Sternbildern vertraut machen können.

Bei hellem Straßenlicht oder in einer Vollmondnacht werden wir nicht alle auf der Sternkarte verzeichneten Sterne am Himmel erkennen können, weil ihr Lichtschein überstrahlt wird. Und umgekehrt: In einer tiefdunklen Sternennacht bei klaren Witterungsverhältnissen werden wir am Firmament unvergleichlich **mehr** Lichtpunkte entdecken als unsere Sternkarte aufführen kann. Das darf uns bei unseren »Erkundungsgängen« nicht verwirren und entmutigen. Alle Sternkarten, die für die Hand des Sternfreun-

des gedacht sind, können nur eine **Auswahl** der wichtigsten Sterne und Sternbilder enthalten.
Ein Nachteil aller Sternkarten, auch der drehbaren, besteht darin, dass sie flach sind, während der Sternenhimmel wie eine Kuppel über uns gewölbt erscheint. Seit Kurzem gibt es zum Ausgleich für diesen Nachteil ein neues sternkundliches Anschauungsmaterial: eine **Sternkuppel** (»Der große Sternenhimmel«) in Schnittmusterbogen, beziehbar über Astromedia, Neue Wege Verlag, Sonnenbickel 12, 86971 Peiting. Diese neuartige gewölbte Sternkarte beruht auf einer einfachen Idee: Die in die Pappkugel aufgemalten Sternpunkte sind durchlöchert und lassen, wenn das Licht von oben fällt, die Sterne an der richtigen Stelle aufleuchten oder projizieren mit Hilfe einer darunter gehaltenen Taschenlampe die Sternbilder – wie ein Kleinstplanetarium – an die Zimmerdecke.
Auf unseren monatlichen Sternkarten sind neben den Sternbildern, einzelnen interessanten Beobachtungsobjekten und dem Band der Milchstraße auch die Ekliptik und der Himmelsäquator eingezeichnet. Die **Ekliptik** ist die scheinbare Bahn der Sonne, ein Großkreis am Himmel, der sich durch die Zone der Tierkreissternbilder erstreckt. Einige markante Sterne und Sternhaufen kennzeichnen ihren Verlauf. Zwischen den beiden offenen Sternhaufen der Plejaden und Hyaden hindurch läuft sie über M 35 in den Zwillingen und die Krippe im Krebs zu Regulus im Löwen und oberhalb von Spica in der Jungfrau und Antares im Skorpion durch die Sternbilder mit schwächeren Sternen wie Schütze, Steinbock, Wassermann und Fische.
Der **Himmelsäquator**, dem gegenüber die Ekliptik gegenwärtig um etwa 27° geneigt ist, ist nichts anderes als die Verlängerung des Erdäquators an die Himmelskugel. Wir finden ihn, wenn wir z. B. am Winterhimmel von Procyon im Kleinen Hund aus einen Bogen über den rechten Gürtelstern im Orion zu Mira im Walfisch schlagen.
Der Schnittpunkt von Himmelsäquator und Ekliptik im Bereich des Sternbildes Fische, ziemlich genau in der Mitte zwischen Walfisch und Wassermann, heißt **Frühlingspunkt**. Er wird auch Widderpunkt genannt, weil die Sonne an dieser Stelle in das Tierkreiszeichen Widder eintritt und damit den Beginn des Frühlings signalisiert. Das **Tierkreiszeichen** Widder dürfen wir aber nicht mit dem **Sternbild** Widder verwechseln! Die Tierkreiszeichen und die Sternbilder, nach denen sie benannt sind, haben sich in 2000 Jahren um etwa 30° gegeneinander verschoben. Am Himmel finden wir den Frühlingspunkt, wenn wir die Linie, die vom Stern β in Cassiopeia zum Stern α in Andromeda (Sirrah) führt, um die gleiche Länge über Sirrah hinaus fortsetzen.
Nicht eingezeichnet in die Sternkarten sind die **Planeten**. Sie weisen eine Eigenbewegung auf und verändern ihre Position laufend. Sie befinden sich dabei aber immer in Reichweite der Ekliptik. Wenn wir bei unseren Sternbeobachtungen im Bereich der Ekliptik auf einen hellen Stern stoßen, der sich nicht in der Anordnung der Fixsterne und ihrer Sternbilder unterbringen lässt, dann handelt es sich um einen der großen Planeten. Die genauen Angaben über die Position eines Planeten in Rektaszension und Deklination, für bestimmte Zeiträume in Form einer Tabel-

le zusammengestellt, nennen wir **Ephemeriden**. Sie finden sich im Anhang dieses Buchs. Um den Ort eines Planeten und seine Sichtbarkeit am Abend- oder Morgenhimmel mit Hilfe der Ephemeriden ausfindig zu machen, brauchen wir eine **drehbare Sternkarte** mit Planetenanzeiger. Mit ihr lässt sich problemlos der Lauf jedes Planeten verfolgen.

Links unter den Sternkarten sind die Sterngrößen (1. Größe bis 4. und 5. Größe) angegeben und rechts eine Auswahl interessanter Beobachtungsobjekte, die entweder mit bloßem Auge oder mit dem Feldstecher zu erkennen sind.

Wir wissen nun: Unsere zwölf Monatssternkarten zeigen jeweils den Sternenhimmel, wie er zur Monatsmitte gegen 21 Uhr zu sehen ist. Was aber, wenn wir den Sternenhimmel zu einer anderen Zeit betrachten wollen? Dann können wir uns der nachstehenden Tabelle bedienen und nachsehen, welche Sternkarte dafür infrage kommt. Im Schnittpunkt von Monatsangabe und Uhrzeit lesen wir die Nummer der Sternkarte ab, die wir aufschlagen müssen, um uns zu orientieren. Ein Beispiel: Anfang September kommen wir gegen Mitternacht von einem Besuch zurück, der Himmel ist unbewölkt, und es lockt uns, noch einen Blick auf die funkelnden Sterne zu werfen. Wir suchen in der Tabelle links die Monatsangabe 1. September und oben in der Uhrzeitskala die Spalte 24 Uhr. Wo sich die beiden Linien schneiden, treffen wir auf die Zahl 10. Wir schlagen in diesem Buch die Sternkarte Nummer 10 auf und haben den Sternenhimmel vor uns, wie wir ihn zu dieser Stunde beobachten können.

Wo wir in bestimmten Kästchen der Tabelle keine Zahl finden, da handelt es sich um Uhrzeiten, zu denen die Sterne entweder noch nicht zu beobachten sind (in den Sommermonaten ist es bis 20 bzw. 21 Uhr noch taghell) oder bereits am frühen Morgenhimmel verblasst sind (in den Sommermonaten ab 4 bzw. 5 Uhr).

Tabelle zum Auffinden der richtigen Sternkarte

Uhrzeit (MEZ)	18 h	19 h	20 h	21 h	22 h	23 h	24 h	1 h	2 h	3 h	4 h	5 h	6 h	7 h
1. Januar			12		1		2		3		4		5	
15. Januar		12		**1**		2		3		4		5		6
1. Februar			1		2		3		4		5		6	
15. Februar		1		**2**		3		4		5		6		
1. März			2		3		4		5		6		7	
15. März		2		**3**		4		5		6		7		
1. April			3		4		5		6		7			
15. April				**4**		5		6		7				
1. Mai					5		6		7		8			
15. Mai				**5**		6		7		8				
1. Juni					**6**		7		8					
15. Juni						7		8		9				
1. Juli					**7**		8		9					
15. Juli						8		9		10				
1. August					**8**		9		10		11			
15. August				8		9		10		11				
1. September			8		9		10		11		12			
15. September		8		**9**		10		11		12				
1. Oktober			9		10		11		12		1		2	
15. Oktober		9		**10**		11		12		1		2		
1. November	9		10		11		12		1		2		3	
15. November		10		**11**		12		1		2		3		
1. Dezember	20		11		12		1		2		3		4	
15. Dezember		11		**12**		1		2		3		4		

MESZ (Mitteleuropäische Sommerzeit): MEZ + 1 Std.

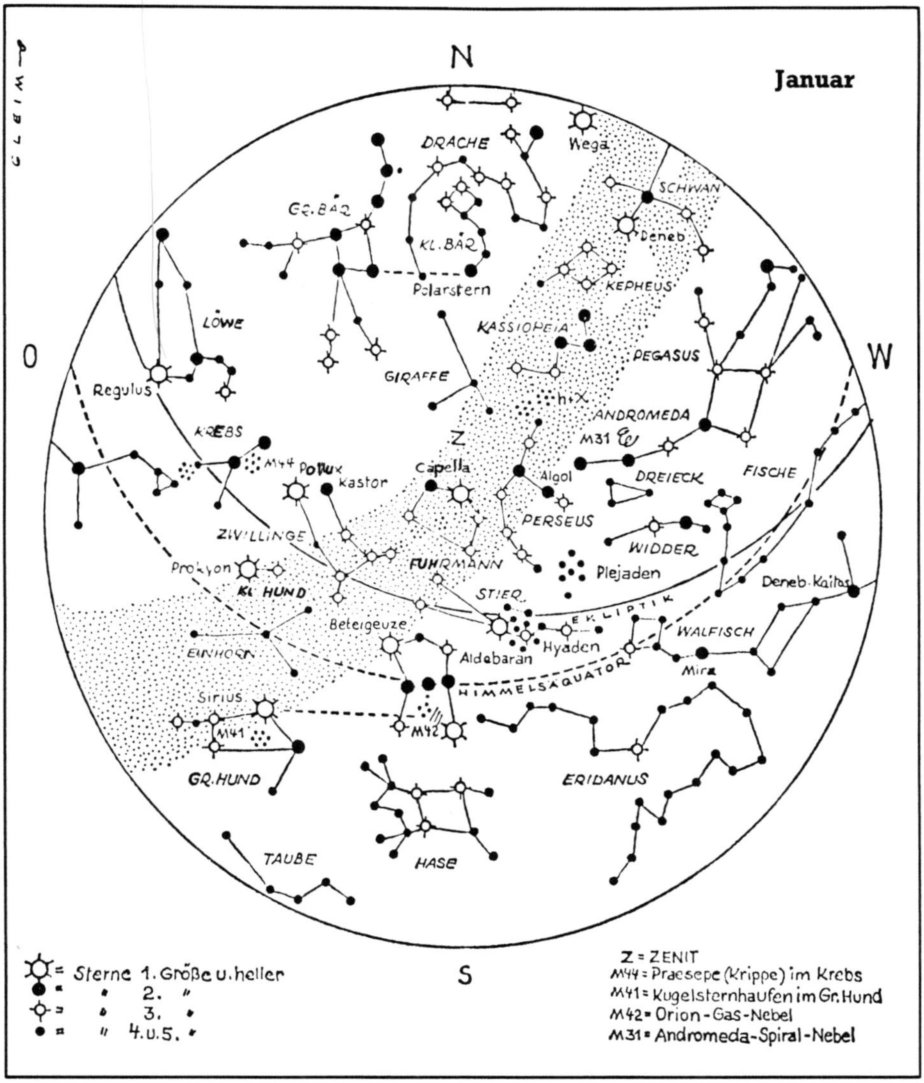

Quelle aller monatlichen Sternkarten: Frankfurter Allgemeine Zeitung.

Sternkarte 1

Sie zeigt den Sternenhimmel Mitte Januar um 21 Uhr MEZ.
Dieser Sternenhimmel ist zugleich sichtbar:

Mitte Februar	um 19 Uhr,
Mitte Oktober	um 3 Uhr,
Mitte November	um 1 Uhr
Mitte Dezember	um 23 Uhr.

(Anfang der genannten Monate jeweils eine Stunde später)

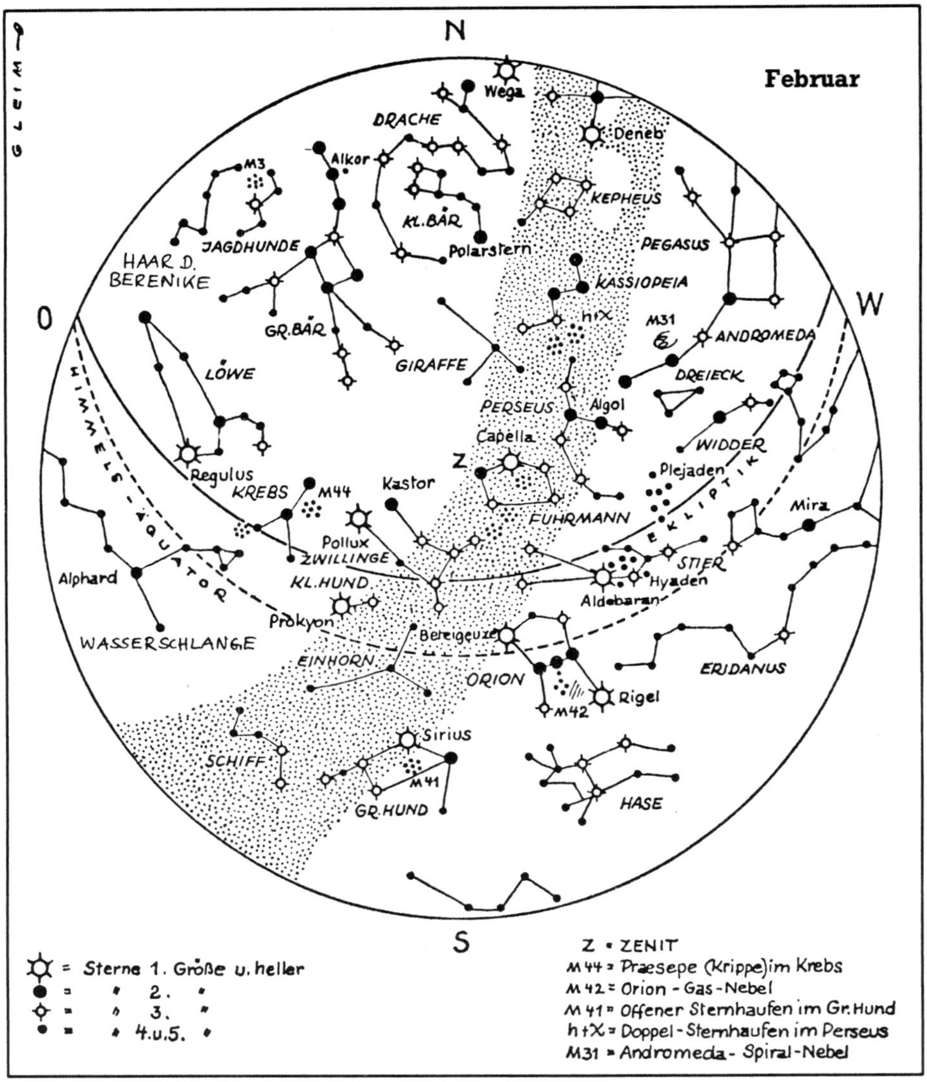

Sternkarte 2

Sie zeigt den Sternenhimmel Mitte Februar um 21 Uhr MEZ.
Dieser Sternenhimmel ist zugleich sichtbar:

Mitte März	um 19 Uhr,
Mitte Oktober	um 5 Uhr,
Mitte November	um 3 Uhr,
Mitte Dezember	um 1 Uhr.

(Anfang der genannten Monate jeweils eine Stunde später)

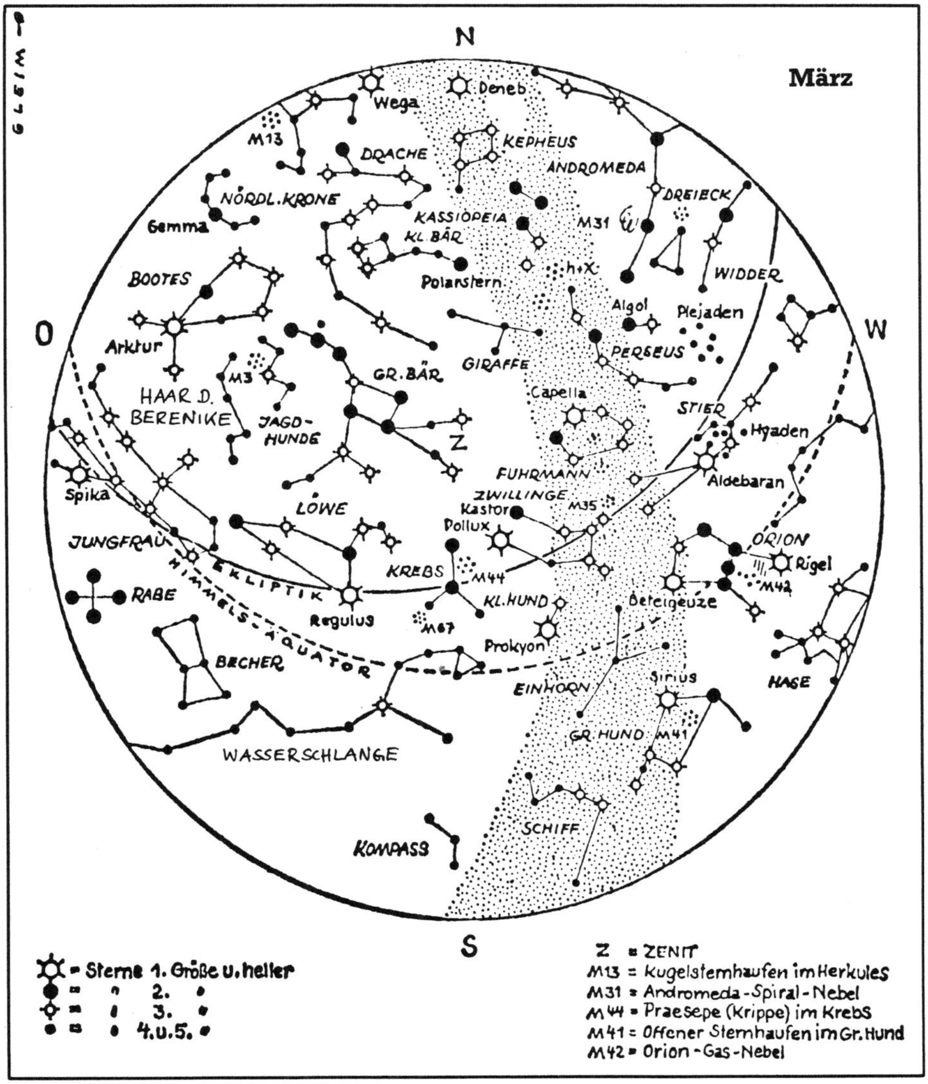

Sternkarte 3

Sie zeigt den Sternenhimmel Mitte März um 21 Uhr MEZ.
Dieser Sternenhimmel ist zugleich sichtbar:

Mitte November	um	5 Uhr,
Mitte Dezember	um	3 Uhr.
Mitte Januar	um	1 Uhr,
Mitte Februar	um	23 Uhr.

(Anfang der genannten Monate jeweils eine Stunde später)

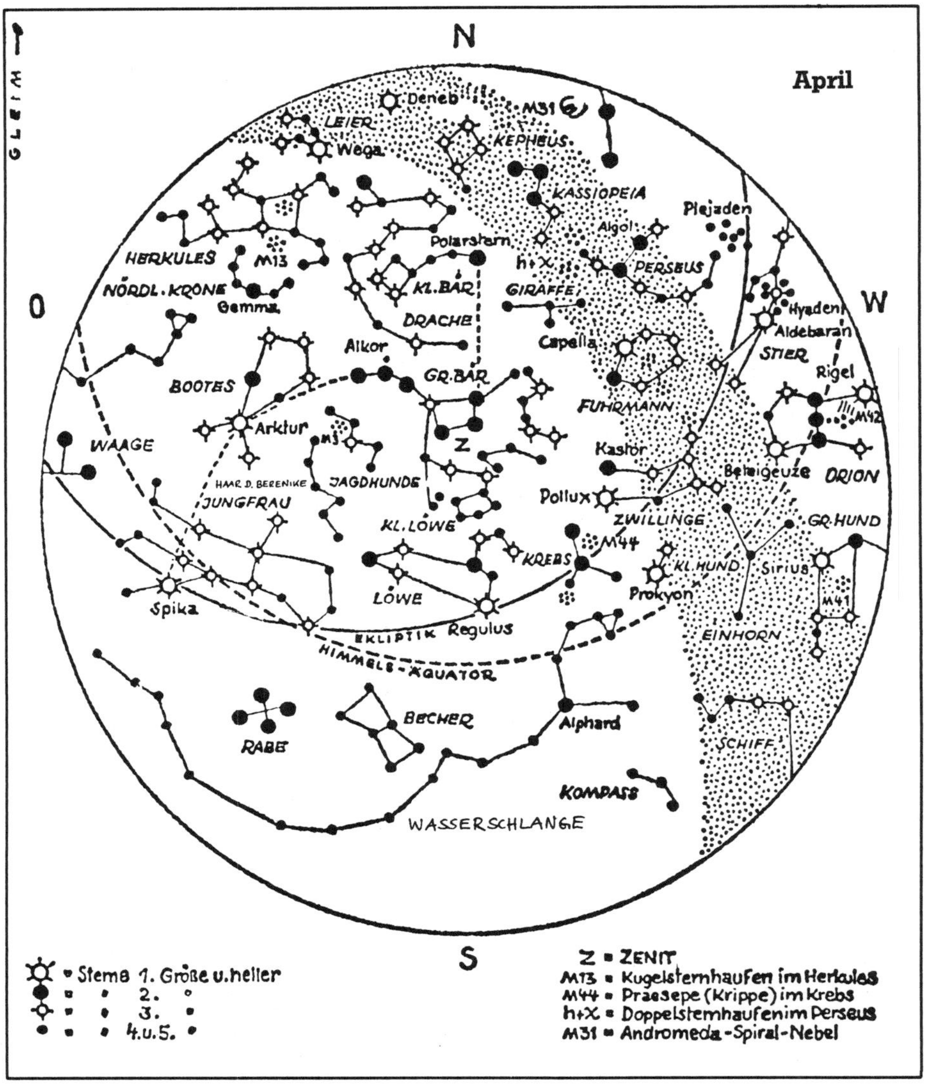

Sternkarte 4

Sie zeigt den Sternenhimmel Mitte April um 21 Uhr MEZ.
Dieser Sternenhimmel ist zugleich sichtbar:

Mitte Dezember	um	5 Uhr,
Mitte Januar	um	3 Uhr,
Mitte Februar	um	1 Uhr,
Mitte März	um	23 Uhr.

(Anfang der genannten Monate jeweils eine Stunde später)

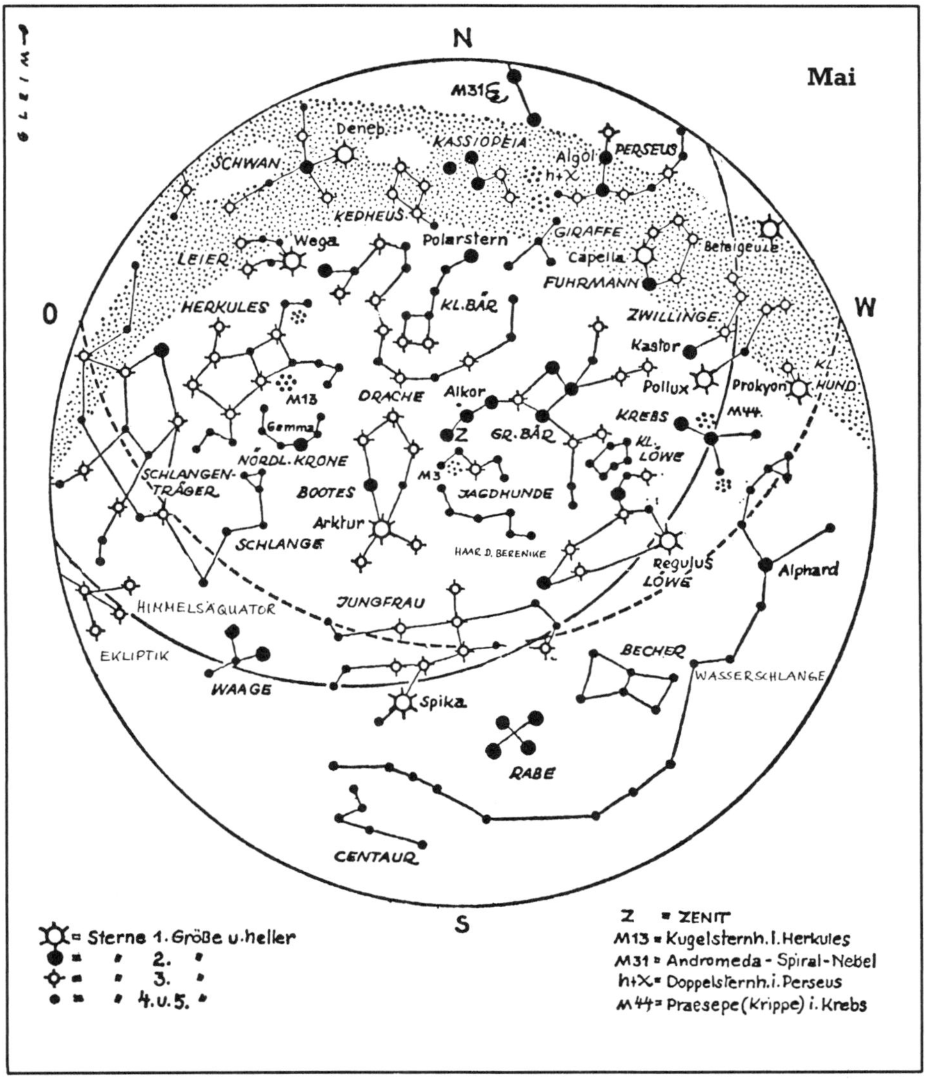

Sternkarte 5

Sie zeigt den Sternenhimmel Mitte Mai um 21 Uhr MEZ.
Dieser Sternenhimmel ist zugleich sichtbar:

Mitte Januar um 5 Uhr,
Mitte Februar um 3 Uhr,
Mitte März um 1 Uhr,
Mitte April um 23 Uhr.
(Anfang der genannten Monate jeweils eine Stunde später)

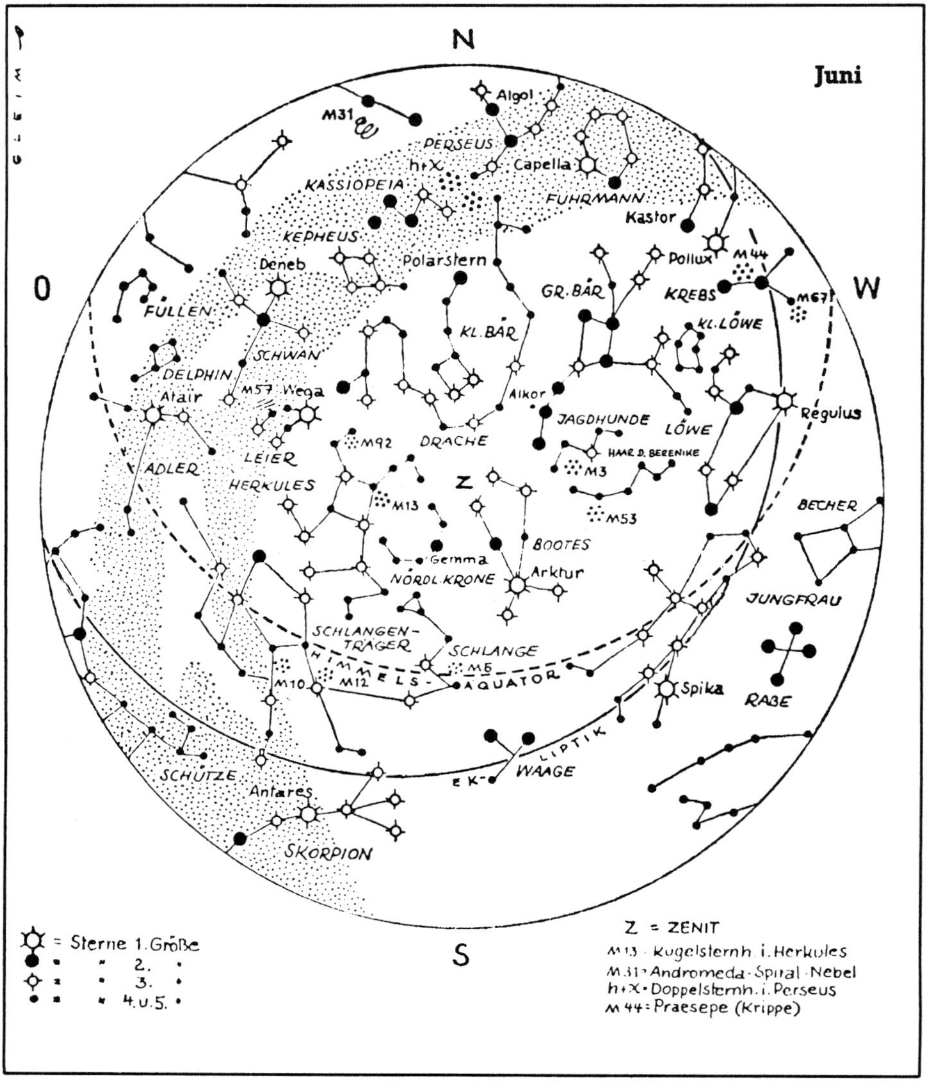

Sternkarte 6

Sie zeigt den Sternenhimmel Mitte Juni um 21 Uhr MEZ.
Dieser Sternenhimmel ist zugleich sichtbar:

Mitte Januar	um 7 Uhr,
Mitte Februar	um 5 Uhr,
Mitte März	um 3 Uhr,
Mitte April	um 1 Uhr,
Mitte Mai	um 23 Uhr.

(Anfang der genannten Monate jeweils eine Stunde später)

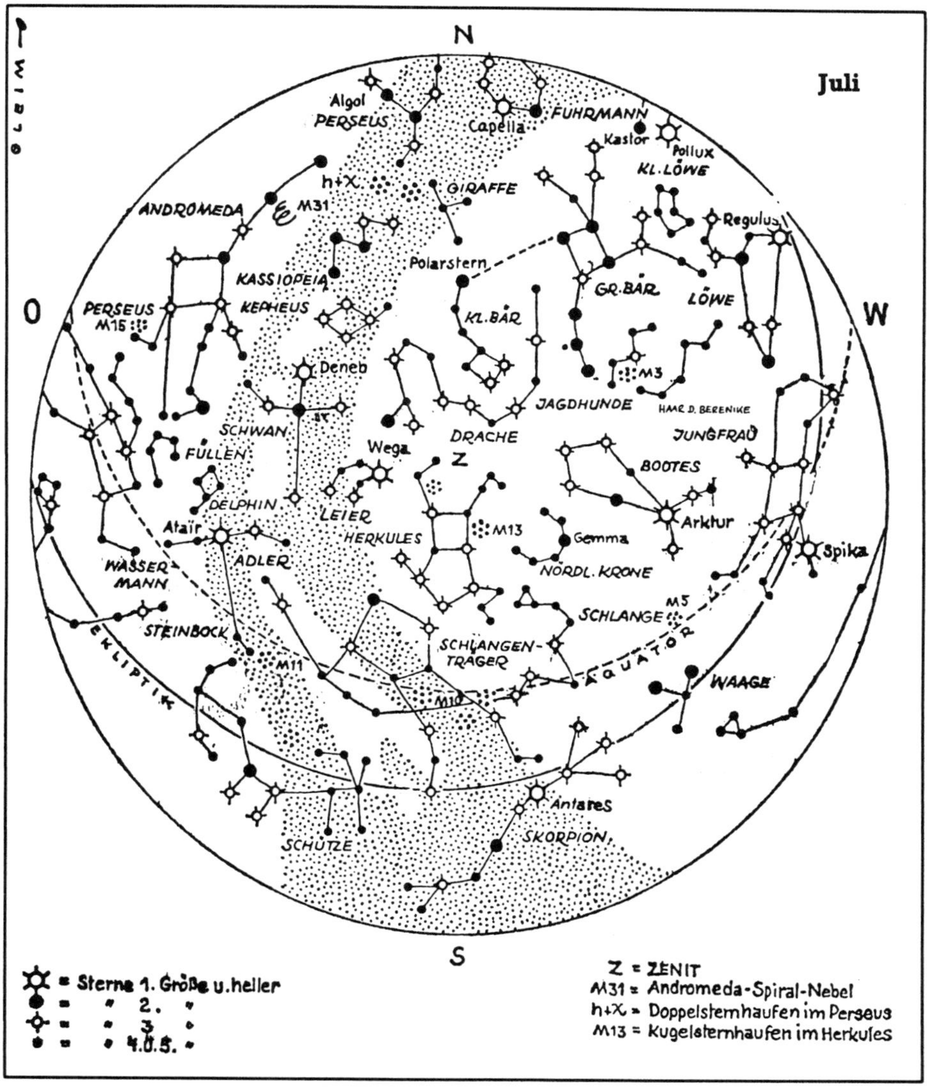

Sternkarte 7

Sie zeigt den Sternenhimmel Mitte Juli um 21 Uhr MEZ.
Dieser Sternenhimmel ist zugleich sichtbar:

Mitte März	um 5 Uhr,
Mitte April	um 3 Uhr,
Mitte Mai	um 1 Uhr,
Mitte Juni	um 23 Uhr.

(Anfang der genannten Monate jeweils eine Stunde später)

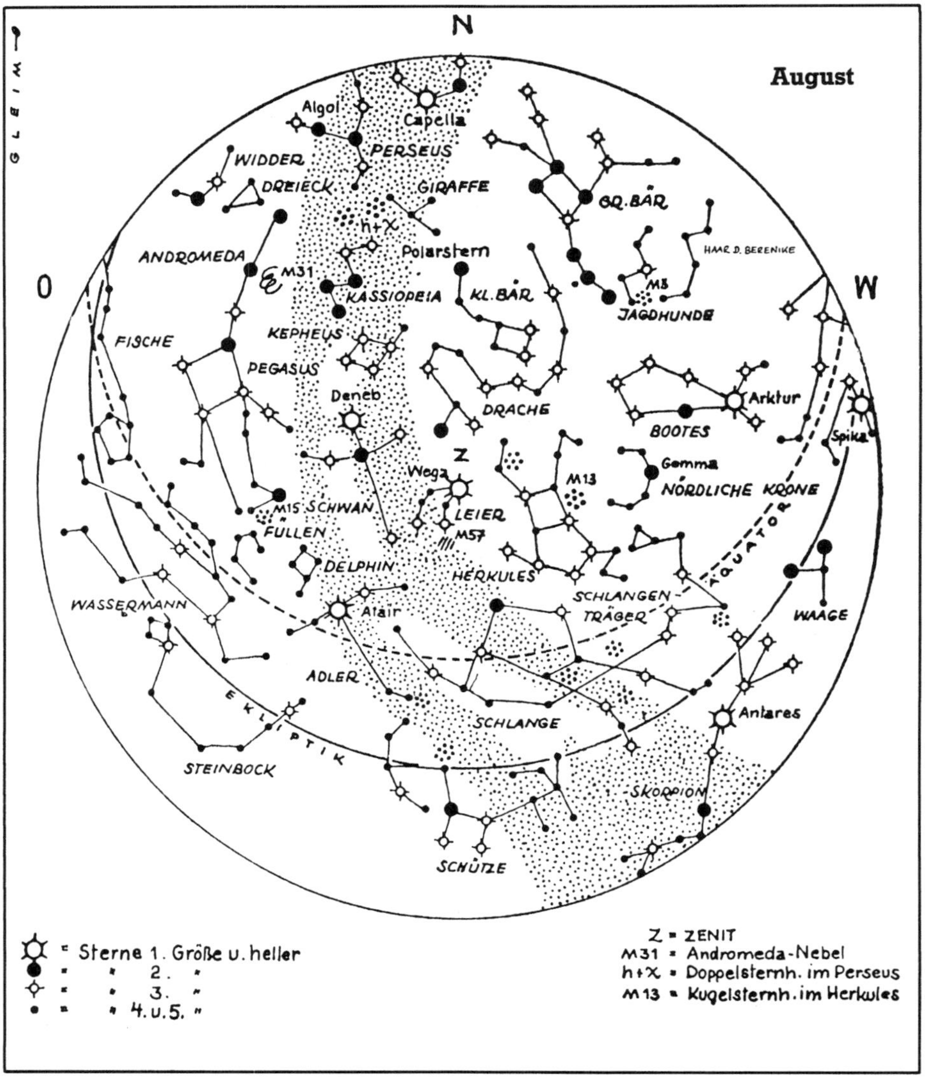

Sternkarte 8

Sie zeigt den Sternenhimmel Mitte August um 21 Uhr MEZ.
Dieser Sternenhimmel ist zugleich sichtbar:

Mitte September	um 19 Uhr,
Mitte Mai	um 3 Uhr,
Mitte Juni	um 1 Uhr,
Mitte Juli	um 23 Uhr.

(Anfang der genannten Monate jeweils eine Stunde später)

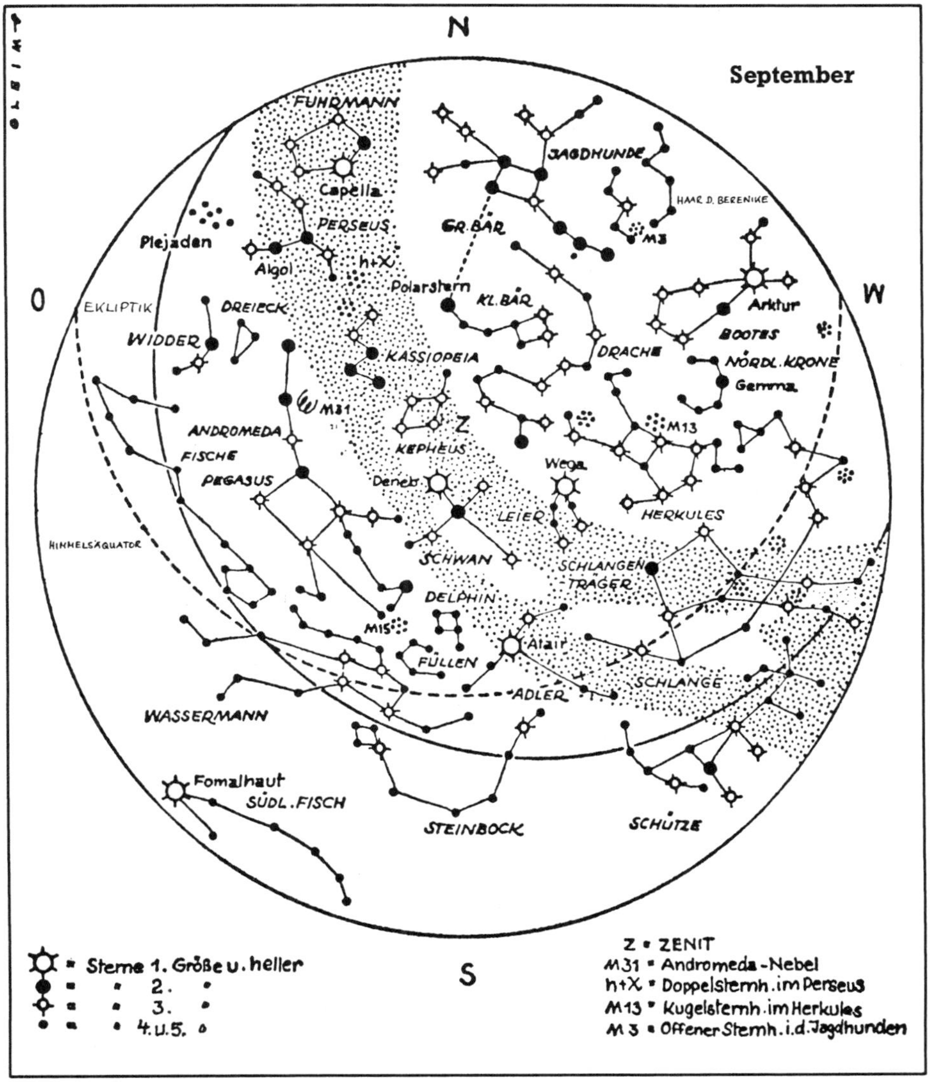

Sternkarte 9

Sie zeigt den Sternenhimmel Mitte September um 21 Uhr MEZ. Dieser Sternenhimmel ist zugleich sichtbar:

Mitte Oktober	um 19 Uhr,
Mitte Juni	um 3 Uhr,
Mitte Juli	um 1 Uhr,
Mitte August	um 23 Uhr.

(Anfang der genannten Monate jeweils eine Stunde später)

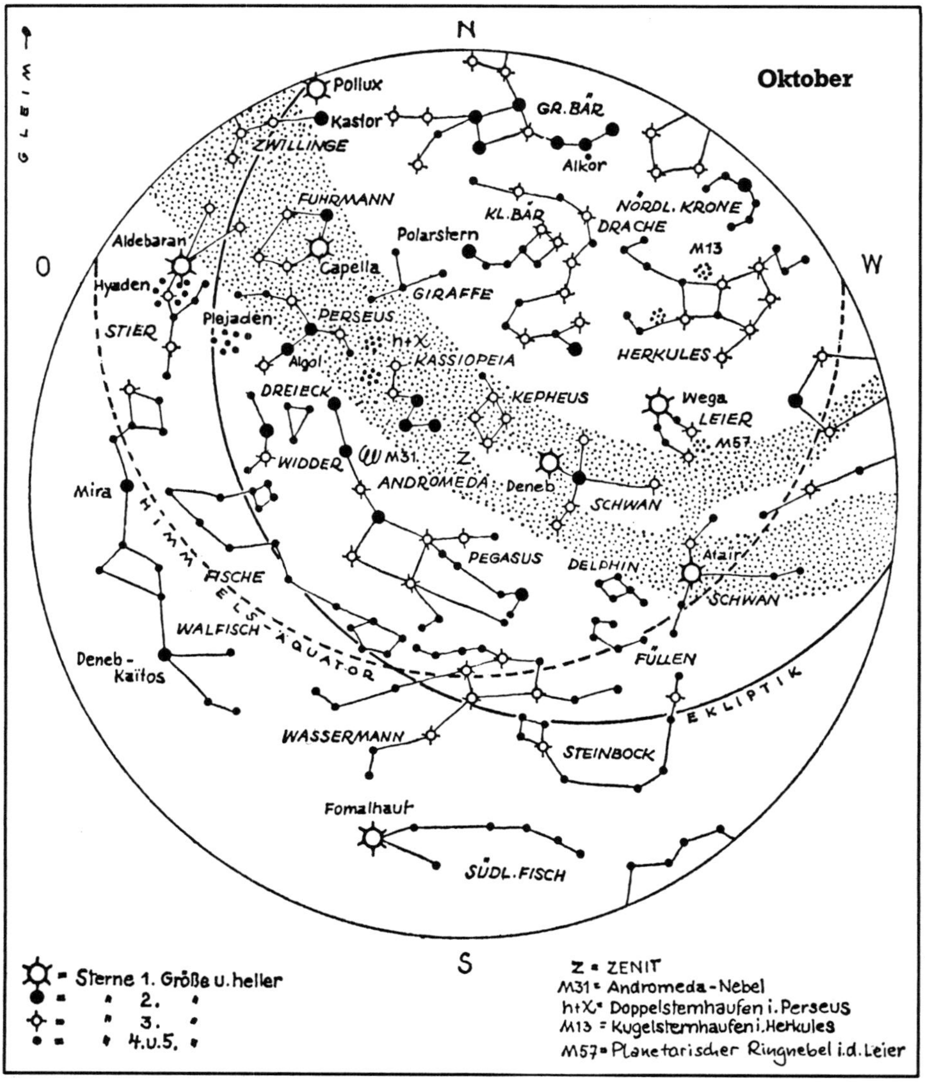

Sternkarte 10

Sie zeigt den Sternenhimmel Mitte Oktober um 21 Uhr MEZ.
Dieser Sternenhimmel ist zugleich sichtbar:

Mitte November	um 19 Uhr,
Mitte Juli	um 3 Uhr,
Mitte August	um 1 Uhr,
Mitte September	um 23 Uhr.

(Anfang der genannten Monate jeweils eine Stunde später)

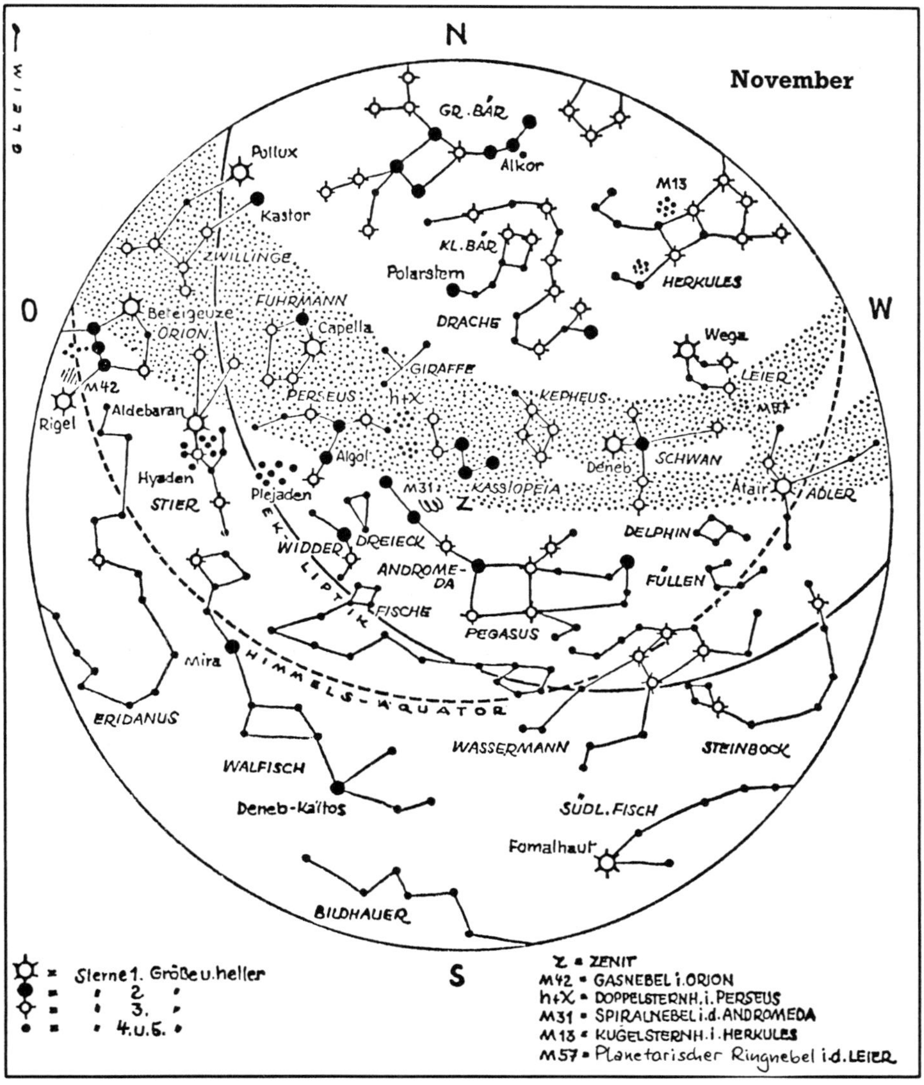

Sternkarte 11

Sie zeigt den Sternenhimmel Mitte November um 21 Uhr MEZ.
Dieser Sternenhimmel ist zugleich sichtbar:

Mitte Dezember	um 19 Uhr,
Mitte August	um 3 Uhr,
Mitte September	um 1 Uhr,
Mitte Oktober	um 23 Uhr.

(Anfang der genannten Monate jeweils eine Stunde später)

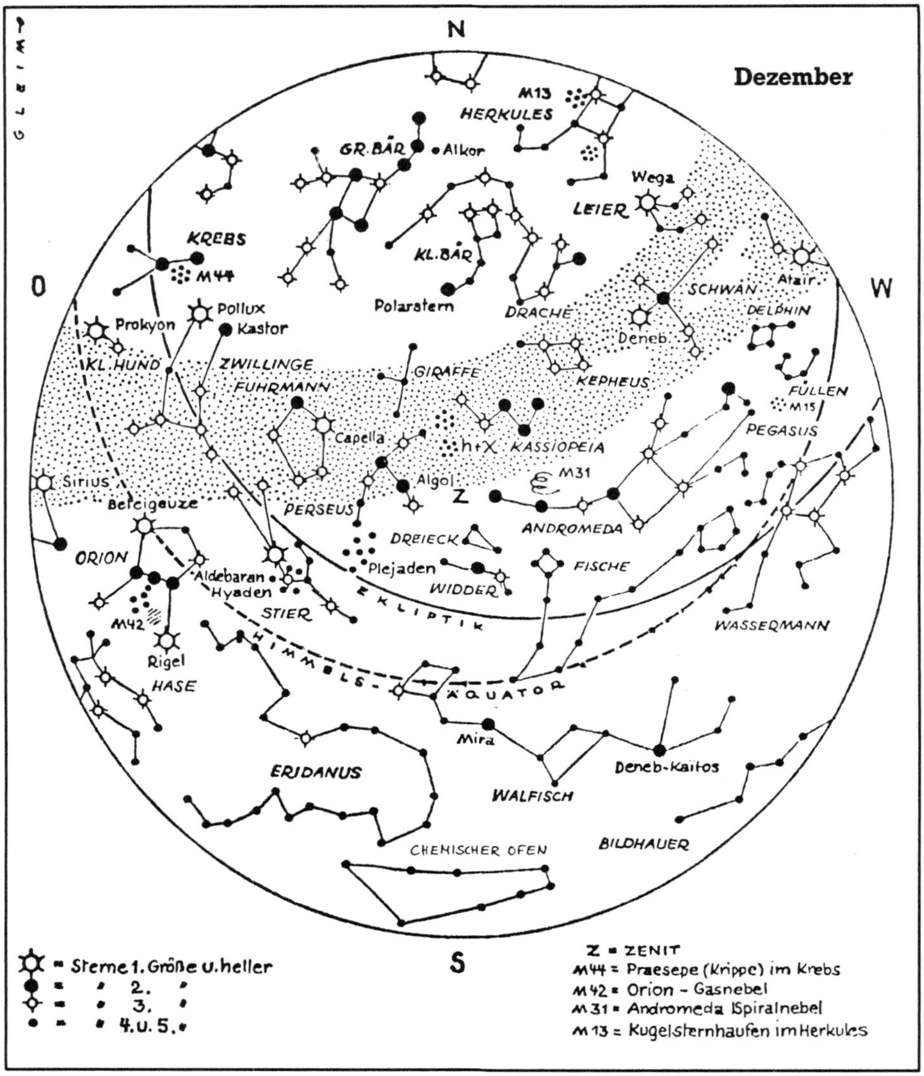

Sternkarte 12

Sie zeigt den Sternenhimmel Mitte Dezember um 21 Uhr MEZ. Dieser Sternenhimmel ist zugleich sichtbar:

Mitte Januar	um 19 Uhr,
Mitte September	um 3 Uhr,
Mitte Oktober	um 1 Uhr,
Mitte November	um 23 Uhr.

(Anfang der genannten Monate jeweils eine Stunde später)

Die Sternbilder der südlichen Himmelshalbkugel

Im Altertum waren nur wenige Sternbilder der südlichen Halbkugel benannt: Centaur, das Südliche Kreuz und das Schiff (mit Hinterdeck, Schiffskiel und Segel). Erst in der Folgezeit der großen **Welt- und Entdeckungsreisen** (besonders im 17. Jahrhundert) wurden verbindliche Benennungen für die Sternbilder des Südens eingeführt. Dabei standen die technischen und wissenschaftlichen Errungenschaften dieser Zeit Pate: Sternbildbezeichnungen wie Oktant und Zirkel (zur Navigation auf See benutzt), Teleskop, Mikroskop, Chemischer Ofen und Pendeluhr weisen darauf hin. So klingen die Namen vieler Sternbilder der südlichen Halbkugel **neuzeitlicher** als die Namen der nördlichen Sternbilder, die ja weithin auf die Mythologie der Antike zurückgehen. Auch gerade erst kennen gelernte Tiere wie das Chamäleon, der Pfau oder der Tukan und die Menschenrasse der Indianer gaben Namen für einige Sternbilder ab. So ist auch von dieser Seite her der südliche Sternenhimmel eine interessante Ergänzung des nördlichen.

Heute wird auch der südliche Sternenhimmel mehr und mehr beobachtet und erforscht – die großen Observatorien in Südafrika und Südamerika wie auch in Australien bieten die Voraussetzungen dazu –, nachdem sich die Astronomie jahrhundertelang fast ausschließlich mit den nördlichen Sternen und Sternbildern befasst hatte.

Die Orientierung am Südpol des Himmels ist nicht ganz einfach. Es fehlt ein Polarstern, es fehlen einprägsame Sternbilder, von denen aus und zu denen hin man in Gedanken hilfreiche Verbindungslinien ziehen könnte. Das dem Himmelssüdpol am nächsten stehende Sternbild Oktant ist zu wenig markant, um als Ausgangspunkt dienen zu können.

Am besten gehen wir vom Band der **Milchstraße** aus, in deren Bereich sich die meisten hellen Sterne des Südhimmels befinden. Ziemlich genau in der Mitte des Milchstraßenarmes versuchen wir, das **Kreuz des Südens** ausfindig zu machen. Wir erkennen es in unmittelbarer Nähe einer Dunkelstelle der Milchstraße, des so genannten »Kohlensackes«. Dieses schöne Sternbild, das mit seinen vier Hauptsternen die Form eines lateinischen Kreuzes bildet, ist eine Zierde der Tropennächte und hat schon viele Südreisende entzückt. Verlängern wir den »Längsbalken« des Kreuzes beim Stern α beginnend über den Stern β hinaus um gut das Vierfache (auf unserer Übersichtskarte um etwa das Zweifache), so gelangen wir in etwa zum **Südpol der Himmelskugel**.

Eine andere Möglichkeit, den Pol zu finden, besteht darin, von der **Großen** und der **Kleinen Magellanschen Wolke** auszugehen. Es handelt sich um zwei Nachbar-Galaxien, die mit unserer Galaxis zur Lokalen Gruppe gehören und die auch in einer Mondnacht deutlich als Wolken wahrzunehmen sind. Die beiden Magellanschen Wolken bilden in Richtung Milchstraßenband mit dem Himmelspol ein gleichseitiges Dreieck. Bei einiger Übung dürfte es nicht mehr schwer fallen, auf diese Weise dessen Ort zu finden.

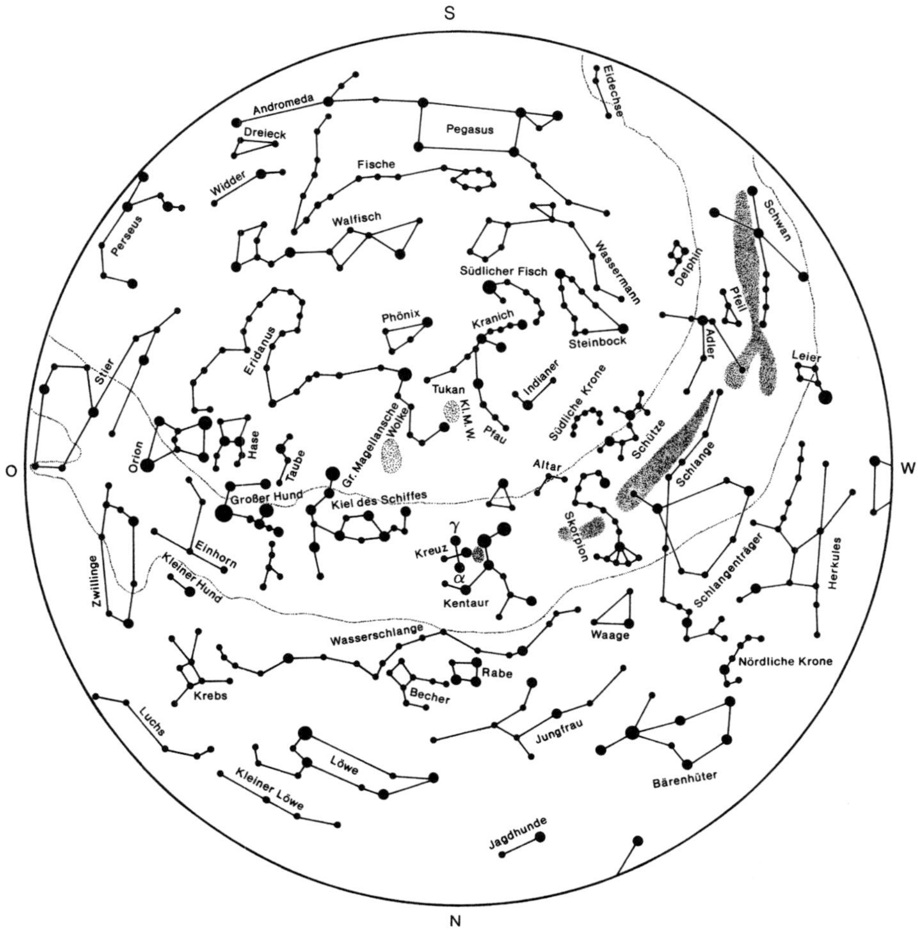

Der Sternenhimmel der südlichen Himmelshalbkugel.

Ganz besonders fällt der helle Stern **Canopus** im Sternbild Carina (Schiffskiel) auf. Er ist nach Sirius der zweithellste Stern am **gesamten** Sternenhimmel und wird in der Astronautik oft als Orientierungspunkt benutzt. Von Canopus führt ein weiter Bogen über den Stern Achernar im Sternbild Eridanus zum Stern Formalhaut im Südlichen Fisch. Ausgehend von dieser Linie, die durch die drei genannten hellen Sterne gekennzeichnet wird, kann man sich die in ihrer Nachbarschaft gelegenen Sternbilder nach und nach vertraut machen.

Von Mitteleuropa aus – sagen wir: von 50° nördlicher Breite – sehen wir die Sternbilder der nördlichen Himmelshalbkugel, aber die Sternbilder der südlichen Hemisphäre nur bis zu −40° Deklination. Anhand einer drehbaren Sternkarte oder eines Himmelsglobus

Lateinischer Name	Genitiv	Deutscher Name	Internat. Abkürzung	Sternzahl
Antlia	Antliae	Luftpumpe	Ant	85
Apus	Apudis	Paradiesvogel	Aps	67
Aquarius*	Aquarii	Wassermann	Aqr	276
Aquila*	Aquilae	Adler	Aql	146
Ara	Arae	Altar	Ara	86
Caelum	Caeli	Grabstichel	Cae	28
Canis Maior*	Canis Maioris	Großer Hund	CMa	178
Capricornus*	Capricorni	Steinbock	Cap	134
Carina	Carinae	Schiffskiel	Car	268
Centaurus	Centauri	Centaur	Cen	389
Cetus*	Ceti	Walfisch	Cet	321
Chamaeleon	Chamaeleontis	Chamaeleon	Cha	50
Circinus	Circini	Zirkel	Cir	48
Columba	Columbiae	Taube	Col	112
Corona australis	Coronae australis	Südliche Krone	CrA	49
Corvus*	Corvi	Rabe	Crv	53
Crater*	Crateris	Becher	Crt	53
Crux	Crucis	Kreuz	Cru	54
Dorado	Doradus	Schwertfisch	Dor	43
Eridanus*	Eridani	Eridanus	Eri	293
Fornax	Fornacis	Chemischer Ofen	For	110
Grus	Gruis	Kranich	Gru	106
Horologium	Horologii	Pendeluhr	Hor	68
Hydra*	Hydrae	weibliche Wasserschlange	Hya	393
Hydrus	Hydri	männliche Wasserschlange	Hyi	64
Indus	Indi	Indianer	Ind	84
Lepus	Leporis	Hase	Lep	103
Libra*	Librae	Waage	Lib	122
Lupus	Lupi	Wolf	Lup	159
Mensa	Mensae	Tafelberg	Men	44
Microscopium*	Microscopii	Mikroskop	Mic	69
Monoceros*	Monocerotis	Einhorn	Mon	165
Musca	Muscae	Fliege	Mus	75
Norma	Normae	Winkelmaß	Nor	64
Octans	Octantis	Oktant	Oct	88
Ophiuchus*	Ophiuchi	Schlangenträger	Oph	209
Orion*	Orionis	Orion	Ori	186
Pavo	Pavonis	Pfau	Pav	129
Phoenix	Phoenicis	Phoenix	Phe	139
Pictor	Pictoris	Maler	Pic	67
Piscis austrinus*	Piscis austrini	Südlicher Fisch	PsA	75
Puppis	Puppis	Hinterdeck	Pup	313
Pyxis	Pyxidis	Kompass	Pyx	65
Reticulum	Reticuli	Netz	Ret	34
Sagittarius*	Sagittarii	Schütze	Sgr	298
Scorpius*	Scorpii	Skorpion	Sco	185
Sculptor	Sculptoris	Bildhauer	Scl	131
Scutum	Scuti	Schild	Sct	33
Serpens*	Serpentis	Schlange	Ser	123
Sextans*	Sextantis	Sextant	Sex	75
Telescopium	Telescopii	Fernrohr	Tel	87
Triangulum australe	Trianguli australis	Südliches Dreieck	TrA	46
Tucana	Tucanae	Tukan	Tuc	81
Vela	Velae	Segel	Vel	248
Virgo*	Virginis	Jungfrau	Vir	271
Volans	Volantis	Fliegender Fisch	Vol	46

* Das Sternbild befindet sich zu einem großen Teil auch auf der nördlichen Himmelshalbkugel.

NGC 253 (Spiralgalaxis am Südhimmel).

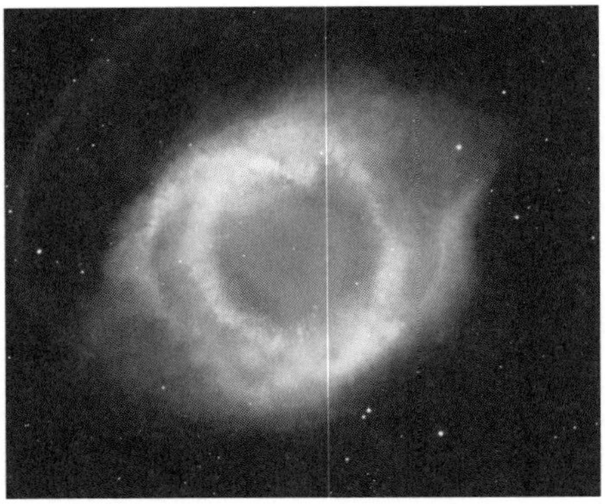

NGC 7293 (Ringnebel am Südhimmel).

mit Gradnetzeinteilung lässt sich leicht feststellen, dass ein paar Sternbilder, die sich über diese Grenze nach beiden Seiten hinwegziehen, einesteils zur nördlichen und anderenteils zum südlichen Sternenhimmel zählen. Je weiter wir nach Süden gehen, desto kleiner wird der Kreis der **nördlichen Zirkumpolarsterne**.

Machen wir etwa Urlaub an der italienischen Riviera und schauen abends zum vertrauten Sternenhimmel auf, dann stellen wir fest, dass Capella und Deneb – bei uns daheim zu den nie untergehenden Zirkumpolarsternen gehörend – hier bereits unter den Horizont tauchen, und wenn wir uns auf den Kanarischen Inseln erholen und auch dort einen Blick für den Abendhimmel haben, sehen wir, dass selbst der Große Wagen und die Cassiopeia in jenen Breiten untergehen.

Dafür bekommen wir andere Sternbilder deutlicher und vollständiger zu sehen: die Sternbilder **südlichen** Himmelshalbkugel. Der Skorpion, bei uns »müde« am Horizont »herumkriechend«, erhebt sich strahlend in die Höhe; aber auch Canopus und teilweise das Kreuz steigen hier schon über den Horizont. Von 20° nördlicher Breite aus (Mexico-City, Bombay, Hawaii) sind die typischen Südsternbilder Kreuz und Centaur (mit Proxima Centauri, dem nächsten Fixsternnachbarn unserer Sonne) ganz über dem Horizont zu sehen; die Große und Kleine Magellansche Wolke sind von 10° nördlicher Breite aus (Costa Rica, Addis Abeba, Nordspitze Ceylons) gut zu beobachten. Am **Äquator** der Erde hat der Sternenhimmel für uns Mitteleuropäer ein ungewöhnliches Aussehen: Es gibt keine Zirkumpolarsterne; alle Sterne und Sternbilder gehen auf und unter, und zwar genau senkrecht zum Horizont. Führt uns eine Reise über den Äquator hinaus noch weiter nach Süden, gehen unsere vertrauten Nordsternbilder nach und nach ganz unter. Spätestens bei Kap Hoorn, dem südlichsten Zipfel Amerikas, ist auch Wega, der äußerste Stern der nördlichen Zirkumpolarsterne, endgültig unter den Horizont gesunken und unbeobachtbar geworden. Dafür zeigt sich im Süden mehr und mehr die neue Gruppe der **südlichen Zirkumpolarsterne**: Sterne und Sternbilder, die um den Himmelssüdpol zu kreisen scheinen und nicht untergehen. Im Bereich 40° südlicher Breite bleiben bereits die Hauptsterne des Centaur, Canopus im Schiffskiel und das Südliche Kreuz über dem Horizont. Am Südpol der Erde sind – wie am Nordpol – alle Sterne zirkumpolar und gehen nicht unter. Die Sternbahnen verlaufen an beiden **Erdpolen** parallel zum Horizont.

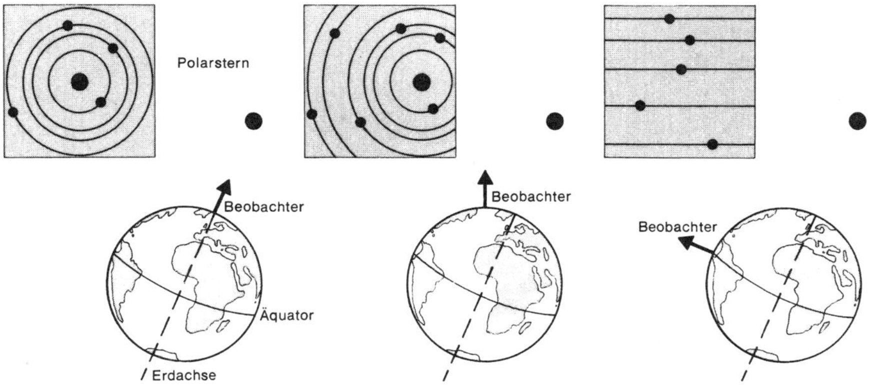

Die scheinbare Bewegung der Sterne, wie sie Beobachter von verschiedenen Breitengraden aus wahrnehmen, wenn sie genau nach oben schauen.
Vom Nord- und Südpol aus gesehen laufen die Sterne am Nachthimmel auf Kreisbahnen.
Von mittleren Breitengraden aus beobachtet beschreiben nur wenige Sterne – die nördlichsten – vollständige Kreise.
Liegt der Beobachtungspunkt am Äquator, so bewegen sich die Sterne auf geraden, zueinander parallel verlaufenden Bahnen.

Feldstecher, Fernrohr und andere sternkundliche Hilfsgeräte

Jahrtausendelang gab es Sternbeobachtung **ohne** Fernrohr. Auch heute kann uns der Blick mit unbewaffnetem Auge zum Sternenhimmel viele interessante und schöne Eindrücke vermitteln, wenn wir es nur ein wenig gelernt haben, unsere Augen bewusst und richtig einzusetzen. Kein Instrument bietet uns ein so weites Gesichtsfeld, eine so gute Übersicht wie unsere Augen. Der Spruch **»Lob der Augen«** sagt es so:

Das Fernglas,
mit dem ich
die Milchstraße betrachte,
muss ich absetzen,
um mich am Himmel
zurechtzufinden.
(Aus Detlev Block: Lichtwechsel
Vandenhoeck & Ruprecht Göttingen)

Dachkantgläser sind kompakter und schlanker, daher können sie besser gehalten werden. Das hier abgebildete High End Dachkantglas TS 8 x 42 Nevada besitzt farbreine dreilinsige Objektive und ist sowohl wasserdicht als auch stickstoffgefüllt, womit es bestens für die Naturbeobachtung geeignet ist.

Natürlich steigern und vertiefen sich die Beobachtungsmöglichkeiten durch den Einsatz optischer Geräte. Schon ein normaler **Feldstecher** kann gute Dienste leisten. Er eignet sich nämlich nicht nur zu Erdbeobachtungen, sondern kann auch mit Erfolg als ein kleines Doppelfernrohr auf den Himmel gerichtet werden.

Die Wirkung von Feldstecher und Fernrohr beruht vor allem auf ihrer **lichtsammelnden Funktion**. Die Pupille (= Sehöffnung) eines Menschen im mittleren Alter hat bei völliger Öffnung im Dunkeln einen Durchmesser von 6 mm. Ein durchschnittlicher Feldstecher besitzt einen **Objektivdurchmesser** (das Objektiv ist die Linse, die dem beobachteten Objekt zugewandt ist) von 40 mm. Da nach den Gesetzen der Optik ein Objektiv von doppeltem Durchmesser viermal und ein dreifach größeres neunmal so viel Licht sammelt, bedeutet

Ein typisches astronomisches Nacht- und Dämmerungsglas besitzt eine Lichtaustrittspupille von ca. 7 mm, nutzt also die größtmögliche menschliche Pupillenöffnung. Das TS 8 x 56 ist ein Spezialist und besitzt genau diese Austrittspupille.

das, dass der Feldstecher mit einem Objektivdurchmesser von 40 mm immerhin etwa 45-mal so viel Licht aufnimmt wie das Auge. Der Lichtgewinn schon bei der Anwendung relativ kleiner optischer Geräte darf also nicht unterschätzt werden!

Ein praktisches Beispiel dafür: Für das bloße Auge besteht der bekannte Sternhaufen der Plejaden im Stier aus 6–8 Sternen; betrachten wir die Plejaden aber mit dem Feldstecher, erkennen wir in dieser Gruppierung bereits über 30 Sterne!

Die Leistung eines Feldstechers wird durch die Angabe der **Vergrößerung** und des **Objektivdurchmessers** gekennzeichnet. Ist auf einem Feldstecher z. B. »8 x 40« eingraviert, so bedeutet die erste Zahl eine 8-fache Vergrößerung und die zweite einen Objektivdurchmesser von 40 mm.

TS Gigant 20 x 100 mit 45″ Einblick für ultimative astronomische Beobachtungen. Dieser Semi APO ist eine Klasse für sich und besitzt zusätzlich austauschbare Okulare für verschiedene Vergrößerungen.

Ein guter Feldstecher zeigt bereits einige Einzelheiten auf der Mondoberfläche (Krater), die vier großen Jupitermonde und möglicherweise auch die Lichtphasen der Venus. Besonders eignet er sich wegen seiner beachtlichen lichtsammelnden Leistung für Beobachtungen in der Welt der Fixsterne und zeigt Sternfelder in der Milchstraße, Sternhaufen und Nebel sowie leicht zu trennende Doppelsterne.
Bei Geräten ab 10-facher Vergrößerung und bei Beobachtungen, die zitterfrei und exakt ausgeführt werden sollen – das ist natürlich eigentlich immer der Fall –, empfiehlt es sich, ein **Fotostativ** zu verwenden, auf das der Feldstecher aufgesetzt wird. In Optikgeschäften kann man eine Zwinge zur Verbindung von Feldstecher und Stativ erhalten.

Die **Vorteile des Feldstechers** im Vergleich zum Fernrohr liegen auf der Hand: Er ist preiswerter und handlicher, ist zugleich für Erdbeobachtungen verwendbar, weil er aufrechte Bilder liefert, während das astronomische Fernrohr auf dem Kopf stehende Bilder zeigt, und ermöglicht das gleichzeitige Sehen mit beiden Augen.
Astronomische Fernrohre gibt es in vielen verschiedenen Größen und Arten, angefangen vom einfachen Rohr des gerade »einsteigenden« Sternfreundes über das anspruchsvollere Gerät des fortgeschrittenen Amateurastronomen

Verschiedene Fernrohrtypen.

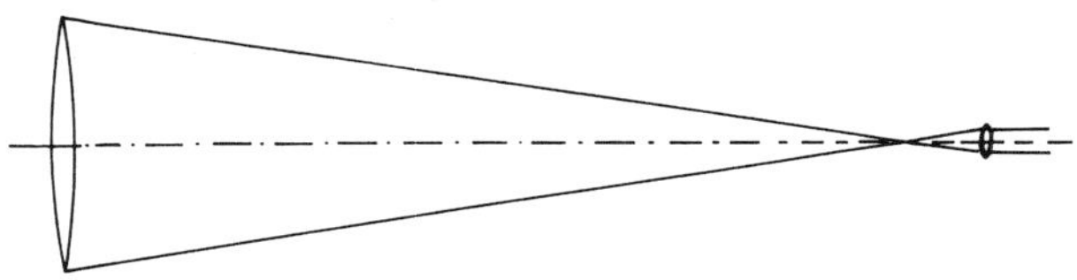

Astronomisches Fernrohr
(Kepler-Fernrohr)

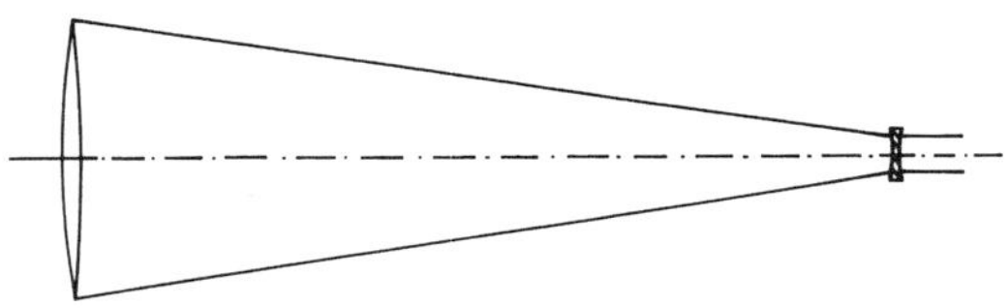

Holländisches Fernrohr
(Galileisches Fernrohr)

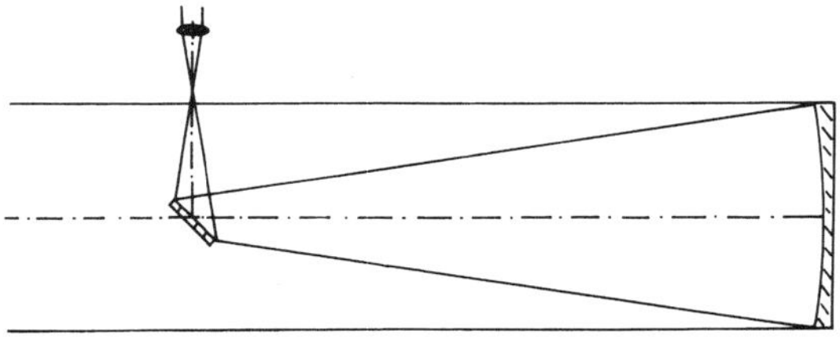

Newton-Spiegelteleskop

bis hin zu den gewaltigen Instrumenten der Sternwarten. Grundsätzlich unterscheiden wir zwischen Linsenfernrohr (Refraktor) und dem Spiegelfernrohr (Reflektor).

Beim **Linsenfernrohr** wird das einfallende Licht von einer Sammellinse im Brennpunkt vereint; das hier entstehende umgekehrte Bild wird mit der Augenlinse betrachtet, die das Bild wie eine Lupe vergrößert. Die Sammellinse ist das dem zu beobachtenden Gegenstand zugewandte Objektiv (lat.: obiectum = Gegenstand), während die Augenlinse, durch die der Gegenstand betrachtet wird, Okular heißt (lat.: oculus = Auge).

Beim **Spiegelfernrohr** tritt an die Stelle der Sammellinse ein Spiegel. Das von ihm erzeugte Bild wird von einem Zusatzspiegel im Strahlengang aufgefangen und zum Okular umgelenkt. Das Spiegelfernrohr, auch Spiegelteleskop genannt, gibt es in verschiedenen Konstruktionen, von denen die gebräuchlichsten das **Newton-Teleskop** und das **Cassegrain-Teleskop** sind.

Schließlich werden in der jüngsten Zeit auch Linsen und Spiegel zu Objektiven kombiniert.

Astronomische Fernrohre liefern seitenverkehrte, auf dem Kopf stehende Bilder. Man kann einen Linsensatz zum Umkehren der Bilder zwischen Brennpunkt und Okular einsetzen, aber weil die Bilder dadurch nur an Schärfe und Helligkeit verlieren, verzichtet man in aller Regel darauf. Außerdem gibt es ja im Weltall kein festes »Oben« und »Unten«, sodass es auf solche Unterschiede nicht ankommt.

Die größten Fernrohre der Welt sind Spiegelteleskope, weil man saubere und funktionsfähige Objektivlinsen für Refraktoren nur bis zu einer bestimmten Größe herstellen kann. Die größten Refraktoren der Welt befinden sich im Yerkes-Observatorium bei Chicago (102 cm Objektivdurchmesser), im Lick-Observatorium bei San Francisco (91 cm Durchmesser) und in der Sternwarte Meudon bei Paris (83 cm Durchmesser). Die beiden bis vor einiger Zeit größten Spiegelteleskope der Welt haben ihren Standort im Astrophysikalischen Spezialobservatorium Selentschuk im Kaukasus (610 cm Spiegeldurchmesser) und auf dem Mount Palomar in Kalifornien (508 cm Durchmesser).

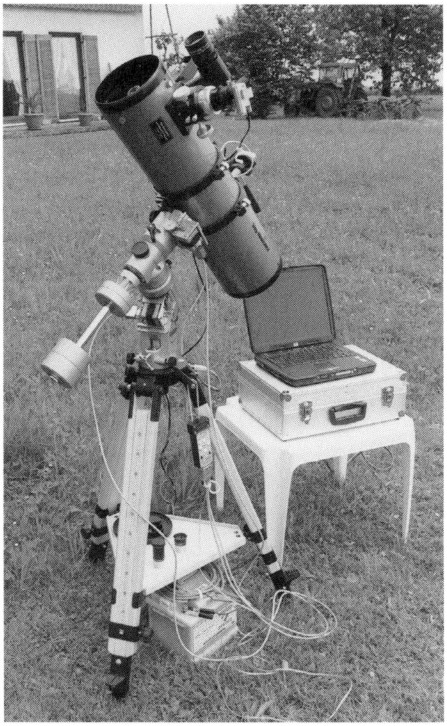

Gehobene Ausstattung eines Amateurastronomen: TS Skywatcher 150/750 Newtonteleskop, Vixen GP Montierung, Berlebach Hartholzstativ, Webcam + Laptop und Autobatterie zur Spannungsversorgung.

Modernes Celestron Nextstar 9 1/4 GPS Schmidt-Cassegrainteleskop mit eingebauter selbstständiger GPS Standortausrichtung.

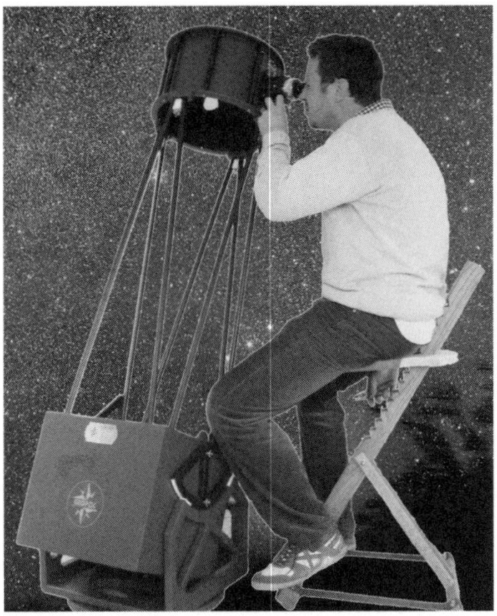

Kostengünstiges, aber sehr leistungsstarkes TS 300/1500 Dobsonteleskop.

Zum Kennenlernen eines größeren Fernrohrs empfiehlt sich der Besuch einer **Volkssternwarte**, die im Gegensatz zu einer wissenschaftlichen Sternwarte oder einem astronomischen Forschungsinstitut für die interessierte Bevölkerung geöffnet ist sowie Vorführungen und Vorträge für Sternfreunde veranstaltet (vgl. Kap. **»Volkssternwarten und Planetarien«**). Kleinere Fernrohre – als Bausatz wie als Fertiginstrumente – werden von verschiedenen Firmen angeboten. Darunter befinden sich in steigendem Maß ausländische Fabrikate, z. B. japanische, deren Qualität allerdings nicht immer überzeugt.

Was für ein Fernrohr nun soll sich der Sternfreund zulegen? Einen Refraktor oder einen Reflektor? Jeder Fernrohrtyp hat seine Vor- und Nachteile. **Spiegelfernrohre** kosten erheblich weniger als vergleichbare Refraktoren; sie sind leichter gebaut, einfacher zu transportieren, brauchen weniger Platz und benötigen keine so schwere und teure Montierung (Näheres dazu im Folgenden) wie ein gutes Linsenfernrohr. Die meisten Amateure, die über etwas größere Instrumente verfügen, besitzen daher Spiegelfernrohre.

Auf der anderen Seite ist ein **Refraktor** leistungsfähiger als ein Spiegelfernrohr gleicher Größe. Er bietet eine höhere Bildqualität, hebt die Kontraste stärker hervor und trennt auch Doppelsterne schärfer. Man kann sagen, dass ein Refraktor in etwa so leistungsfähig ist wie ein Spiegelfernrohr mit 50 % mehr Öffnung. Wo die finanziellen Mittel vorhanden sind und auch entsprechende Möglichkeiten der festen Aufstellung bestehen, da sollte das Linsenfernrohr nach Meinung des Autors bei der Wahl

Der TS Refraktor 127/820 ist ein sehr universelles, weit verbreitetes Fraunhofer Linsenteleskop, das sich in Amateurkreisen großer Beliebtheit erfreut. Der Farbfehler hält sich in Grenzen, sodass sich das Gerät gleichermaßen für Übersichtsbeobachtungen mit großem Gesichtsfeld als auch für die Planetenbeobachtung eignet.

Refraktoren Celestron 102/1000 und Bosma 100/700 auf parallaktischer Montierung mit einer Doppelbefestigungsschiene, ideal zur fotografischen Nachführung. Das Celestron Linsenteleskop mit der längeren Brennweite dient hier der Nachführung.

den Vorrang erhalten. Aber dazu gibt es auch andere Ansichten.
Die Bildqualität beim Refraktor hängt wesentlich von der Güte des Objektivs ab (Achromat-Vergütung usw.), ansonsten ergeben sich Farbfehler und ein geringerer Kontrast.
Bei Abwägung ergibt sich, dass für den gleichen Betrag die 2-fache Öffnung als Spiegel angeschafft werden kann, die überdies **transportabel** ist (Stadtlicht). Bei gleichem Einsatz an Geld ist ein Reflektor wesentlich leistungsstärker.
Inzwischen gibt es bei vielen Lieferfirmen, deren Anschriften den Werbeanzeigen in den jährlichen Himmelskalendern zu entnehmen sind, leistungsfähige Computer-Reflektoren, die an Optik, Montierung und Bedienungstechnik die meisten der bisherigen traditionellen Amateurfernrohre überbieten. Sie sind schnell und präzise handhabbar und stellen ohne langes Suchenmüssen beliebig viele Himmelsobjekte bereit. Fabrikate wie Meade oder Celestron, Lieferfirmen wie Kosmos/Stuttgart oder Baader Planetarium/Mammendorf mögen stellvertretend für andere hier genannt sein. Eine Beratung in einem guten Optikgeschäft, die vergleichende Durchsicht von Astro-Prospekten, aber auch ein Gespräch mit einem erfahrenen Amateurastronom können für eine sachliche Information vor dem Kauf eines Fernrohres hilfreich sein. Denn nicht jedes preisgünstige Sonderangebot eines Fernrohres in einem Kaufhaus hält, was es verspricht.
Nach herkömmlichem Brauch wird der **Durchmesser** eines Fernrohrobjektivs in **englischen Zoll** (inches) angegeben. 1 Zoll entspricht etwa 25 mm (genauer: 25,4 mm). Das abgebildete Fernrohr mit Tischsäule, das einen Objektivdurchmesser von 80 mm besitzt, ist demnach als Dreizöller zu bezeichnen, und bei dem großen Refraktor des Verfassers, der eine freie Öffnung von 125 mm hat, handelt es sich um einen Fünfzöller.
Wir haben gesehen, dass der **lichtsammelnde Durchmesser** des Objektives (freie Öffnung) für die Wirksamkeit eines Fernrohrs von entscheidender Bedeutung ist. Meistens wird der Fernrohrbesitzer von interessierten Zeitgenossen allerdings auf die Stärke der Vergrößerung angesprochen und gefragt: **»Wie stark vergrößert Ihr Fern-**

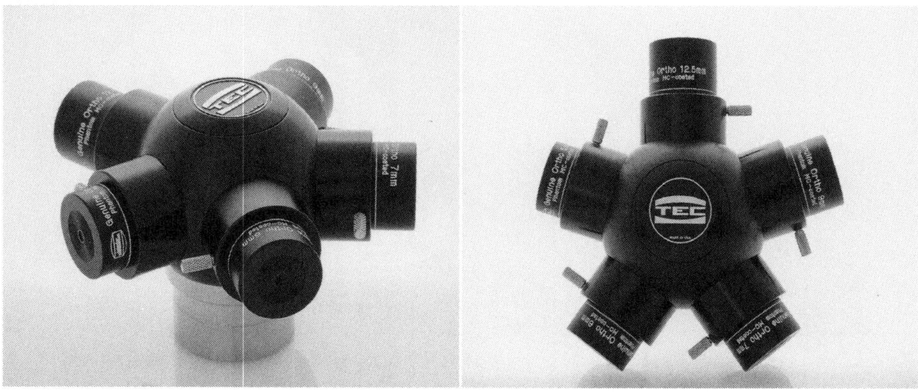

Fünfteiliger Okularrevolver zum schnellen, entspannten Wechseln der Vergrößerung.

rohr?« Nun, die Vergrößerung, die ein Fernrohr leistet, kann durch den Wechsel des **Okulars** beliebig verändert werden. Dabei kommt es auf dessen Brennweite an. Je kleiner die Brennweite des Okulars ist, desto stärker wird die erzielte Vergrößerung. Die Vergrößerung V eines Fernrohres kann ganz einfach aus der Formel

$$V = \frac{\text{Fernrohrbrennweite}}{\text{Okularbrennweite}}$$

berechnet werden.

Die **Brennweite** des Fernrohrs entspricht der Strecke vom Objektiv bzw. Hauptspiegel bis zum Brennpunkt. Wenn also z. B. das Objektiv eines Fernrohres eine Brennweite von 1000 mm und sein Okular eine Brennweite von 10 mm besitzt, dann ist seine Vergrößerung 100-fach. Setzen wir vor dasselbe Fernrohr ein Okular mit einer Brennweite von 5 mm, so erhöht sich die Vergrößerung des Fernrohres auf 200-fach.
Jeder Fernrohrbesitzer sollte sich deshalb mindestens **drei Okulare** als Zubehör für sein Fernrohr anschaffen: eins für eine schwache Vergrößerung, eins für eine mittlere und eins für eine starke Vergrößerung. **Schwache Vergrößerungen** haben gegenüber stärkeren in mancher Hinsicht Vorteile. Sie zeigen ein größeres Gesichtsfeld und ermöglichen eine große Helligkeit des Bilds. Mit zunehmender Vergrößerung nehmen Gesichtsfeld und Helligkeit ab. Schwächere Vergrößerungen lassen sich deshalb gut bei der Beobachtung von verstreuten Sternhaufen und Nebeln und schwachen Kometen verwenden, während wir die stärkeren Vergrößerungen mit Erfolg bei der Mond- und Planetenbeobachtung anwenden können.
Welche Vergrößerung wir wählen, hängt auch von der **Witterung** und dem **Zustand der Luft** ab. Ist die Luft unruhig und wallt sie stark auf und ab, lohnt sich keine stärkere Vergrößerung; sie würde die Unruhe der Luft nur mit vergrößern, sodass die Bilder verschwimmen. Die atmosphärischen Verhältnisse können die Leistungsfähigkeit eines Fernrohrs ganz erheblich begrenzen. Selten können darum auch die großen Fernrohre unserer Sternwarten die stärkeren Vergrößerungen voll ausschöpfen.
Eine obere Grenze für die Anwendung von Vergrößerungen ist durch die optische **Faustregel** gegeben: Nicht über das Doppelte der freien Öffnung, ausgedrückt in Millimetern, hinausgehen! Für einen Fünfzöller mit 125 mm Öffnung wäre eine 250-fache Vergrößerung die obere Grenze des Sinnvollen. Mit dieser Leistung ist die Möglichkeit des Instrumentes voll ausgenutzt. Jede weitere Vergrößerung ist eine so genannte »leere« Vergrößerung und bringt keinen wirklichen Gewinn an erkennbaren Einzelheiten.

Ein Fernrohr besteht aber nicht nur aus der Optik, aus dem Tubus (lat.: Röhre), der das Linsensystem mit Objektiv (oder das Spiegelsystem) und Okular umhüllt, sondern es braucht gleichfalls eine gute **Montierung** und **Aufstellung**. Die Montierung sorgt dafür, dass das Fernrohr auf alle Teile des Himmelsgewölbes eingestellt werden kann.
Eine einfache Montierung ist die **azimutale Anbringung** des Fernrohres, bei der sich die Fernrohrachse um eine waagerecht liegende und um eine senkrecht stehende Achse drehen lässt. Da die Sterne jedoch schräge Bewegungen in Bezug auf den Horizont vollfüh-

TS Refraktor 102/1000 mit parallaktischer Astro 5 Montierung.

ren, muss ein Fernrohr, das so montiert ist, ständig um beide Achsen gedreht werden, damit man einen Stern nicht aus dem Gesichtskreis verliert. Das ist bei länger dauernden und exakt gewünschten Beobachtungen sehr lästig. So kommt eine solche Montierung nur für kleinere und gelegentlich benutzte Fernrohre infrage.

Eine bessere, aber auch wesentlich kostspieligere Anbringung des Fernrohrs ist die **parallaktische Montierung**. Hierbei läuft eine Achse parallel zur Erdachse und weist damit zum Polarstern (Stunden- oder Polachse). Senkrecht dazu steht die andere Achse des Fernrohrs (Deklinationsachse).

Der Vorteil liegt auf der Hand: Durch Drehung um die Stundenachse kann das Fernrohr dem Stern auf seiner Bahnkurve durch Nachstellen in nur einer Drehrichtung folgen. Auf den beiden Drehachsen der Montierung sind Einstellkreise (Teilkreise) angebracht, metallene Ringe mit Gradeinteilung. Diese Teilkreise erlauben es, ein Gestirn nach seinen Höhen- und Breitenkoordinaten (Rektaszension und Deklination) einzustellen.

Zur **automatischen Nachführung** (Ausgleich der Erdumdrehung) gibt es bei den größeren Fernrohren ein Uhrwerk oder einen elektrischen Antrieb. Das ist eine wichtige Voraussetzung für **Himmelsaufnahmen** mit der Fernrohrkamera. Je schwerer (teurer) eine solche parallaktische Montierung gearbeitet ist, desto ruhiger und verwacklungsfreier lassen sich die Beobachtungen und Aufnahmen durchführen.

Himmelsaufnahmen lassen sich nach drei Methoden machen:

- ohne Okular im Brennpunkt des Fernrohrs (Fokalaufnahme – geringe Vergrößerung, Nebelaufnahme);
- durch eine hinter das Okular gesetzte Kamera (nach Entfernen der Kameraoptik – Okularprojektion; starke Vergrößerung für Mond- und Planetenaufnahmen);
- durch Aufsetzen der Kamera auf die Fernrohrachse, die dem Fotoobjekt nachgeführt wird (Sternfeldaufnahmen).

Entscheidend für die Standfestigkeit des Refraktors ist schließlich die Art der **Aufstellung**. Dafür bieten sich verschiedene Formen an: Tischstativ oder -säule, Dreibeinholzstativ zum Ausziehen, fahrbares Pyramidenstativ aus Metall, schwere Säule. Auch hier gilt die Regel: Je mehr Freude man am Beobachten haben will, desto stabiler muss die Aufstellung sein!

Größere Amateurfernrohre mit parallaktischer Montierung gehören unbedingt auf ein festes, gegossenes **Pyramidenstativ** oder auf eine **schwere Säule**. Eine schwere Säule mit Anschlussflansch für die Montierung kann man sich an geeigneter Stelle im Garten, von wo aus man einen möglichst freien Blick auf den Südhimmel hat, selber anfertigen (aus Beton). Man braucht dann zur Beobachtung nur die Montierung und den Fernrohrtubus aufzusetzen, die im Hause aufbewahrt werden. Voraussetzung für eine solche feste Aufstellung ist freilich ein geeigneter Beobachtungsstandort. Gerade auch aus diesem Grunde haben sich in den letzten Jahren die leichteren, kürzeren Spiegelfernrohre so durchgesetzt, da sie für jeden Beobachter, der nur eine

Massives, schwingungsarmes Dob Mounts/ TS Hartholzstativ für die mobile Beobachtung.

Schwere Säule zur stationären Festaufstellung.

»Balkonsternwarte« sein Eigen nennt oder der vor dem – lichtverschmutzten – Stadthimmel fliehen will, eine ideale Alternative darstellen.

Der **Südhimmel** ist für die Beobachtung zu bevorzugen, da die Sterne, die ja dort am höchsten stehen – kulminieren –, über Häuser und Bäume und auch aus der Dunstschicht des Horizontes emporgestiegen sind.

Ein beleuchtbarer **Himmelsglobus** oder **Sternglobus** ist nicht nur eine Zierde für das Zimmer des Sternfreundes, die an die »größere Welt« erinnert; er vermittelt auch eine anschauliche Orientierung am Sternenhimmel. Er enthält die gesamte Himmelskugel mit den Sternbildern nach internationaler Abgrenzung und das Gradnetz mit Rektaszension und Deklination sowie die Ekliptik und den Verlauf der Milchstraße. Die Sterne, leuchtend gelb auf blauem Grund, sind in der Regel nach den Größenklassen 1–5 (sonst unterscheidet man meist 6 Größenklassen) gekennzeichnet. Ein guter Himmelsglobus zeigt außerdem besondere Objekte wie Sternhaufen und Nebel.

Eigentlich müssten die Sternbilder alle seitenverkehrt auf dem Globus aufgetragen sein, denn es ist ja streng genommen so, dass wir Erdbewohner von einem scheinbaren Mittelpunkt der Himmelskugel aus auf die Sterne und Sternbilder gucken. Um uns aber die Vertrautheit mit der Lage der Sternbilder nicht zu nehmen, sind die meisten Himmelsgloben für die **seitenrichtige Wiedergabe** der Sternbilder aus der Sicht von außen konstruiert.

Neben den Himmelsgloben gibt es auch **Mondgloben** in verschiedener Ausführung. Sie enthalten die wichtigsten Mondformationen wie Meere (Maria), Krater und Massengebirge samt ihren Namen. Die Umkreisung des Mondes durch Raumsonden hat auch eine genaue Kartierung der Rückseite des Mondes ermöglicht. Mondkarten sind in der Regel genauer; aber für einen raschen Gesamtüberblick wie auch für Größenvergleiche zwischen einzelnen Kratern und der Gesamtkugel bietet sich der Mondglobus als ein brauchbares Hilfsmittel an.

Ein sternkundliches Lehrmittel von hohem Anschaulichkeitswert stellt das **Baader-Kleinplanetarium** dar (beziehbar über Baader Planetarium KG, Zur Sternwarte, 82291 Mammendorf). Es ist dies ein Weltraumglobus aus dunklem Plexiglas, der im Gegensatz zu den oben erwähnten Himmelsgloben den Sternenhimmel **seitenrichtig** zeigen kann. Der Globus ist auf Außen- und Innenfläche bedruckt; bei abgeschalteter Raumbeleuchtung und erleuchtetem Sonnenmodell können wir in den Globus hinein-, aber nicht hindurchsehen. Auf der uns gegenüberliegenden Wandung wird der Himmel seitenrichtig sichtbar und ermöglicht so einen starken räumlichen Eindruck. Mehrere Beobachter können von allen Seiten hineinsehen; keiner sieht jedoch das Gesicht seines Gegenübers. Darüber hinaus zeigt dieses Modell die Bewegungsabläufe von Erde und Mond um die Sonne, und letztlich können die Sternbilder sogar an die Decke oder Wände eines verdunkelten Raumes projiziert werden.

Das Baader-Planetarium des Verfassers ist ein Sternglobus mit einem Kugeldurchmesser von 50 cm. Auf der Kugel sind wie auf einem Himmelsglobus der Fixsternhimmel und die Milchstraße sowie das Gradnetz mit Rektaszension

Das Baader-Planetarium als Sternprojektor. Beliebige Himmelsausschnitte können an die Zimmerdecke projiziert werden.

Baader Planetarium mit geöffnetem Himmelsglobus. Im Inneren sieht man eine Modellsonne, mit den Planeten Merkur, Venus und Mars auf Drahtbahnen sowie Erde und Mond im Umlauf um die Sonne.

und Deklination und die Ekliptik eingezeichnet. Wenn wir die obere Halbkugel abnehmen, sehen wir im Zentrum das Modell der Sonne, eine von einer Milchglaskugel überdeckte Glühlampe. Um die Sonne herum sind die Bahnen der inneren Planeten Merkur und Venus durch Drahtringe angedeutet. Es folgt die Erde mit dem Mond. Erde und Mond sind als Modelle auf einem beweglichen Arm montiert und können durch einen elektrischen Motor angetrieben werden. Wenn wir den Motor einschalten, bewegt sich eine kleine Erde um ein Sonnenmodell sowie um die eigene Achse. Gleichzeitig dreht sich ein Modellmond um die Erde. Die Bahnen der inneren Planeten Merkur und Venus sowie die Marsbahn sind durch Drahtringe dargestellt, während die Bahnen der äußeren Planeten von Jupiter bis Pluto auf der Innenseite der Halbkugel eingezeichnet sind.
Wollen wir den Sternenhimmel an die Decke und die Wände eines Raumes projizieren, nehmen wir die Milchglashülle vom Sonnenmodell ab und setzen die obere Halbkugel wieder auf. Durch langsame Drehung der Sternkugel können wir die Wanderung der Sterne und Sternbilder nachahmen.
Viele astronomische Vorgänge wie die Drehung der Erde um ihre Achse (Tag und Nacht), den Erdumlauf um die Sonne (Jahresbewegung), den Mondumlauf um die Erde mit Mond- und Sonnenfinsternis und schließlich den gesamten Sternenhimmel können wir mit dem Kleinplanetarium modellhaft darstellen und erläutern.
Schließlich sei noch ein wirklich unentbehrliches Hilfsmittel des Sternfreundes erwähnt: die **drehbare Sternkarte**. Mit ihr kann man ohne Schwierigkeiten den Anblick des Sternenhimmels für jede Jahres- und Nachtzeit ermitteln. Die Sternkarte enthält die Sternbilder unseres Nordhimmels und die Sterne bis etwa zur 5. Größe. Sie besteht aus dem drehbaren Deckblatt mit der Uhrzeitskala, dem Grundblatt mit Kalendarium und Stundenkreis und dem Zeiger mit der Deklination.
Stellen wir die Uhrzeit, zu der wir den Sternenhimmel beobachten wollen, auf den gegebenen Kalendertag ein, dann zeigt der ovale Ausschnitt des Deckblattes den zu diesem Zeitpunkt sichtbaren Teil des Sternenhimmels. Mit dieser Sternkarte können wir feststellen, wann ein bestimmter Stern aufgeht, seine höchste Stellung im Süden erreicht und wann er untergeht.
Wenn uns helle Sterne am Himmel auffallen, die wir **nicht** in der Sternkarte eingezeichnet finden, dann handelt es sich um die **Planeten** Venus, Mars, Jupiter oder Saturn. Diese Wandelsterne verändern oft in kurzer Zeit ihre Stellung, sodass sie in einer Sternkarte keine Berücksichtigung finden können. Die Planeten halten sich aber immer in der Nähe der Ekliptik auf. Wenn wir aus einem der **Himmelskalender**, die jährlich erscheinen, die Rektaszension eines Planeten zu einem bestimmten Zeitpunkt entnehmen und sie mit dem Zeiger der Sternkarte einstellen, dann finden wir den gesuchten Planeten leicht in der Nähe des Schnittpunktes zwischen der Mittellinie des Zeigers und der Ekliptik.
Gerade dem »Anfänger« hilft eine solche drehbare Sternkarte.

Volkssternwarten und Planetarien

Der Besuch in einer Volkssternwarte oder in einem Planetarium ist immer interessant und lohnend. In manchen Städten des In- und Auslandes gibt es die Möglichkeit dazu. Wir sollten sie nutzen und uns rechtzeitig über die Zeiten der öffentlichen Vorführungen informieren. Ein Blick aus dem Fenster ins All, den das Fernrohr einer Volkssternwarte vermittelt, eine Teilnahme am Sternentheater des Planetariums bleiben unvergessliche Eindrücke, weil sie anschaulich und elementar in das Erleben des Sternenhimmels und seiner Gesetze einführen. Manche Institute veranstalten auch astronomische Kurse und Seminare, in denen neue Forschungsergebnisse vorgestellt und besprochen werden. Sie dienen der Weiterbildung astronomisch Interessierter. Die Schwäbische Sternwarte und das Planetarium in Stuttgart sind dafür vorbildliche Beispiele. Größere Volkssternwarten befinden sich etwa auch in Berlin-Schöneberg, Bochum, Bremen, Coburg, Köln, Nürnberg, Recklinghausen, München und Stuttgart.

Dieser Projektor des Stuttgarter Planetariums projiziert den Sternenhimmel und die Bewegungen der Planeten auf eine Kuppel, deren Basisdurchmesser 20 m beträgt, und ist damit Mittelpunkt und Motor des »Sternenkinos«.

Kosmogonie und Kosmologie: Vom Werdegang und Aufbau des Universums

Kosmogonie (Entstehung und Entwicklung des Alls) und Kosmologie (Aufbau und Struktur des Alls) greifen ineinander. Beide Bereiche lassen sich nicht streng voneinander trennen. Wer nach der Entwicklung des Weltalls fragt, fragt auch nach seinem gegenwärtigen Bestand und Zustand. Und wer sich für den Aufbau des Weltalls, so wie es sich uns gegenwärtig zeigt, interessiert, der fragt früher oder später auch nach dem Woher und Wohin (siehe auch Seite 21).

In der jüngsten Zeit hat die Vorstellung vom All noch gewaltigere Formen angenommen. Die Ordnung und Struktur des Weltalls – Monde umkreisen Planeten, Planeten umlaufen die Sonne, hundert Milliarden Sonnen bilden eine Milchstraße (Galaxie), Gruppen von Galaxien gesellen sich zu Haufen, Gruppen von Galaxiehaufen zu Superhaufen – wird von einigen Denk- und Testmodellen noch weiter differenziert. Es scheint nach neuen Beobachtungen eines dafür zu sprechen, dass sich nun auch die gigantischen Superhaufen von Galaxien zu »Höherem« gruppieren, zu einer Art »Seifenschaum« im Universum. Zu »Blasenwänden« zusammengeschlossen umfassen sie gewaltige leere Regionen. Einige Kosmologen unter den Astronomen und Astrophysikern fragen noch weiter: Sollte das, was wir das Weltall oder das Universum nennen, nach allen Stufungs- und Ordnungsprinzipien, die wir zu erkennen meinen, wirklich das einzige Universum sein? Hier begeben wir uns auf das Gebiet der Spekulation. Eine Spekulation (von dem lateinischen spekulatio = Ausspähen) ist der Versuch, viele reale Einzelbeobachtungen und Einzelfragen unter das – zugegeben nicht sichtbare – Dach einer Gesamtschau zu bringen. Solche Spekulationen können in die Irre führen, sie können aber auch hilfreiche Impulse auslösen, und nicht selten hat es sich gerade in der Geschichte der Astronomie gezeigt, dass zunächst als zu gewagt und fantastisch beurteilte Behauptungen sich hinterher als richtig erwiesen haben. Bei wissenschaftlichen Auseinandersetzungen um die Frühphase des Universums stieß man fast zwangsläufig auf die Frage, was sich denn vor dieser Frühphase abgespielt hat. Ist der Kosmos »aus dem Nichts« hervorgegangen oder – und das ist die hier gemeinte Hypothese – ist unser Kosmos nur einer von unzähligen anderen Universen? Hier versagen unsere Begriffe und Vorstellungen. Man kann es nur in unangemessenen Bildern andeuten, worum es gehen könnte.

Sind die Universen, die in einer beliebigen Anzahl nebeneinander existieren, mit Blasen zu vergleichen, von denen manche nur auftauchen und wieder verschwinden, andere sich aber zu einem ganzen »Kosmos« aufblähen können? Nach neuesten Berechnungen wäre unser Kosmos 3030 Milliarden Jahre alt. Zu Beginn erfolgte der »Urknall«, wodurch der Kosmos eine größere Dimension erhielt. Werden am Ende die Lichter erlöschen, die Galaxien zu Grunde gehen? Viele Astronomen teilen diese Ansicht. Aber was hieße dann »am Ende«? Vielleicht bläht sich, während unser Kosmos erlischt und vergeht, in der Nachbarregion oder weit dahinter gleichzeitig ein anderer Kosmos auf und bringt Galaxien und möglicherweise irgendwo darin auch Leben hervor. Das wäre ein schöner und tröstlicher Gedanke.

Außerirdisches Leben im All?

Mit ziemlicher Sicherheit können wir sagen, dass es im Bereich unseres Planetensystems außerhalb der Erde kein **höher entwickeltes** Leben gibt. Es erscheint gegenwärtig sogar als wenig aussichtsreich, Leben in irgendwelchen **einfachen** Formen auf einem Planeten oder Mond unseres Sonnensystems zu suchen, wenn auch gewissermaßen das letzte Wort darüber noch nicht gesprochen ist.
Als mögliche Träger von primitiven Lebensformen standen die Venus und der Mars als unsere beiden Nachbarn im Brennpunkt des Interesses; außerdem der Jupiter, in dessen Atmosphäre man organische Verbindungen oder einfachstes Leben in Form von »Schwebewesen« für möglich hielt, und Titan, der größte Saturnmond, auf dem eine Atmosphäre (Gashülle) nachgewiesen wurde und der trotz der großen Sonnenferne vielleicht noch keine lebensfeindliche Temperatur besitzt. **Bruno Stanek** schreibt in seinem umfassenden **»Planetenlexikon«** von 1979, das über den derzeitigen Stand der Planetenforschung informiert: »Der Schlüssel für die Beantwortung der Frage nach der Einmaligkeit irdischen Lebens braucht keineswegs auf Mars zu liegen, sondern er könnte sehr wohl auf Titan liegen.«

Die **Venus** scheidet mit an Sicherheit grenzender Wahrscheinlichkeit schon wegen der sehr hohen Oberflächentemperatur von 500 °C, die noch größere Gluthitze als auf dem sonnennächsten Planeten Merkur bedeutet, aus der Diskussion aus. Aktives Leben, wie wir es kennen und von dem wir zunächst ausgehen müssen, damit wir uns nicht zu sehr in Spekulationen verlieren, ist – abgesehen von anderen Voraussetzungen – nur innerhalb eines äußerst begrenzten Temperaturbereichs möglich. Die Marssonden »Viking 1« und »Viking 2« haben trotz anfänglicher Hoffnungen die Existenz organischen Lebens auf dem **Mars** nicht nachweisen können. Es kann aber sein, dass die Landestellen der »Viking«-Sonden für die Suche nach Leben ungünstig waren und dass jetzige Forschungen an anderen Orten des Mars zu anderen Ergebnissen führen. Wir dürfen nicht vergessen, dass die bisherigen Marsforschungen zu diesem Thema, so beachtlich sie sind, erst bescheidene Anfangsschritte darstellen. Das »Viking«-Programm mit seinen Versuchen, Leben

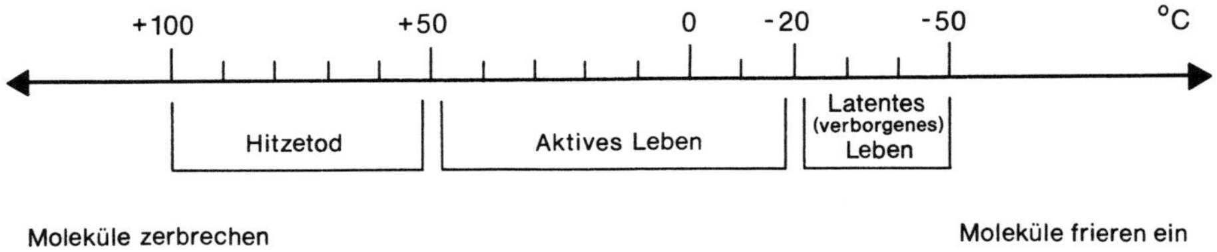

Nur im Bereich zwischen +50°C und -20°C kann das aktive Leben gedeihen.

nachzuweisen, hat uns zwar wertvolle Erkenntnisse über die Chemie der Marsoberfläche eingebracht, aber die biologische Frage bleibt im Hinblick auf Mars nach wie vor offen. Hier werden die zurzeit laufenden und die künftigen Mars-Programme der USA vielleicht klarere Erkenntnisse möglich machen. Einfachstes pflanzliches Leben – wie Flechten und Algen – könnte von Atmosphäre und Temperatur auf dem Mars im Bereich des Möglichen liegen. Aber auch nur Spuren von Bakterien, die die Mars-Sonde »Spirit« im Jahr 2004 nachweisen würde, wären ein Riesenerfolg. Jedoch: was sein kann, **muss** deshalb noch nicht Realität sein. Das Vorhandensein bestimmter Voraussetzungen für eine Entwicklung bedeutet noch nicht, dass die Entwicklung auch wirklich stattgefunden hat. Das gilt auch von den Vorstellungen möglicher primitiver Lebensformen in der Atmosphäre des **Jupiter** und auf dem Saturnmond **Titan**.

Etwas anderes ist es, ob wir eines Tages irgendwo in unserem Planetensystem auf Spuren **vergangenen** Lebens stoßen oder zumindest an die Stelle, an der die Entwicklung zum Leben stehen geblieben ist. Oder weiter in die Zukunft! Hat nicht der Gedanke etwas Faszinierendes, dass der Mensch bestimmte pflanzliche Lebensformen der Erde auf dem Mars **ansiedelt** und dort zur Entfaltung bringt, ganz abgesehen von den langfristigen Plänen der Industrialisierung des Mondes oder des Mars? Es gibt wissenschaftlich untermauerte Zukunftsvisionen, nach denen ein Umbereiten der Atmosphäre der benachbarten Himmelskörper und das Auswandern eines Teils der Menschheit auf den Mars oder die Venus nicht nur in den Bereich des Möglichen, sondern in den Bereich des Notwendigen gehören, z. B. aus Gründen der Überbevölkerung der Erde. Das wäre dann zwar Leben in unserem Planetensystem, außerhalb der Erde aber kein vorgefundenes fremdes Leben, sondern ein von der Erde abgezweigtes und verpflanztes Leben im All. Ein nicht minder interessantes und abenteuerliches Kapitel zum Thema »Leben im All«!

Unsere Sonne mit ihren Planeten ist freilich nur **eine** Sonne unter vielen Milliarden anderer Sonnen in unserer Milchstraße, und unsere Milchstraße ist wiederum nur **eine** unter vielen Milliarden anderer Milchstraßen. Wie steht es mit der Bewohnbarkeit von Himmelskörpern im großen All, jenseits unseres Sonnensystems?

Hier wachsen die Zahlen der Sterne so rasch ins Unermessliche, dass selbst dann, wenn man von einer äußerst geringen Prozentzahl angenommener fremder Planeten ausgeht, die Zahl der bewohnbaren Himmelskörper noch riesengroß sein müsste. Entscheidend für die Beantwortung unserer Frage nach Leben in den Tiefen des Alls ist die Frage nach der **Häufigkeit von Planetensystemen**. Hielt man in früheren Zeiten in der Sternwissenschaft die Entstehung unseres Planetensystems für einen Sonderfall und versuchte sie durch allerlei Ausnahme- und Katastrophentheorien zu begründen, so geht man heute davon aus, dass eine Sonne selten für sich allein, sondern **meistens in Gemeinschaft** mit anderen Himmelskörpern entsteht, mögen es nun andere Sonnen sein, die ein Doppel- oder Mehrfachsystem bilden, oder eben eine Vielzahl kleinerer Himmelskörper, die wir Planeten nennen.

Die extrasolaren Planeten, die bisher durch verschiedene indirekte Beobachtungs- und Vermessungsmethoden nachgewiesen wurden, sprechen eindeutig für das häufigere Vorkommen solcher fernen Planetensysteme. Und es steht zu erwarten, dass durch die modernen Großteleskope, die zum Teil schon in Betrieb genommen sind, zum Teil noch in Vorbereitung sind, diese extrasolaren Planeten in der kommenden Zeit auch optisch erfasst werden können, vielleicht sogar auch kleinere Planeten, mit Erde und Mars vergleichbar. Nehmen wir einmal an, wir würden ein solches Planetensystem um einen unserer Sonne benachbarten Stern entdecken.

Dann käme es bei der Frage nach möglichem Leben in diesem Planetensystem auf **verschiedene Voraussetzungen** an, selbst wenn wir diesem Leben in seiner Entwicklung und in seinen Arten und Formen eine sehr große Spielbreite zugestehen. Einmal müsste das Zentralgestirn ein **sonnenähnlicher Stern** sein, dessen Licht- und Wärmestrahlung eine langfristige Beständigkeit gewährleistet. Dann dürfte es sich bei den begleitenden Himmelskörpern nicht nur um vornehmlich aus Wasserstoff bestehende Planeten nach Art des Jupiters und der anderen großen Planeten unseres Sonnensystems handeln, sondern es müsste darunter auch **erdähnliche Wandelsterne** geben. Des Weiteren käme es sehr darauf an, ob zumindest einer dieser Planeten sich innerhalb einer Zone bewegt, in der lebensfreundliche Oberflächentemperaturen möglich sind, in einer **bewohnbaren Zone** also (grch.: Ökosphäre), die sich weder zu nah am Zentralgestirn noch zu weit ab von ihm befindet. Stünde unsere Erde am Platz der Venus oder des Mars, hätte auf ihr höchstwahrscheinlich gar kein Leben entstehen können!

Schließlich: Selbst wenn alle diese Voraussetzungen gegeben wären, brauchte das noch nicht die **tatsächliche** Existenz von Leben in irgendeiner Form auf dem angenommenen Planeten zu bedeuten. Denn es ist ja nicht so, dass da, wo die chemischen Grundlagen und annehmbare Umweltbedingungen gegeben sind, die Entwicklung zum Leben unbedingt stattgefunden haben **muss**! Auch kann der stillschweigend vorausgesetzte Gedanke der Gleichzeitigkeit irrig sein.

Vielleicht gab es in unserer Milchstraße hier oder da **vor** der Geschichte des Lebens auf unserem Planeten lebenstragende Himmelskörper, vielleicht wird es sie hier oder da in den Tiefen des Alls **nach** der Lebensgeschichte unseres Planeten geben. Leben im All, wenn es eine Wirklichkeit auch außerhalb von

uns ist, muss nicht überall zur gleichen Zeit existieren.
Wir sehen, diese Überlegungen vermindern die aus dem Vollen gegriffene Zahl der als Lebensträger infrage kommenden Planeten ganz erheblich, und wir verstehen, dass manche Wissenschaftler die Frage nach außerirdischem Leben im All heute wieder skeptischer beantworten, bis hin zu der Vermutung, die Erde könnte – zumindest in **unserer** Milchstraße – im gegenwärtigen Zeitraum der einzige bewohnte Planet sein. Umso nachdrücklicher werden wir auf uns selbst zurückverwiesen und dazu angehalten, mit dem Geheimnis des Lebens auf unserem Heimatplaneten behutsam und verantwortungsbewusst umzugehen!
Gäbe es während der Dauer des menschlichen Lebens auf der Erde in den Tiefen des Alls irgendwo ein höher entwickeltes oder gar menschenähnliches Leben, wäre es sehr zweifelhaft, ob wir jemals **auf raketentechnischem Wege** mit diesen »Brüdern und Schwestern im All« in Verbindung treten könnten. Selbst wenn uns eine Fortbewegung mit halber Lichtgeschwindigkeit möglich wäre, wären die Raketen hunderte und tausende von Jahren unterwegs.
Mehr Chancen hätte auf weite Sicht vielleicht die **funktechnische Methode**, nach der künstliche Radiosignale fremder Zivilisationen aufgefangen und beantwortet würden. Einen ersten Versuch dieser Art gab es 1960, als das Projekt **»Ozma«** mit Hilfe des 25-m-Radiospiegels des Observatoriums Green Bank in West Virginia/USA durchgeführt wurde. Dabei wurden die Sterne ε Eridani und τ Ceti auf künstliche Radiosignale abgehorcht, um eventuell auf diese Weise technisch entwickelte Kulturen nachzuweisen. Der Versuch ging negativ aus, regte aber eine Reihe weiterer Projekte dieser Art an.
Die Spezialisten, die sich mit diesem Thema befassen, nennt man SETI-Forscher, wobei das Wort SETI eine Abkürzung ist für Search for Extraterrestrial Intelligence = Suche nach außerirdischen Intelligenzen. Vor allem ist hier die große Suchaktion nach Radiosignalen außerirdischer Zivilisationen zu nennen, die unter der Bezeichnung MOP (= Microwave Observing Project) stand und 1992 ins Leben gerufen wurde und zunächst von der NASA initiiert und getragen wurde, dann aber aus finanziellen Gründen von ihr aufgegeben werden musste. Private Sponsoren retteten die Aktion, sodass das Suchprogramm heute unter der Bezeichnung »Project Phoenix« weiterläuft. »Es ist die ausgeklügeltste und raffinierteste Suchstrategie, die je eingesetzt wurde. Elektronische Hochtechnologie und ausgefeilte Computer-Programme erlauben heute viel wirksamere Suchmethoden als noch vor rund vierzig Jahren (Projekt OZMA)«, so urteilt Hans Ulrich Keller. Über 1000 Sterne, die unserer Sonne ähneln und Planeten zu Begleitern haben könnten, werden regelmäßig auf mögliche Signale intelligenter Bewohner überprüft. Und dies in vernetzter Kooperation verschiedener Radioteleskope und Sondergeräte. Bis zur Stunde wurde nichts entdeckt, was auf die Existenz vernunftbegabter Bewohner in fernen Allregionen schließen ließe. Aber das ist auch nicht anders zu erwarten. Denn kosmisch gesehen können wir erst einen winzigen Augenblick lang Funksignale empfangen und senden.

Solch ein Abhör- und Funkkontakt zwischen der Erde und bewohnten Planeten von Sternen, die unserer Sonne nahe stehen, wäre die einzige Möglichkeit, mit fernen Intelligenzen Verbindung aufzunehmen. Es sind sogar schon **Verständigungssysteme** ausgearbeitet, die durch einfache Zeichen (Punkte und Striche wie beim Morsen) logische und mathematische Aussagen machen. Dazu gehört unter anderem die »Lincos«-Sprache (lat.: lingua cosmica = kosmische Sprache) des niederländischen Mathematikers **Hans Freudenthal**.

Daneben werden den Raumsonden, die auf einen über unser Sonnensystem hinausführenden Weg gebracht werden, in Bild, Ton, Zeichen und Formeln Informationen über unser Sonnensystem und die Erde mitgegeben. Ob sie als **kosmische Botschaft** irgendwann einmal in die Hände einer fremden Zivilisation geraten? Wir wissen es nicht, aber der Gedanke daran hat etwas Fesselndes ...

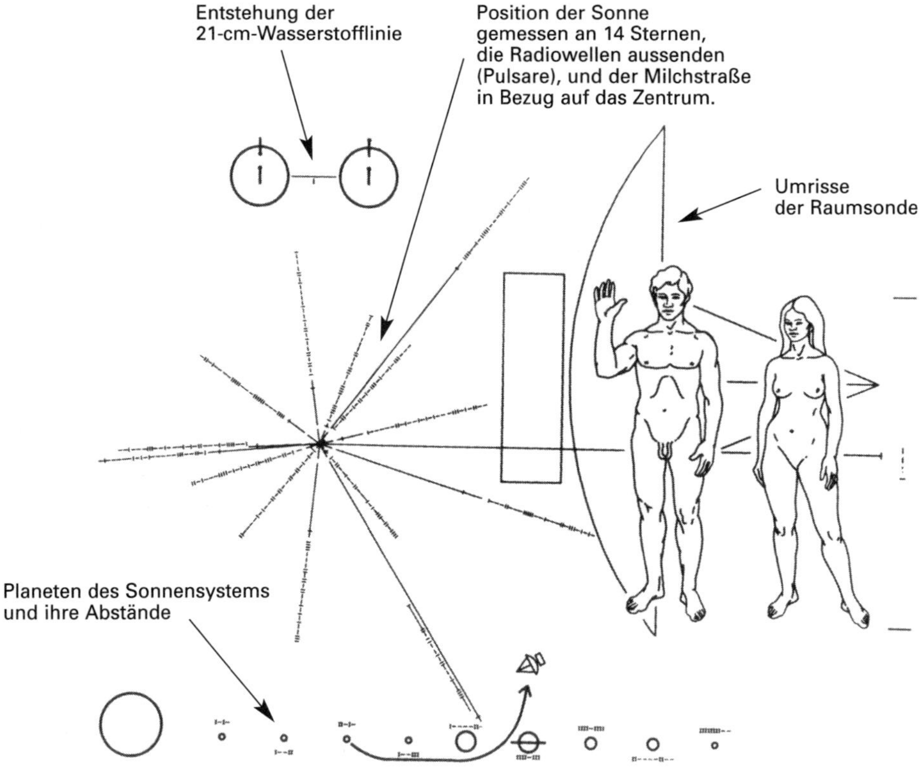

Anodisierte Goldplatte mit Informationen über die Erde und unser Sonnensystem. Sie ist an den Raumsonden »Pioneer 10« und »Pioneer 11«, die inzwischen unser Sonnensystem verlassen haben, angebracht.

Die Sache mit dem Weihnachtsstern

Sterne spielen in der Advents- und Weihnachtszeit eine große Rolle. In den Lichterketten der Straßen, in den Geschäftsauslagen, beim Zubereiten weihnachtlichen Gebäcks, auf Grußkarten zum Fest und natürlich beim Basteln und beim Schmücken der Wohnung und des Tannenbaums – überall begegnet uns die Gestalt der Sterne. In manchen Häusern und Kirchen hängt der Herrnhuter Weihnachtsstern als leuchtendes Symbol dieser Wochen. Und wenn sich an den frühdunklen Abenden der Himmel unbewölkt zeigt, sehen wir gern und in stiller Bewunderung zu den funkelnden Sternen und Sternbildern über uns auf.

Die Vorliebe für Sterne in der Weihnachtszeit hängt mit der biblischen Erzählung vom Weihnachtsstern zusammen, der anlässlich der Geburt Jesu von Nazareth am Himmel erschien und zum Wegweiser nach Bethlehem wurde. Die Geschichte ist nachzulesen im Matthäusevangelium, Kapitel 2, Vers 1–12. Während der griechische Urtext des Matthäusevangeliums von »Magiern« spricht, gelehrten Männern des Ostens, die die Sterne beobachten und nach damaligem Muster astrologisch deuten, hat die spätere fromme Legende aus ihnen – wohl auf Grund der Dreizahl der königlichen Geschenke Gold, Weihrauch und Myrrhe, die die Männer an die Krippe bringen – drei Könige gemacht. Sie kommen seither in jedem traditionellen Krippenspiel vor und illustrieren die Erfüllung der alttestamentlichen Verheißung, die über den ersehnten Friedefürst sagt: »Könige werden ihn anbeten« (Psalm 72, 11).

Aber wie ist die Sache mit dem Weihnachtsstern zu verstehen? Ist der Stern nur als eine poetisch-ästhetische Beigabe zu sehen oder als ein Wunderstern, nach dessen Charakter der Glaube nicht näher fragen darf? Oder steht eine greifbare, erklärbare Wirklichkeit hinter ihm? Die Bibel schmückt die Besonderheit der Geburt Jesu nicht mit märchenhaften Zügen aus. Sie unterstreicht die Besonderheit dieses Menschwerdens auch nicht durch die Anwendung der antiken Anschauung, nach der des Öfteren solch ein Wunderstern die Geburt eines bedeutenden Herrschers ankündigt. Sehr wahrscheinlich nimmt die Geschichte vom Weihnachtsstern Bezug auf eine wirkliche astronomische Erscheinung zur Zeit der Geburt Jesu.

Viele Forscher haben sich darüber Gedanken gemacht, um was für eine Art von Himmelserscheinung es sich gehandelt haben mag. Einige sprachen sich für die Kometen-Hypothese aus: Ein Schweifstern sei am Firmament entlanggezogen und habe die sternkundigen Gelehrten aufmerksam gemacht und auf ihrer langen Reise geführt. So wird ja auf Adventskalendern, in Weihnachtsbüchern und Kinderbibeln der Weihnachtsstern auch oft dargestellt. Wir wissen heute, dass den Historikern bei der Festlegung des Geburtsjahres Jesu damals ein Fehler unterlaufen sein muss. Nicht im Jahre Null oder 1 erblickte das Jesuskind das Licht der Welt, sondern höchstwahrscheinlich bereits im Jahr 6 vor Beginn unserer Zeitrechnung. Und für diese Zeit lässt sich rückblickend kein Komet nachweisen oder berechnen. Und weiter: Wie hätte ein Komet, selbst wenn er zur Zeit der Geburt Jesu am Himmel erschienen wäre, die sternkundlich gebildeten Männer im Osten zum Aufbruch nach Israel motivieren können? Wie hätten sie auf die Idee kommen können, dort sei der »König der Juden« geboren? Vor allem aber galten Kometen in der damaligen Sternen- und Schicksalsdeutung nicht als Glücks-, sondern als Unglücksboten, die Krieg und Hungersnöte, Feuerbrand und Überschwemmungen, Leiden und Seuchen oder den Tod eines mächtigen und berühmten Menschen ankündigten.

Ähnlich ergeht es der Hypothese von einer Nova oder Supernova. Eine Nova (lateinisch nova stella = neuer Stern) ist eine ferne Sonne, die sich auf Grund inneratomarer Vorgänge aufbläht und ihre Leuchtkraft bis ins Gigantische steigert. »Neuer Stern« ist also eigentlich eine unangemessene Bezeichnung, da sich der Stern, die Sonne ja bereits im Weltall vorfindet, nur eben durch die atomare Katastrophe plötzlich überaus hell aufflammt, um später zu explodieren. Manche solcher Nova- oder Supernova-Ausbrüche sind in Vergangenheit und Gegenwart beobachtet worden. Aber keine der in der Antike nachweisbaren Nova-Erscheinungen lässt sich letztlich für die Erklärung des Weihnachtssternes in Anspruch nehmen. Und wenn es tatsächlich zur Geburt Jesu eine solche Helligkeitssteigerung einer fernen Sonne gegeben hätte, wären die »Magier« ganz gewiss nicht die Einzigen gewesen, die diese Himmelserscheinung wahrgenommen hätten. Und wiederum: Es würde auch bei dieser Annahme die Motivation zum Aufbruch nach Israel fehlen.

Sehr wahrscheinlich geht eine dritte Hypothese in die richtige Richtung. Im Hintergrund des Geburtssternes von Bethlehem steht eine Sternkonstellation besonderer Art, die die antiken Sterntafeln und -tabellen tatsächlich registrieren: eine dreifache Nah- und Engstellung (Konjunktion = Verbindung) der Planeten Jupiter und Saturn im Sternbild der Fische. Solch eine Begegnung zweier Planeten ist eine perspektivische Erscheinung, das heißt sie stehen nur von der Erde aus gesehen nah beisammen, während sie in Wirklichkeit viele Millionen Kilometer voneinander getrennt sind. In diese perspektivische Verbindung treten die kleineren und schneller laufenden Planeten Merkur, Venus und Mars des Öfteren untereinander und auch mit den großen und langsamer laufenden Planeten Jupiter und Saturn. Aber eine Konjunktion zwischen den beiden großen Planeten selber (große Konjunktion) ereignet sich nur alle zwanzig Jahre einmal. Nun gibt es bei einer solchen großen Konjunktion noch eine Steigerung: die »größte Konjunktion«. Sie tritt ein, wenn Jupiter und Saturn bei ihrer Nahstellung zueinander zugleich in Opposition zur Sonne stehen (in Gegenüberstellung zur Sonne). Um die Oppositionszeit bewegen sich die Planeten, wiederum von der Erde aus gesehen, in schleifenartigen Bahnen und kommen sich dabei insgesamt dreimal nahe. Diese »größte Konjunktion« zwischen Jupiter und Saturn hat besonderen Seltenheitswert. Sie wiederholt sich im Schnitt nur alle 135 Jahre und zieht das Augenmerk aller Sternkundigen auf sich. Übrigens war 1981 ein Jahr dieser »größten Konjunktion« zwischen Jupiter und Saturn. In Tageszeitungen und Sternkalendern wurde ausführlich auf dieses besondere Himmelsschauspiel eingegangen.

Schon der bekannte Sternenforscher Johannes Kepler (1571–1630), in dessen Wesen sich frommer Glaube und naturwissenschaftlicher Scharfsinn verbanden, dachte daran, dass ein solcher astronomischer Vorgang hinter dem Stern von Bethlehem stehen könnte. Diese These hat zweierlei für sich. Einmal lässt sich in der Tat für das Jahr der Geburt Jesu eine dreifache Verbindung zwischen Jupiter und Saturn nachweisen, die sich damals etwa bis auf halbe Vollmondbreite nahe kamen. Wer, wenn nicht die sternkundigen gebildeten Männer im Osten, wahrscheinlich in Babylon, die ein erstaunliches astronomisches Wissen besaßen und den Himmel täglich beobachteten, sollte auf eine solche seltene Konjunktion von Jupiter und Saturn aufmerksam werden? Sie, die vermutlich Priester, Astronomen (= Sternwissenschaftler) und Astrologen (= Sterndeuter) in einer Person waren, kannten durch die Zeit der Gefangenschaft der Juden in Babylonien die messianische Verheißung Israels. Sie wussten, dass der hell glänzende Jupiter als Königs- und Gottesstern galt, bei ihnen der babylonischen Gottheit Marduk gewidmet, und dass der Saturn der Stern der Juden mit Namen Kevan war. Der Tierkreis war nach Ländern aufgeteilt, wobei das Sternbild Fische dem Westland Palästina zugeordnet war und zugleich als letztes Sternbild im Tierkreis das Ende der Weltreiche symbolisierte. Wenn nun der Königs- und Gottesstern Jupiter dreimal ganz nah an den Volksstern Israels, den Saturn, herantrat, dann lag für die Sternkundigen und Sterndeuter in Babylonien der Schluss nahe: In Israel muss ein neuer Herrscher geboren sein, ein von Gott Gesandter, der die israelitische Messias-Erwartung erfüllt! So brachen die Männer aus dem Zweistromland zwischen Euphrat und Tigris auf in den Westen nach Palästina, und so führte ihr Weg nach etwa eintausend Kilometern Reise nach Jerusalem an den Königshof des Herodes, wo sie ihre Frage stellten: Wo ist der neugeborene König der Juden? So nahm die Geschichte ihren weiteren Verlauf. Niemand weiß es genau. Aber so könnte es gewesen sein!

Der Stern von Bethlehem ist keine fromme Ausschmückung. Hinter ihm steht höchstwahrscheinlich eine reale astronomische Erscheinung. Sie sagt uns zweierlei. Gottes Schöpfermacht kann auf ihrem Weg zu uns Menschen sichtbare Zeichen setzen. Es kommt nur darauf an, sie wahrzunehmen und zu uns sprechen zu lassen. Gottes Macht kann dabei den Menschen sogar bei seinem Aberglauben (Scheinglauben) abholen und zur Begegnung mit der Wahrheit des Lebens führen. Denn Astrologie als Sterndeutung, wenn sie das Schicksal pseudoreligiös aus den Sternen ablesen möchte, ist nach biblisch-christlichem Verständnis Aberglaube, der in die Unfreiheit führt. Wunderbar, aber von der christlichen Verkündigung nur selten thematisiert, wie die hochgebildeten Astronomen, die so viel von der weiten Welt wissen und doch zugleich noch in den Kinderschuhen einer sterndeutenden Weltanschauung stecken, an die Krippe in Bethlehem treten und dort vor dem menschgewordenen lebendigen Gott niederknien!

So verstanden ist der Weihnachtsstern keine vergangene Größe der Antike, sondern eine immer wieder neue sinnbildliche Einladung zu dem, der von sich sagt: »Ich bin der helle Morgenstern« (Offenbarung 22, 16). Zu seinem Lob ruft der gläubige Dichter auf: »Lobet ihn, alle leuchtenden Sterne!« (Psalm 148, 3)

Gebräuchliche astronomische Begriffe

Äquinoktium
Tagundnachtgleiche; wenn die Sonne im März den Frühlingspunkt und im September den Herbstpunkt erreicht.

Albedo
Reflexionsvermögen eines nicht selbstleuchtenden Himmelskörpers (Planet, Mond).

Apex
Die Richtung im All, auf die sich unsere Sonne zubewegt: Bereich im Sternbild Herkules.

Aphel
Punkt größter Entfernung von der Sonne in der Bahn eines Planeten.

Asteroiden
Die kleinen Planeten, die sich in einer großen Anzahl im Raum zwischen Mars und Jupiter um die Sonne bewegen. Sie werden auch Planetoiden genannt.

azimutal
Fernrohrmontierung, bei der sich die Achse nicht parallel zur Erdachse bewegt, sondern am Horizontbogen (Azimut) orientiert ist.

Deklination
Abstand eines Gestirnes vom Himmelsäquator, in Winkelgraden. Nördlich des Äquators wird die Gradzahl mit einem Pluszeichen versehen; befindet sich der Stern südlich des Himmelsäquators, wird die Gradzahl mit einem Minuszeichen versehen. Abkürzung δ.

Doppelsterne
Optische Doppelsterne stehen nur scheinbar beieinander, erscheinen nur perspektivisch als zusammengehörig. In Wirklichkeit sind sie weit voneinander entfernt und haben nichts miteinander zu tun. **Physische** Doppelsterne sind echte Doppelsterne, die zu einem System zusammengehören und um einen gemeinsamen Mittelpunkt kreisen. Solche Doppelsterne stellen eine Normalerscheinung im All dar. Es gibt auch Mehrfachsysteme, in denen mehrere Sonnen zueinander gehören.

Eigenbewegung
Abgekürzt EB. Von der Erde aus gesehen die seitliche Eigenbewegung der Fixsterne, die sich nur in ganz langen Zeiträumen an der Veränderung der Sternbilder bemerkbar macht. Nicht zu verwechseln mit der Wanderung der Sterne und Sternbilder zwischen Aufgang und Untergang, die durch die Drehung der Erde um sich selbst verursacht wird.

Ekliptik
Erweiterung der Erdbahnebene in den Himmel; die scheinbare Bahn der Sonne, des Mondes und der Planeten. Der Begriff stammt aus dem Griechischen und heißt »Finsternislinie«; denn Sonnen- und Mondfinsternisse können nur entstehen, wenn sich der Neumond bzw. Vollmond in unmittelbarer Nähe der Ekliptik befindet.

Ephemeriden
Tagesstandorte von Sonne, Mond und Sternen in Tabellenform. Siehe die Ephemeriden der Planeten am Ende dieses Buches!

ESA
Abkürzung für European Space Agency, eine europäische Organisation zur friedlichen Weltraumforschung und Weltraumtechnologie seit 1975. Beteiligt sind die Staaten Belgien, Dänemark, Deutschland, Großbritannien, Italien, Niederlande, Schweden, Schweiz, Spanien, die die ESA auch finanziell tragen.

Extrasolare Planeten
Planeten, die um fremde Sterne (Sonnen) kreisen, also Planeten außerhalb unseres eigenen Sonnensystems. Bisher wurden auf indirekte (nicht optische) Weise etwa 50 Fremdplaneten aufgespürt, allerdings fast alle in Jupitergröße oder noch größer.

Fixstern
Bezeichnung aus dem Weltbild des Altertums. Fix = festgeheftet. Man stellte sich die Sterne am Firmament festgeheftet vor. Heute wissen wir, dass jeder Stern eine große Sonne mit eigener Bewegung durchs All ist. Fixstern = Sonne.

Frühlingspunkt
Schnittpunkt der Ekliptik und des Himmelsäquators im Sternbild Fische, an dem sich die Sonne am 20. oder 21. März befindet

(Frühlingsbeginn). Die Sonne tritt in das Tierkreiszeichen Widder.

Galaxie
Milchstraßensystem mit mehreren Milliarden Sonnen, Sternsystem nach Art unserer Milchstraße. Die ältere Bezeichnung »Spiralnebel« stammt aus der Zeit, in der man die Galaxien für echte Nebel hielt.

Galaxienhaufen
Vergesellschaftung von Galaxien, Ansammlung von einigen Milchstraßensystemen zu einer höheren Einheit im Kosmos. Zum Virgo-Haufen – einem Galaxienhaufen im Sternbild der Jungfrau –, dem größten, den wir kennen, gehören beispielsweise 2500 Galaxien.

Galaxis
Bezeichnung für unser eigenes Milchstraßensystem.

Gravitation
Schwerkraft, Anziehungskraft. Je mehr Masse ein Körper besitzt, desto mehr Anziehungskraft übt er aus.

Großer Roter Fleck
abgekürzt GRF. Ovales Turbulenzgebiet auf der Südhalbkugel des Jupiter, eine Art Dauergewitter mit wechselnder Farbintensität.

Halo
grch. = Hof. Ringerscheinung um Sonne und Mond. Sie entsteht durch Beugung des Lichtes an Eiskristallen in der Luft. Ähnliche Erscheinungen sind die Nebensonnen. – In einem anderen Sinn wird der Ausdruck gebraucht für den Umkreis unserer Galaxis, um die herum die Kugelsternhaufen eine Art Halo bilden.

Helligkeit eines Sternes
a) scheinbare Helligkeit (Größenklasse):
Je nach ihrer Helligkeit – von der Erde aus gesehen – sind die Sterne in verschiedene Größenklassen eingeteilt. Das menschliche Auge sieht gerade noch die Sterne sechster Größe. Die Sterne erster Größe (geschrieben 1^m, mit hochgestelltem »m« von lat. magnitudo = Größe) sind die hellsten. Noch hellere Objekte wie manche Planeten und die Sonne werden mit einer Null gekennzeichnet oder sogar mit einem Minuszeichen vor der Zahl versehen. Von einer Größenklasse zur anderen besteht ein 2,5-facher Helligkeitsunterschied.
b) absolute Helligkeit:
Die Helligkeit, die ein Stern in einer Einheitsentfernung von 32,6 Lichtjahren (10 parsec) haben würde. Sie wird in der Regel mit »M« bezeichnet.

Herbstpunkt
Schnittpunkt der Ekliptik und des Himmelsäquators im Sternbild Jungfrau, an dem sich die Sonne am 23. September befindet (Herbstbeginn). Die Sonne tritt in das Tierkreiszeichen Waage.

Himmelsäquator
Projektion (Erweiterung) des Erdäquators auf die Himmelskugel.

Hyaden
offener Sternhaufen im Sternbild Stier um den Hauptstern Aldebaran, der allerdings nur ein Vordergrundstern ist und nicht zur Gruppe gehört. Hyaden = Regengestirn.

Kometen
wörtlich: Schweif- oder Haarsterne. In Wirklichkeit kleinere Himmelskörper aus Gestein und Glas, die in Sonnennähe durch den Strahlungsdruck der Sonne einen Schweif entwickeln, der der Sonne abgewandt ist.

Korona
Lichtkranz der äußersten Sonnenatmosphäre, bei Sonnenfinsternis oder künstlicher Abdeckung der Sonnenscheibe zu betrachten.

Kosmogonie
Entstehung und Entwicklung des Kosmos.

Kosmologie
Lehre vom Aufbau und Zustand des Kosmos.

Kulmination
höchste Stellung eines Sternes im Süden. Lediglich die Zirkumpolarsterne erreichen ihre Kulmination im Norden.

leuchtende Nachtwolken
Staub- und Eisschichten, die sich in der Erdatmosphäre in einer Höhe von etwa 80 bis 85 km befinden, reflektieren das Sonnenlicht noch, wenn es auf der Erde selbst bereits dunkle Nacht geworden ist. Ein Vorgang, der dem Alpenglühen vergleichbar ist.

Libration
Pendelbewegung des Mondes, die zur Folge hat, dass wir am östlichen und westlichen Rand des Mondes sowie an den beiden Mondpolen von Zeit zu Zeit etwas mehr Mondoberfläche sehen können (59 % der gesamten Oberfläche).

Lichtjahr
keine Zeitangabe, sondern ein Entfernungsmaß. Das Licht, das in einer Sekunde 300 000 km zurücklegt, bewältigt in einem Jahr eine Strecke von 9,5 Billionen km.

Lokale Gruppe
ein kleinerer Galaxienhaufen, zu dem unser eigenes Milchstraßensystem gehört. Er umfasst etwa 25 Galaxien; darunter sind der berühmte Andromedanebel sowie die Große und Kleine Magellansche Wolke.

Meridian
Mittags- oder Südlinie. Ein Stern, der sie erreicht, kulminiert, d. h., er erreicht seinen höchsten Stand.

Meteorit
Kleinstkörper aus dem All, vermutlich abgebröckelte Teile von Kometen. Ein Meteorit wird beim Eintritt in die Erdatmosphäre als Meteor (Sternschnuppe) sichtbar. Größere Stücke, die unverglüht die Erdoberfläche erreichen, nennt man ebenfalls Meteoriten.

Meteorströme
Zu bestimmten Zeiten im Jahr passiert die Erde bestimmte Meteorströme. Es sind Schwärme von Meteoriten, die beim Eintritt in die Erdatmosphäre Leuchterscheinungen hervorrufen (Sternschnuppen). Sie werden nach den Sternbildern benannt, aus denen sie zu kommen scheinen.

Nadir
Punkt, der genau dem Zenit entgegengesetzt ist, unterhalb des Fußpunktes des Beobachters.

NASA
Abkürzung für die Weltraumbehörde der USA: National Aeronautics und Space Administration.

Nebel
Gas- oder Staubwolke, leuchtend oder lichtverschluckend. Interstellare Materie, aus der sich neue Sterne bilden können.

Neutronenstern
Endstadium eines Sternes. Ergebnis eines Zusammenbruchs einer Sonne, die zuletzt mehr als 1,4 Sonnenmassen enthielt. Ein Neutronenstern besteht im Wesentlichen aus Neutronen und hat nur einen Radius von wenigen Kilometern.

Nova
»Neuer Stern«. Diese Bezeichnung ist irreführend. Es handelt sich nicht um einen neu entstandenen Stern, sondern um eine gewaltige Lichtsteigerung eines vorher »normalen« und vielleicht von der Erde aus nicht gesehenen Sternes.

Objektiv
Linse am Fernrohr, die auf das zu beobachtende Objekt eingestellt wird. Je größer der Durchmesser, desto leistungsfähiger das Fernrohr. Beim Spiegelfernrohr ist das Objektiv ein Spiegel.

Okular
Linse am Fernrohr, durch die das Auge beobachtet. Eine Art Vergrößerungsglas oder Lupe.

parallaktisch
Montierung eines Fernrohres, wobei die Hauptachse parallel zur Erdachse eingestellt ist und damit auf den Himmelspol weist.

Perihel
Punkt größter Sonnennähe eines Planeten.

Planeten
Wandelsterne, die wie die Erde eine Sonne umkreisen. Nicht selbstleuchtende, mehr oder weniger feste Körper. Unser Planetensystem umfasst neun große und eine Vielzahl kleiner Planeten. Es spricht einiges dafür, dass auch andere Fixsterne planetenartige Begleiter haben.

Planetoiden
→ Asteroiden

Plejaden
schönster offener Sternhaufen des nördlichen Sternenhimmels; im Stier. Plejaden = Tauben. Weitere volkstümliche Namen: Siebengestirn, Glucke, Leiterwagen.

Polarlicht
auch Nordlicht und Südlicht genannt. Verschiedenfarbige Leuchterscheinungen in der irdischen Hochatmosphäre: rot, blauweiß, grün. Als Lichtbogen oder Strahlenbündel zu beobachten, vor allem in den Bereichen um den nördlichen und südlichen magnetischen Erdpol. Hervorgerufen wird das Polarlicht durch Ausbrüche und Entladungen auf der Sonne. Dabei werden elektrisch geladene Teilchen in den Raum geschleudert (Sonnenwind). Sie gelangen zur Erde, werden zu den Magnetpolen abgelenkt, dringen hier in die hohe Atmosphäre ein und regen die Sauerstoff- und Stickstoffatome zum Leuchten an.

Polarstern
der letzte Deichselstern des Kleinen Wagens (Alrukaba). Wegen der Präzession der Erdachse kommt mit der Zeit immer wieder ein anderer Stern in die Himmelspolstellung. Vor ca. 5000 Jahren stand der Hauptstern im Sternbild Drache dem Pol am nächsten. In 5000 Jahren wird Alderamin, der Hauptstern im Kepheus, Polarstern sein und in 12 000 Jahren die helle Wega in der Leier.

Population I
junge Sterne. Sie befinden sich z. B. in den spiralartigen Armen der Galaxien.

Population II
ältere Sterne. Sie befinden sich z. B. in den Kernen der Galaxien oder in den Kugelsternhaufen, die die Galaxien begleiten.

Präzession
Kreiselbewegung der (gedachten) Erdachse. Sie dauert etwa 26 000 Jahre (Platonisches Jahr) und ist die Ursache dafür, dass es im Laufe der Jahrtausende verschiedene Polarsterne gibt, aber auch dafür, dass sich die Tierkreis**sternbilder** gegen die Tierkreis**zeichen**, mit denen heute fast nur noch die Astrologen arbeiten, verschoben haben.

Protuberanzen
wörtlich: Hervorschwellungen. Gewaltige Gasausbrüche am Sonnenrand (Wasserstoff-, Helium- und Calciumgas sowie Gas verschiedener Metalle), die Höhen über 1 Million km erreichen.

Pulsar
ein Neutronenstern, der Radiowellen aussendet und dabei einen »An-Aus-Effekt« vortäuscht, wie ein Leuchtturm nach einem bestimmten Rhythmus aufblinkt und wieder verlöscht.

Pulsation
Aufblähen und Zusammenziehen eines Sternes in einer bestimmten Periode.

Quasar
Abkürzung für »quasistellares Radioobjekt« = sternähnliche Radioquelle. Die Quasare senden gewaltige Energiemengen aus und sind die hellsten Objekte, die wir kennen. Dabei dürfte ein Quasar kaum größer sein als unser Planetensystem. Möglicherweise sind sie explodierende Kerne bestimmter Radiogalaxien.

Radarastronomie
Senden von Funkimpulsen zu bestimmten benachbarten Himmelskörpern (z. B. zu den Planeten) und Auffangen und Untersuchen der reflektierten Signale. Wichtig für die Bestimmung der Entfernung und der Rotationszeit sowie für die Erforschung der Oberflächenstruktur eines Planeten.

Radialgeschwindigkeit
Geschwindigkeit der Bewegung eines Sternes zur Erde hin oder von der Erde fort.

Radiant
scheinbarer Ausgangspunkt eines Meteorstromes.

Radioastronomie
Erforschung der kosmischen Radiostrahlung.

Reflektor
Spiegelfernrohr. Die größten Fernrohre der Welt sind Reflektoren.

Refraktor
Linsenfernrohr. Leistungsfähiger, aber auch teurer als ein Spiegelfernrohr gleichen Objektivdurchmessers.

Rektaszension
neben der Deklination die zweite Koordinate zur Ortsbestimmung eines Gestirnes. Ascensio recta (lat. = gerade Aufsteigung). Abkürzung AR oder α. Auf dem Himmelsäquator gemessener Abstand eines Sternes vom Frühlingspunkt, meist im Zeitmaß von 0 bis 24 Uhr gezählt, und zwar der täglichen Himmelsdrehung entgegen.

Rotation
Drehung eines Himmelskörpers um die eigene Achse.

Roter Riese
ausgedehnter, riesiger Stern mit großer Masse, aber sehr niedriger Dichte und kühlerer Oberflächentemperatur. Das Licht leuchtet rötlich.

Rotverschiebung
Verschiebung der Spektrallinien zum Rot des Spektrums. Ein Stern, dessen Spektrum diese Rotverschiebung zeigt, bewegt sich von der Erde weg.

Satellit
Bezeichnung sowohl für den natürlichen Begleiter eines Himmelskörpers (z. B. für den Mond eines Planeten) als auch für einen vom Menschen im Zeitalter der Astronautik künstlich geschaffenen Begleiter der Erde.

Schwarzes Loch
Ergebnis eines totalen Zusammenbruchs (Kollaps) eines Sternes. Endstadium (?) eines Sternes, dessen Gravitationsfeld so stark ist, dass keine Strahlung und keine Materieteilchen mehr nach außen dringen. Der Zusammenbruch zum Schwarzen Loch ist wahrscheinlich mit der Explosion einer Supernova verbunden. Es wird angenommen, dass dies bei Sternen vorkommt, deren Restmasse größer ist als 2,2 Sonnenmassen.

SETI-Forschung
SETI Abkürzung für Search vor Extraterrestrial Intelligence = Suche nach außerirdischen Intelligenzen.

Sonnenflecken
dunkle Stellen auf der Oberfläche der Sonne, die sich nach bestimmten Gesetzen verändern, entstehen und verschwinden. Es sind Unruhezonen, die von starken Magnetfeldern begleitet sind. Die Sonnenflecken treten mit Maximum und Minimum innerhalb einer etwa elfjährigen Periode auf und beeinflussen das Wetter und andere Vorgänge auf der Erde.

Sonnentag
Zeit, die die Erde für eine Umdrehung um ihre Achse braucht – bezogen auf die Sonne. Länge: 24 Stunden.

Spektralanalyse
Erforschung der Sternspektren, die etwas aussagen über den chemischen Aufbau und die Bewegungen der Sterne.

Spektralklasse
Klassifikation der Sterne auf Grund der Spektralanalyse nach Farben, Oberflächentemperatur, Masse und Radius. Kühlere Sterne senden mehr langwelliges, rotes Licht aus, heißere Sterne mehr kurzwelliges, blaues Licht. Die Einteilung erfolgt nach den Buchstaben O, B, A, F, G, K und M, wobei die Oberflächentemperatur in dieser Reihenfolge sinkt. Zur Feineinteilung werden die Buchstabengruppen noch mit den Zahlen 0 bis 9 spezifiziert.

Spektrum
durch Brechung eines Lichtstrahles hervorgerufenes Regenbogenfarbband, das eine für die Forschung aufschlussreiche Anordnung von Spektrallinien zeigt.

Spiralnebel
keine echten Nebel, sondern frühere Bezeichnung für Galaxien (Sternsysteme).

Sterntag
Zeit, die die Erde für eine Umdrehung um ihre Achse braucht – bezogen auf den Sternenhimmel. Länge: 23 Std. und 56 Min.

Supernova
instabil gewordener Stern, der explodiert und zum Schwarzen Loch wird.

Terminator
Lichtgrenze (z. B. auf dem Mond), Grenze zwischen dem von der Sonne beleuchteten und nicht beleuchteten dunklen Gelände. Hier fallen die Sonnenstrahlen schräg ein und lassen die Mondberge besonders plastisch hervortreten.

Transpluto
Bezeichnung für einen vermuteten zehnten Planeten unseres Planetensystems: Planet »jenseits von Pluto«. Bisher blieb er Theorie.

Veränderliche Sterne
Sterne, die ihre Helligkeit verändern. Es gibt physische Veränderliche (der Grund für die Lichtschwankung liegt im Aufbau des Sterns), und es gibt Bedeckungsveränderliche (sie werden durch einen Begleitstern von Zeit zu Zeit teilweise verdeckt).

Violettverschiebung
Verschiebung der Spektrallinien zum Violett des Spektrums hin. Ein Stern, dessen Spektrum Violettverschiebung zeigt, bewegt sich auf die Erde zu.

Weißer Zwerg
kleiner Stern mit gewaltiger Masse. Endstadium der Sternentwicklung für einen Stern, dessen Masse 1,4 Sonnenmasse nicht übersteigt. Ein Weißer Zwerg besitzt sehr hohe Oberflächentemperatur, aber eine nur geringe Leuchtkraft.

Zenit
Punkt genau senkrecht zur Horizontebene, über dem Scheitel des Beobachters.

Zirkumpolarsterne
Sterne und Sternbilder in unmittelbarer Nähe des scheinbaren Himmelspoles (Polarstern), die niemals untergehen. Welche Sterne dazugehören, hängt von der jeweiligen geografischen Breite des Beobachtungsorts ab.

Zodiakallicht
Tierkreislicht; eine Leuchterscheinung in Pyramidenform, abends über der Untergangsstelle der Sonne und morgens vor Sonnenaufgang zu beobachten. Das Tierkreislicht entsteht an der interplanetaren Materie (staubförmige Wolken in der Umlaufebene der Planeten), die durch das Sonnenlicht zum Leuchten angeregt wird.

Zodiakus
Tierkreis; der Bereich zu beiden Seiten der Ekliptik, in dem sich die bekannten Sternbilder befinden, die zumeist nach Tieren benannt sind. Um diesen Tierkreis herum bewegen sich die Sonne, der Mond und die Planeten.

Zoll
englisches Maß, beim Objektivdurchmesser eines Fernrohres gebräuchlich. 1 Zoll = ca. 2,5 cm. Man spricht von einem Zwei-, Drei- und Vierzöller usw. Ein Vierzöller ist ein Fernrohr mit einem Objektivdurchmesser von ca. 10 cm.

Tabellarischer Anhang

Mitglieder der Lokalen Gruppe

Namen des Systems	Durchmesser in Lichtjahren	Entfernung in Lichtjahren	Radialgeschwindigkeit in km/s
Milchstraßensystem	100 000	–	–
Große Magellansche Wolke	21 000	165 000	+ 280
Kleine Magellansche Wolke	10 000	165 000	+ 167
M 31 (Andromedanebel)	150 000	2 250 000	– 310
M 32 } Begleiter des Andromedanebels	2 300	2 250 000	– 210
NGC 205 } Begleiter des Andromedanebels	7 800	2 250 000	– 240
M 33 (Dreiecksnebel)	46 000	2 450 000	– 190
LGS 3 (Begl. von M 33?)	~ 1 000	2 700 000	– 280
Sculptor-System	6 300	280 000	–
Fornax-System	20 000	600 000	+ 40
NGC 6822	7 500	1 600 000	– 40
NGC 147	4 600	2 250 000	–
NGC 185	3 250	2 250 000	– 340
IC 1613	10 000	2 250 000	– 240
Wolf-Lundmark-System	5 000?	1 600 000?	– 80
Leo-System I	6 000	850 000	–
Leo-System II	4 200	600 000	–
Draco-System	3 300	260 000	–
Ursa-Minor-System	1 000	165 000	–
Maffei 1	?	3 300 000?	+17?
And I } neu entdeckte Begleiter des Andromedanebels	~ 3 000	2 250 000	–
And II* } neu entdeckte Begleiter des Andromedanebels	~ 3 000	2 250 000 –	
And III } neu entdeckte Begleiter des Andromedanebels	~ 3 000	2 250 000	–
And IV } neu entdeckte Begleiter des Andromedanebels	~ 3 000	2 250 000	–

* möglicherweise ein Begleiter von M 33

Die Buchstaben vor den Nummern bezeichnen bestimmte Kataloge. So bedeutet z. B. M Messier-Katalog und NGC New General Catalogue of Nebulae and Clusters of Stars.

Doppelsterne zum Testen des Fernrohres

Freie Öffnung des Fernrohrs in inches	Stern	Helligkeiten der Komponenten		gegenseitiger Abstand	Positionswinkel
1	α Herculis	var.	5,5 m	4,6″	110°
2	β Orionis (Rigel)	0,1 m	6,7	9,5	202
	γ Leonis	2,6	3,8	4,3	121
	ε Bootis	3,0	6,3	2,8	334
3	α Ursae Minoris (Polaris)	2,1	9,0	18,3	217
	ϑ Virginis	4,0	9,0	7,2	343
4	ϑ Aurigae	2,7	7,2	2,8	332
	η Orionis	3,8	4,8	1,4	79
	δ Cygni	3,0	7,9	1,9	263
	ι Ursae Maioris	3,1	10,3	7,4	2
5	ζ Bootis	4,4	4,8	1,0	137
	ω Leonis	5,9	6,7	1,0	129

Die Komponenten sind die beiden Sterne, die zu einem Doppelsternsystem gehören. Zuerst ist der Hauptstern aufgeführt, dann der lichtschwächere Begleiter. Der Positionswinkel gibt die Richtung an, in der sich der lichtschwächere Begleiter in Bezug auf den Hauptstern befindet. Es ist der Winkel zwischen der Verbindungslinie beider Sterne und der Richtung zum Himmelspol. Er wird gezählt von 0° bis 360° Nord über Ost, Süd und West.

Doppel- und Mehrfachsterne

	Name	Helligkeiten der Komponenten	Positionswinkel	Abstand	Farben
α	Cassiopeiae	3,0/9,0	281	63″	gelb, bläulich
η	Cassiopeiae	3,7/7,4	279	9	gelb, purpur
α	Ursae Minoris (Polaris)	2,0/9,0	217	18	B: bläulich
γ	Andromedae	3,0/5,0	63	10	gold, blau
ι	Cassiopeiae	4,2/7,1/8,1	AB 251	2	gelb, blau, blau
			AC 112	8	
23	Ursae Maioris	3,8/9,0	271	23	grün-weiß, aschgrau
ζ	Ursae Maioris (Mizar)	2,1/4,2	150	15	beide grün-weiß
δ	Cygni	3,0/7,9	261	2	grünlich aschfarben
o^2	Cygni	3,7/6,5/5,0	AB 174	107	A: stark gelb
			AC 323	337	AC: blau
β	Cephei	3,3/8,0	250	14	grün-weiß, blau, gelblich

	Name	Helligkeiten der Komponenten	Positionswinkel	Abstand	Farben
γ	Ceti	3,0/6,8	293	3	aschfarben gold, orange
α	Tauri (Aldebaran)	1,0/11,2	33	122	gelb-weiß
β	Orionis (Rigel)	1,0/0,9	202	9	orange
δ	Orionis	2,0/6,8	0	53	grün-weiß, weiß oder lila
δ^1	Orionis	7,0/8,0/4,7/	AB 32	9	weiß, lila
		6,3/11,3	AC 131	13	granat, rötlich
			AD 96	22	
			AE 351	4	
δ	Orionis	4,0/10,3/	AB 236	11	grau, weiß
		7,5/6,3	AC 85	13	blau, rot
			AD 61	42	
ζ	Orionis	2,0/5,7/10,0	AB 158	3	gelb,
			AC 10	58	rötlich-olive
α	Geminorum (Castor)	2,7/3,7/9,5	AB 213	5	AB: grünlich-weiß
			AC 165	73	
α	Leonis (Regulus)	1,5/8,0	307	177	blau-weiß, weiß
γ	Leonis	2,6/3,6	119	4	gold, grün-rot
γ	Virginis	3,6/3,7	318	6	beide gelb
α	Oanum Venaticorum	3,2/5,7	228	20	gelb-weiß, lila
ε	Bootis	3,0/6,3	334	3	stark gelb, grün
α	Herculis	3,0/6,1	110	5	stark gelb, intensiv blau
α	Lyrae (Wega)	1,0/10,5	169	56	blau-weiß, orange
ε^1, ε^2	Lyrae	4,6/4,9	173	208	grün-weiß, blau-weiß
ζ	Lyrae	4,2/5,5	150	44	gelb-grün, weiß
β	Lyrae	3,0/6,7/13,0/	AB 149	47	AB: gelb-
		14,3/9,2/9,0	AC 247	46	weiß
			AD 68	64	
			AE 318	69	
			AF 19	86	
β	Cygni (Albireo)	3,0/5,3	55	35	gelb, blau

Veränderliche Sterne

Stern	Helligkeitsschwankungen	Periode
γ Cassiopeiae	1,6/2,6	wechselnd
o Ceti (Mira)	1,7/9,5	331 d
R Trianguli	5,3/12,0	226 d
β Persei	2,3/3,5	2 d 20 h 48 m
τ Tauri	3,8/4,1	3 d 22 h 52 m
ε Aurigae	3,0/4,5	9883 d

Stern	Helligkeitsschwankungen	Periode
ζ Aurigae	4,9/5,6	972 d
α Orionis	0,7/1,5	unregelmäßig
U Orionis	5,4/12,2	373 d
η Geminorum	3,2/4,2	231 d
R Canis Maioris	5,9/6,7	1 d 3 h 15 m
R Leonis	5,0/10,8	310 d
R Hydrae	3,5/10,1	406 d
δ Librae	4,8/6,2	2 d 3 h
R Coronae Borealis	5,9/15,0	wechselnd
u Herculis	4,8/5,3	2 d 05 h
R Scuti	4,9/9,0	145 d
β Lyrae	3,5/4,1	12,91 d
χ Cygni	4,2/13,7	409 d
η Aquilae	3,7/4,5	7 d 18 h
S (= 10) Sagittae	5,4/6,1	8 d 4 h
T Vulpeculae	5,5/6,5	4 d 10 h 27 m
μ Cephei	4,0/5,5	430 d
δ Cephei	3,6/4,3	5 d 8 h 47 m
R Aquarii	5,8/11,0	387 d, wechselnd
R Cassiopeiae	4,8/13,6	426 d

d (dies) = Tag
h (hora) = Stunde
m = Minute

Sternhaufen und Nebel (nach Patrick Moore)

Diese Übersicht bezieht sich auf den 1784 von dem französischen Astronomen Charles Messier (1730–1817) aufgestellten Katalog von Sternhaufen und Nebeln. Man kann diese fast alle mit kleinen und mittleren Fernrohren erkennen. Die Nummer 40 und 91 sind ausgeklammert, weil es sich bei ihnen vermutlich um Kometen handelte. Die Identifizierung der Nummern 47, 48 und 102 ist unklar.

Messier-Nr.	Sternbild	Typus	Bemerkung
1	Taurus	Überreste einer Supernova	Crabnebel
2	Aquarius	kugelförmig	
3	Canes Venatici	kugelförmig	
4	Scorpio	kugelförmig	
5	Serpens	kugelförmig	
6	Scorpio	offen	
7	Scorpio	offen	
8	Sagittarius	Nebel	Lagunennebel
9	Ophiuchus	kugelförmig	
10	Ophiuchus	kugelförmig	
11	Scutum	offen	
12	Ophiuchus	kugelförmig	
13	Hercules	kugelförmig	

Messier-Nr.	Sternbild	Typus	Bemerkung
14	Ophiuchus	kugelförmig	
15	Pegasus	kugelförmig	
16	Serpens	offen	
17	Sagittarius	Nebel	Hufeisennebel
18	Sagittarius	offen	
19	Ophiuchus	kugelförmig	
20	Sagittarius	Nebel	
21	Sagittarius	offen	
22	Sagittarius	kugelförmig	
23	Sagittarius	offen	
24	Sagittarius	offen	
25	Sagittarius	offen	
26	Scutum	offen	
27	Vulpecula	planetarisch	Hantelnebel
28	Sagittarius	kugelförmig	
29	Cygnus	offen	
30	Capricornus	kugelförmig	
31	Andromeda	Spiralnebel	
32	Andromeda	elliptischer Spiralnebel	
33	Triangulum	Spiralnebel	
34	Perseus	offen	
35	Gemini	offen	
36	Auriga	offen	
37	Auriga	offen	
38	Auriga	offen	
39	Cygnus	offen	
41	Canis Maior	offen	
42	Orion	Nebel	Orionnebel
43	Orion	Nebel	
44	Cancer	offen	Krippe
45	Taurus	offen	Plejaden
46	Argo Navis	offen	
47	Argo Navis	offen	
48	Hydra	offen	
49	Virgo	elliptischer Spiralnebel	
50	Monoceros	offen	
51	Canes Venatici	Spiralnebel	
52	Cassiopeia	offen	
53	Coma Berenices	kugelförmig	
54	Sagittarius	kugelförmig	
55	Sagittarius	kugelförmig	
56	Lyra	kugelförmig	
57	Lyra	planetarisch	Ringnebel
58	Virgo	Spiralnebel	
59	Virgo	elliptischer Spiralnebel	
60	Virgo	elliptischer Spiralnebel	
61	Virgo	Spiralnebel	
62	Ophiuchus	kugelförmig	
63	Canes Venatici	Spiralnebel	

Messier-Nr.	Sternbild	Typus	Bemerkung
64	Coma Berenices	Spiralnebel	
65	Leo	Spiralnebel	
66	Leo	Spiralnebel	
67	Cancer	offen	
68	Hydra	kugelförmig	
69	Sagittarius	kugelförmig	
70	Sagittarius	kugelförmig	
71	Sagitta	kugelförmig	
72	Aquarius	kugelförmig	
73	Aquarius	offen	
74	Pisces	Spiralnebel	
75	Sagittarius	kugelförmig	
76	Perseus	planetarisch	
77	Cetus	Spiralnebel	
78	Orion	Nebel	
79	Lepus	kugelförmig	
80	Scorpio	kugelförmig	
81	Ursa Maior	Spiralnebel	
82	Ursa Maior	unregelmäßiger Spiralnebel	
83	Hydra	Spiralnebel	
84	Virgo	elliptischer Spiralnebel	
85	Coma Berenices	Spiralnebel	
86	Virgo	elliptischer Spiralnebel	
87	Virgo	elliptischer Spiralnebel	
88	Coma Berenices	Spiralnebel	
89	Virgo	elliptischer Spiralnebel	
90	Virgo	Spiralnebel	
92	Hercules	kugelförmig	
93	Argo Navis	offen	
94	Canes Venatici	Spiralnebel	
95	Leo	Spiralnebel	
96	Leo	Spiralnebel	
97	Ursa Maior	planetarisch	
98	Coma Berenices	Spiralnebel	
99	Coma Berenices	Spiralnebel	
100	Coma Berenices	Spiralnebel	
101	Ursa Maior	Spiralnebel	
102	Draco	Spiralnebel	
103	Cassiopeia	offen	
104	Virgo	Spiralnebel	
105	Leo	elliptischer Spiralnebel	
106	Canes Venatici	Spiralnebel	
107	Ophiuchus	kugelförmig	
108	Ursa Maior	Spiralnebel	
109	Ursa Maior	Spiralnebel	

Sonnenfinsternisse 2005 bis 2010, in Mitteleuropa sichtbar

In jedem Jahr ereignen sich 2 bis höchstens 5 Sonnenfinsternisse

Jahr	Datum	Art
2005	3. Oktober	partiell
2006	29. März	partiell
2007	–	–
2008	1. August	partiell
2009	–	–
2010	–	–

Mondfinsternisse 2005 bis 2010, in Mitteleuropa sichtbar

Nicht in jedem Jahr gibt es eine Mondfinsternis. Tritt sie ein, kann sie überall dort beobachtet werden, wo der Mond über dem Horizont steht.

Jahr	Datum	Art
2005	–	–
2006	7. September	partiell
2007	3. März	total
2008	21. Februar	total
2008	16. August	partiell
2009	31. Dezember	partiell
2010	21. Dezember	total

Astronomische Institute, Planetarien und Sternwarten

Augsburg
s-Planetarium
Im Thäle 3
86152 Augsburg
Tel.: (08 21) 3 24 67 62

Bamberg
Dr.-Remeis-Sternwarte
Bamberg
Astronomisches Institut
der Universität Erlangen-
Nürnberg
Sternwartstraße 7
96049 Bamberg
Tel.: (09 51) 9 52 22-0
Telex: 62 98 30 unier
Fax: (09 51) 9 52 22-22
e-Mail: postmaster@stern
warte.uni-erlangen.de

Basel
Astronomisches Institut der
Universität Basel
Venusstraße 7
CH-4102 Binningen
Tel.: (0 61) 20 55-4 54
Fax: (0 61) 20 55-4 55

Berlin
Institut für Astronomie und
Astrophysik der Technischen
Universität Berlin
Hardenbergstraße 36
10623 Berlin
Tel.: (0 30) 31 42 37 83
Fax: (0 30) 3 14-2 48 85
e-Mail: bordihn@physik.
TU-Berlin.de

Archenhold-Sternwarte
Alt-Treptow 1
12435 Berlin-Treptow
Tel.: (0 30) 5 34 80 80

Wilhelm-Foerster-Sternwarte
und Planetarium
Munsterdamm 90
12169 Berlin
Tel.: (0 30) 7 90 09 30

ZEISS-Großplanetarium
Prenzlauer Allee 80
10405 Berlin
Tel.: (0 30) 42 18 45 12

Bern
Astrodrom
Universität Bern
Muesmattstr. 29
CH-3012 Bern
Tel.: (00 41) 3 16 31 86 52
Fax: (00 41) 3 16 31 42 10
e-Mail: schreng@
sis.unibe.ch

Bochum
Astronomisches Institut der
Ruhr-Universität
Postfach 10 21 48
44780 Bochum
Tel.: (02 34) 7 00 34
Fax: (02 34) 70 94-1 69 54
e-Mail: astrorub@ruba.rz.
ruhr-uni-bochum.de

Planetarium und Sternwarte
Castroper Straße 67
44777 Bochum
Tel.: (02 34) 5 16 06-0
Fax: (02 34) 5 16 06-51
e-Mail: planetarium@
bochum.de

Bonn
Astronomische Institute
der Universität Bonn
Sternwarte mit Obser-
vatorium Hoher List
Institut für Astrophysik und
Extraterrestrische Forschung
Auf dem Hügel 71
53121 Bonn
Tel. Sternwarte:
(02 28) 73 36 55, 56
Tel. Radioastronomie:
(02 28) 73 36 57, 58
Tel. Astrophysik:
(02 28) 73 36 71, 76
Gemeinsames Fax:
(02 28) 73-36 72
e-Mail: user@astro.
uni-bonn.de

Radioastronomisches
Institut mit Radio-
observatorium Stockert
e-Mail: mebold@astro.
uni-bonn.de

Observatorium Hoher List
54550 Daun/Eifel
Tel.: (0 65 92) 21 50/29 37

Radioobservatorium Stockert
53902 Eschweiler
Tel.: Bad Münstereifel
(0 22 53) 30 03

Max-Planck-Institut für
Radioastronomie
Auf dem Hügel 69
53121 Bonn
Tel.: (02 28) 52 51
Fax: (02 28) 52 52 29

Bremen
Sternwarte der Olbers-
Gesellschaft
Olbers-Planetarium der
Hochschule Bremen,
FB Nautik
Werderstraße 73
28199 Bremen
Tel.: (04 21) 70 68 82
e-Mail: Dieter.Vornholz@
t-online.de

Dresden
Technische Universität
Dresden
Lohrmann-Observatorium
und Professur für
Astronomie im Institut
f. Planetare Geodäsie
Mommsenstraße 13
01069 Dresden
Tel.: (03 51) 4 63-40 97
Telex: 32 81 02 tuni d
Fax: (03 51) 4 63-70 19
e-Mail: lohrmobs@
rcs.urz.tu-dresden.de

Frankfurt
Institut für Theoretische
Physik (Astrophysik)
Robert-Mayer-Straße 10
60325 Frankfurt/Main
Tel.: (0 69) 7 98 28 238
Telex: 41 39 32 UniFD
Fax: (0 69) 7 98 28 350
e-Mail: stoecker@
astro.uni-frankfurt.de

Freiburg im Breisgau
Kiepenheuer-Institut für
Sonnenphysik
Schöneckstraße 6
79104 Freiburg
Tel.: (07 61) 31 98-0
Fax: (07 61) 3 19 81 11
e-Mail: secr@kis.
uni-freiburg.de

Planetarium Freiburg
Bismarckallee 7g
79098 Freiburg
Tel.: (07 61) 3 89 06 30
Fax: (07 61) 2 89 06 590
e-Mail: zschetzsche@
planetarium-freiburg.de

Göttingen
Universitäts-Sternwarte
Geismarlandstraße 11
37083 Göttingen
Tel.: (05 51) 39 50 42/
39 50 53
Fax: (05 51) 39 50 43
e-Mail: (name)@
uni-sw.gwdg.de

Außenstelle im Observatorio
del Teide/Teneriffa
Tel.: (00 34 22) 3 29-1 41
Telex: (0 52) 9 14 34 obte e
Fax: (00 34 22) 3 29-1 40

Graz
Institut für Astronomie der
Universität Graz
(Universitätssternwarte)
Universitätsplatz 5
A-8010 Graz
Tel.: (03 16) 3 80-52 70/
52 71
Fax: (03 16) 38 40 91
e-Mail: arh@bimgsl.
kfunigraz.ac.at

Observatorium Lustbühel
Lustbühelstraße 46
A-8042 Graz
Tel.: (03 16) 4 13 58-16
Telex: 31 10 78 obslgz

Sonnenobservatorium
Kanzelhöhe
A-9521 Treffen/Kärnten
Tel.: (0 42 48) 27 17
Fax: 04 56-42 48-2 00

Halle
Raumflugplanetarium
Peißnitzinsel 4a
06108 Halle
Tel.: (03 45) 8 06 03 17

Hamburg
Hamburger Sternwarte
Gojenbergsweg 112
21029 Hamburg
Tel.: (0 40) 72 52-41 12
Telex: 21 78 84 hamst d
Fax: (0 40) 72 52-41 98
e-Mail: dreimers@hs.
uni-hamburg.de

Planetarium
Hindenburgstraße 1b
22303 Hamburg
Tel.: (0 40) 51 49 85-0

Hannover
Astronomische Station am
Institut für Erdmessung der
Universität
Schneiderberg 50
30167 Hannover
Tel.: (05 11) 7 62 24 75

Heidelberg
Astronomisches
Rechen-Institut
Mönchhofstraße 12–14
69120 Heidelberg
Tel.: (0 62 21) 40 50
Fax: (0 62 21) 40 52 97

Institut für Theoretische
Astrophysik
Tiergartenstr. 15
69121 Heidelberg
Tel.: (0 62 21) 54 48 37
Telex: 46 15 15 unikl d
Fax: (0 62 21) 54 42 21
e-Mail: wmt@manki-ita.
uni-heidelberg.de

Max-Planck-Institut für
Astronomie
Königstuhl 17
69117 Heidelberg
Tel.: (0 62 21) 52 80
Telex: 46 17 89 mpia d
Fax: (0 62 21) 52 82 46
e-Mail: mpia-hd.mpg.de

Außenstelle
Deutsch-Spanisches
Astronomisches Zentrum
Calar Alto/Almeria
Apartados Correos 511
Almeria/Spanien
Tel.: (00 34 51) 23 09 88/
22 55 76
Fax: (00 34 51) 22 55 62
e-Mail: internet: caha.es

Landessternwarte
Königstuhl 12
69117 Heidelberg
Tel.: (0 62 21) 50 90
Fax: (0 62 21) 5 09-2 02
e-Mail: Postmaster@
mail.lsw.uni-heidelberg.de

Innsbruck
Institut für Astronomie
der Universität Innsbruck
Technikerstraße 25
A-6020 Innsbruck
Tel.: (05 12) 5 07 60 31
Fax: (05 12) 5 07 29 23
e-Mail: Astro@uibk.ac.at

Jena
Universitäts-Sternwarte
Schillergäßchen 2
07745 Jena
Tel.: (0 36 41) 94 75 50
Fax: (0 36 41) 94 75 52
http://www.astro.
uni-jena.de

Planetarium
Am Planetarium 5
07743 Jena
Tel.: (0 36 41) 88 54 88
Fax: (0 36 41) 88 54 20

Kassel
Planetarium im Museum
für Astronomie und Technik-
geschichte
Orangerie
An der Karlsaue 20c
34121 Kassel

Kiel
Institut für Astronomie
und Astrophysik
Leibnizstr. 15
24118 Kiel
Tel.: (04 31) 8 80-41 10
Fax: (04 31) 8 80-41 00
e-Mail: jonas@astrophysik.
uni-kiel.d400.de

Planetarium
Knooper Weg 62
24103 Kiel
Tel.: (04 31) 51 98-2 11

Klagenfurt
Raumflugplanetarium
Villacher Straße 239
A-9020 Klagenfurt
Sternwarte Kreuzbergl
Tel.: (04 63) 2 17 00

Köln
Physikalisches Institut der
Universität zu Köln
Zülpicher Straße 77
50937 Köln
Tel.: (02 21) 4 70-35 67
Fax: (02 21) 4 70-51 62
e-Mail: ...@ph1.
uni-koeln.de

Laupheim
Volkssternwarte und
Planetarium
Parkweg 44
88471 Laupheim
Tel.: (0 73 92) 9 10 59
Fax: (0 73 92) 9 10 58
e-Mail: contact@
planetarium-laupheim.de
http://www.planetarium-
laupheim.de

Locarno
Istituto Ricerche
Solari Locarno
via Patocchi
CH-6644 Orselina
Tel.:+Fax:
00 41 93 33 42 26

Luzern
Planetarium im Verkehrs-
haus der Schweiz
Lidostraße 5
CH-6006 Luzern
Tel.: (0 41) 3 70 44 44

Mannheim
Planetarium
W.-Varnholt-Allee 1
68165 Mannheim
Tel.: (06 21) 41 56 92
Fax: (06 21) 41 24 11

München
Europäische
Südsternwarte (ESO)
Karl-Schwarzschild-Straße 2
85748 Garching
Tel.: (0 89) 32 00 62 76
Telex: 05-2 82 82-0 eo d
Fax: (0 89) 3 20 23 62

Institut für Astronomie
und Astrophysik der
Universität München
Universitäts-Sternwarte
Scheinerstraße 1
81679 München
Tel.: (0 89) 92 20 94-0
e-Mail: sam@usmv23.
uni-münchen.de

Max-Planck-Institut für
Extraterrestrische Physik
Karl-Schwarzschild-Straße 1
85748 Garching
Tel.: (0 89) 32 99-00
Telex: 05 21 58 45 xter d
Fax: (0 89) 32 99-35 99
e-Mail: mfs@mpe-garching

Max-Planck-Institut für
Astrophysik
Karl-Schwarzschild-Straße 1
85748 Garching
Tel.: (0 89) 32 99-00
Telex: 52 46 29
Fax: (0 89) 32 99-32 35

Planetarium im Amazeum
Museumsinsel 1
80538 München
Tel.: (0 89) 2 11 25-2 52/
-2 54
Fax: (0 89) 2 11 25-2 55
e-Mail: planet@amazeum.de
http://www.amazeum.de/
planet

Planetarium und Bayerische
Volkssternwarte
Rosenheimer Str. 145h
81671 München
Tel.: (0 89) 40 62 39
Fax: (0 89) 49 49 87
e-Mail: volkssternwarte@
lrz.tum.de

Münster
Planetarium im Natur-
kundemuseum
Sentruper Straße 285
48161 Münster
Tel.: (02 51) 8 94 23

Nürnberg
Planetarium
Am Plärrer 41
90317 Nürnberg
Tel.: (09 11) 26 54 67

Sternwarte
Regiomontanusweg 1
90431 Nürnberg
Tel.: (09 11) 9 59 35 38

Osnabrück
Museum am Schölerberg/
Planetarium
Am Schölerberg 8
49082 Osnabrück
Tel.: (05 41) 56 00 30

Potsdam
Astrophysikalisches Institut
Potsdam
An der Sternwarte 16
14482 Potsdam
Tel.: (03 31) 7 49 90
Fax: (03 31) 7 49 92 00
e-Mail: khraedler@aip.de

Astrophysikalisches
Observatorium Potsdam/
Sonnenobservatorium
Einsteinturm
Telegrafenberg
14473 Potsdam
Tel.: (03 31) 28 80
Fax: (03 31) 2 88 23 10

Observatorium für solare
Radioastronomie
Tremsdorf
14552 Tremsdorf
Tel.: (0 32 05) 22 61

Recklinghausen
Westf. Volkssternwarte/
Planetarium
Stadtgarten 6
45657 Recklinghausen
Tel.: (0 23 61) 2 31 34
e-Mail: info@sternwarte-
recklinghausen.de
http://www.sternwarte-
reckling hausen.de

Schneeberg
Sternwarte und Planetarium
Heinrich-Heine-Straße
08289 Schneeberg
Tel.: (0 37 72) 2 24 39

Schwaz
Zeiss-Planetarium Schwaz
Alte Landstr. 15
A-6130 Schwaz/Tirol
Tel.: +43 ((0) 52 42) 7 21 29
Fax: +43 ((0) 52 42) 7 21 29-4
e-Mail: info@planetarium-
schwaz.at

Siegen
Sternwarte der Universität
Adolf-Reichwein-Straße
57068 Siegen
Tel.: (02 71) 7 40-46 13
Fax: (02 71) 7 40-23 30

Sonneberg
Sternwarte Sonneberg
Sternwartestraße 32
96515 Sonneberg
Tel.: (0 36 75) 8 12 10
Fax: (0 36 75) 8 12 19

Stuttgart
Carl-Zeiss-Planetarium mit
Sternwarte Welzheim
Mittlerer Schlossgarten
70173 Stuttgart
Tel.: (07 11) 1 62 92 15
Fax: (07 11) 2 16 39 12
e-Mail: planetarium@
stuttgart.de
http://www.planetarium.
stuttgart.de
http://www.sternwarte-
welzheim.de

Sternwarte Welzheim
Tel.: (0 71 82) 42 84
http://www.sternwarte-
welzheim.de

Tautenburg
Thüringer Landessternwarte
Karl-Schwarzschild-
Observatorium
Sternwarte 5
07778 Tautenburg
Tel.: (03 64 27) 86 30
Fax: (03 64 27) 8 63 29

Tübingen
Astronom. Institut der Univ.
Waldhäuser Straße 64
72076 Tübingen
Tel.: (0 70 71) 29 24 86
Telex: 07 26 27 14 ait d
Fax: (0 70 71) 29 34 58
e-Mail: (username)@ait.
physik.uni.tuebingen.de

Lehr- und Forschungs-
bereich Theoretische
Astrophysik der Universität
Tübingen
Auf der Morgenstelle 10
72076 Tübingen
Tel.: (0 70 71) 29 24 87
Fax: (0 70 71) 29 75 75
e-Mail: username@tat.
physik.uni-tuebingen.de

Welzheim
→ Planetarium **Stuttgart**

Wernigerode
Harzplanetarium
Sekundarschule
»Maxim Gorki«
Walther-Rathenau-Straße 11
38855 Wernigerode
Tel.: (0 39 43) 3 22 77

Wien
Astronomisches Büro
Hasenwartgasse 32
A-1238 Wien
Tel./Fax: 00 43-1-8 89 35 41
e-Mail: astbuero@
astronomisches-buero-
wien.or.at
http://members.ping.at/
astbuero
Sterngarten Georgenberg
Freiluftplanetarium

Institut für Astronomie der
Universität Wien
Universitäts-Sternwarte
Türkenschanzstraße 17
A-1180 Wien
Tel.: (02 22) 4 70 68 00-0
Fax: (02 22) 4 70 68 00-15

Kuffner-Sternwarte
Johann-Staud-Straße 10
A-1160 Wien
Tel.: (02 22) 9 14 81 30
Fax: (02 22) 9 14 81 30-31
e-Mail: admin@kuffner.ac.at

URANIA-Sternwarte
Uraniastraße 1
A-1010 Wien
Tel.: (02 22) 7 12 61 91

Planetarium
Oswald-Thomas-Platz 1
A-1020 Wien
Tel.: +43 (0) 17 29 54 94
Fax: +43 (0) 17 29 54 94-77
admin@planetarium-wien.at
www.planetarium-wien.at

Wolfsburg
Planetarium
Uhlandweg 2
38440 Wolfsburg
Tel.: (0 53 61) 2 19 39

Würzburg
Institut für Astronomie
und Astrophysik
Am Hubland
97074 Würzburg
Tel.: (09 31) 8 88-50 31
Fax: (09 31) 8 88-46 03
e-Mail: deubner@astro.
uni-wuerzburg.de

Zürich
Institut für Astronomie
ETH-Zentrum
CH-8092 Zürich
Tel.: 41-1-6 32 38 13
Fax: 41-1-6 32 12 05
e-Mail: username@
astro.phys.ethz.ch

URANIA-Sternwarte
Uraniastraße 9
CH-8000 Zürich
Tel.: (01) 2 11 65 23
e-Mail: urania@
astronomie.ch
http://urania.astronomie.ch

Amateurastronomische Vereinigungen, Beobachtungsstationen

Aachen
Sternwarte am Hangeweiher
VHS Aachen
Peterstr. 21–25
52062 Aachen

Aalen
→ **Oberkochen**

Albstadt
Sternwarte und Planetarium
Hartmannstraße 140
72458 Albstadt-Ebingen

Amberg
Volkssternwarte Amberg
Kirchensteig 19b
92224 Amberg

Arnstadt-Espenfeld
Privatsternwarte
Arnstadt-Espenfeld
Espenfeld Nr. 39a
99338 Arnstadt-Espenfeld

Aschersleben
Planetarium Aschersleben
Im Tierpark
Auf der Alten Burg 40
06449 Aschersleben

Augsburg
→ **Diedorf**

Bad Driburg
Sternwarte der
F.-W.-Weber-Realschule
Elsterweg 13
33014 Bad Driburg

Bad Dürkheim
Astronomischer Arbeitskreis
Pfalzmuseum für Naturkunde
Hermann-Schäfer-Str. 17
67098 Bad Dürkheim

Bad Homburg
Astronomische Gesellschaft
Orion e.V.
Valkenierstr. 10
61350 Bad Homburg

Bad Mergentheim
Astronomische Vereinigung
Weikersheim e.V.
Bregrenzer Str. 9
97980 Bad Mergentheim

Bad Pyrmont
Private Beobachtungsstation
Marcardstr. 7
31812 Bad Pyrmont

Bad Salzuflen
Schulsternwarte im Zentrum
Lohfeld
Wasserfuhr 25e
32108 Bad Salzuflen

Bad Salzschlirf
Sternwarte – Freundeskreis
der Himmelskunde
Dr.-Martiny-Straße 1
36364 Bad Salzschlirf

Bad Sauerbrunn
Burgenländische Amateur-
astronomen
Postgasse 2
A-7202 Bad Sauerbrunn

Bad Zwesten
Sternwarte der
Hardtwaldklinik I
Hardtstr. 31
34596 Bad Zwesten

Baindt
→ **Waldburg-Weingarten**

Basel
Astronomischer Verein
Venusstraße 7
CH-4102 Binningen

Bautzen
Sternwarte Bautzen
Schulsternwarte und
Planetarium
Czornebohstraße 82
(Naturpark)
02625 Bautzen

Bentheim
Astronomischer Verein der
Grafschaft Bentheim e.V.
Jahnstr. 3
49828 Neuenhaus

Bielefeld
Schulsternwarte
Brackweder Gymnasium
Beckumer Straße 10
33647 Bielefeld

Arbeitsgemeinschaft
Astronomie, Physik,
Umwelt
Naturwissenschaftlicher
Verein
Kreuzstraße 38
33602 Bielefeld

Volkssternwarte Ubbedissen
Wietkamp 5
33699 Bielefeld

Bietigheim-Bissingen
→ **Ludwigsburg**

Bonn
Volkssternwarte Bonn e.V.
Poppelsdorfer Allee 47
53115 Bonn

Bozen
Amateurastronomen
»Max Valier«
Verein zur Förderung der
Astronomie in Südtirol
Neustifterweg 5
I-39100 Bozen

Braunschweig
Sternfreunde Braunschweig-
Hondelage e.V.
Ackerweg 1 B
38108 Braunschweig

Buchloe
Astronomische Gesellschaft
Buchloe e.V.
Gamsbichlstr. 10
86807 Buchloe

Bülach
Schul- und Volkssternwarte Bülach
Rotizbüch bei Eschenmosen
CH-8180 Bülach

Buxtehude
Astronomie-AG der VHS Buxtehude
Braunschweiger Str. 4
21614 Buxtehude

Diedorf
Astronomische Vereinigung Augsburg e. V.
Pestalozzistraße
86420 Diedorf/Augsburg

Donzdorf
Sternfreunde Donzdorf
Messelberg-Sternwarte beim Schulzentrum
73072 Donzdorf

Dortmund
Sternwarte im Westfalenpark
Astronomischer Verein Dortmund e. V.
Hörder Bahnhofstr. 9
44263 Dortmund

Drebach
Volkssternwarte und Planetarium
Straße der Jugend 14
09430 Drebach (Erzgebirge)

Duisburg
Rudolf-Römer-Sternwarte Rheinhausen e. V.
Schwarzenberger Str. 147 (im KFR)
47226 Duisburg

Egloffstein
Sternwarte Feuerstein e. V.
Sternwarte 1
91320 Ebermannstadt

Eisenstadt
Burgenländische Landessternwarte
Dr.-Karl-Renner-Straße 1
A-7000 Eisenstadt

Erkrath
Sternwarte Neanderhöhe Hochdahl und Planetarium
Sedentaler Str. 105
40699 Erkrath

Eschwege
Vereinigte Amateur-Astronomen Eschwege VAAE 1975 e. V.
Hauptstraße 36
36205 Sontra-Ulfen

Essen
Verein für volkstümliche Astronomie
Weberplatz 1
45127 Essen

Walter-Hohmann-Sternwarte
Wallneyer Straße 159
45133 Essen

Frankfurt/Main
Volkssternwarte des Phys. Vereins Frankfurt
Robert-Mayer-Straße 2–4
60054 Frankfurt

Freiburg
Volkssternwarte Freiburg
Staudinger Straße 10
79115 Freiburg/Br.

Sternfreunde Breisgau e. V.
Vereinssternwarte Schauinsland
Benzhauserstr. 21
79232 March

Fulda
Hans-Nüchter-Sternwarte
Domänenweg 2
36037 Fulda

Planetarium im Vonderau-Museum
Jesuitenplatz 2
36010 Fulda

Fuldatal
Volkssternwarte Rothwesten
Brüder-Grimm-Str. 24
34233 Fuldatal

Germering
Sternwarte des Max-Born-Gymnasiums
Johann-Sebastian-Bach-Str. 8
82110 Germering

Glücksburg
Menke Planetarium und Sternwarte der FH Flensburg
Fördestr. 35
24960 Glücksburg

Gmunden
Eisner-Sternwarte
Kalvarienberg
A-4810 Gmunden

Görlitz
Scultetus-Sternwarte
An der Sternwarte 1
02827 Görlitz

Gondelsheim
Kraichgau-Sternwarte Gondelsheim e. V.
Lilienstraße 25
76669 Bad Schönborn

Göttingen
Amateurastronomische Vereinigung Göttingen e. V.
Schlesierring 8
37085 Göttingen

Gröbenzell
Astronomische Vereinigung West-München (AVWM)
Grasslfinger Straße 43
82194 Gröbenzell

Gudensberg
Förderverein Schulsternwarte Gudensberg e. V.
Schwimmbadweg 30
34281 Gudensberg

Hagen
Volkssternwarte
Eugen-Richter-Turm
58135 Hagen

Halberstadt
Verein für astronom. Bildung
im LK Halberstadt e.V.
Wilhelm-Trautewein-Str. 19
38820 Halberstadt

Hamburg
Gesellschaft für volkstümliche Astronomie (GvA) e.V.
Hindenburgstraße Ö 1
22303 Hamburg

Hannover
Planetarium der Bismarckschule
An der Bismarckschule 5
30173 Hannover

Volkssternwarte
Am Lindener Berg 27
30449 Hannover

Hardheim
Astronomie-Arbeitskreis
Walter-Hohmann-Sternwarte
Alte Würzburger Straße 5
74736 Hardheim

Hattingen
Volkssternwarte
Hattingen e.V.
Schonnefeldstr. 23
45326 Essen

Helmstedt
Astro AG der VHS Helmstedt
Lenauweg 1
38350 Helmstedt

Heilbronn
Robert-Mayer-Volks- und Schulsternwarte
Bismarckstraße 10
74072 Heilbronn

Heppenheim
Starkenburg-Sternwarte
Kl. Bach 3
64646 Heppenheim

Heringsdorf
Volkssternwarte
»Manfred von Ardenne«
Seebad Heringsdorf
Strandpromenade
17424 Heringsdorf

Herzberg
Schulsternwarte
Am Wasserturm
04916 Herzberg

Hildesheim
Volkssternwarte
»Gelber Turm«
Auf dem Spitzhut
(Galgenberg)
31141 Hildesheim

Hof
Volkssternwarte Hof
Egerländer Weg 25
95032 Hof

Hofheim
Sternwarte Hofheim
Eppsteiner Straße
65719 Hofheim-Langenhain

Hückelhoven
Astronomische
Arbeitsgemeinschaft
Städt. Gymnasium
Hartlpooler Platz
41836 Hückelhoven

Ilsede
Privatsternwarte
Alter Weg 4 B
31241 Ilsede

Ingolstadt
Sternwarte Astronomiepark
Geschäftsstelle
Lilienthalstraße 137
85077 Manching

Jena
Urania-Sternwarte
Schillergäßchen 2
07745 Jena

Karlsruhe
Sternwarte des Max-Planck-Gymnasiums
Krokusweg
76199 Karlsruhe

Kassel
Astronomischer Arbeitskreis
Kassel e.V.
Wilhelmshöher Allee 300 A
34131 Kassel

Kelheim
Sternfreunde Kelheim
Gstaigkirchl 67 a
93346 Ihrlerstein

Kempten
Astronomieverein
Kempten e.V.
Saarlandstr. 1
87437 Kempten

Kiel
Gesellschaft für
volkstümliche Astronomie
(GvA) e.V. – Gruppe Kiel
Hofbrook 64
24119 Kronshagen

Volkssternwarte Kronshagen
Suchsdorfer Weg 33
24119 Kronshagen

Köln
Planetarium
Blücherstraße 17
50733 Köln

Volkssternwarte
Nikolausstraße 55
50937 Köln

Königsleiten
Sternwarte und Planetarium
Königsleiten
Königsleiten 29
A-5742 Wald i. Pinzgau

Krauschwitz
Privatsternwarte Mönch-Krauschwitz
Görlitzer Str. 30 A
02957 Krauschwitz

Krefeld
Vereinigung Krefelder
Sternfreunde e.V.
Friedensstr. 229
47829 Krefeld

Kreuzlingen
Sternwarte Kreuzlingen
Breitenrainstraße 21
CH-8280 Kreuzlingen

Kulmbach
Schul- und Volkssternwarte
im Caspar-Vischer-
Gymnasium
Christian-Pertsch-Str. 4
95326 Kulmbach

Laufen
Astronomische
Arbeitsgruppe Laufen e.V.
Goethestraße 8
83410 Laufen

Lemgo
Sternwarte Lemgo der
FH Lippe
Astronomische Arbeits-
gemeinschaft an der
FH Lippe e.V.
Liebigstraße 87
32655 Lemgo

Leonberg
Sternwarte Höfingen
Theodor-Heuss-Str. 6/1
71229 Leonberg

Linz
Johannes Kepler
Sternwarte Linz
Sternwarteweg 5
A-4020 Linz

Lohr
Sternwarte Luana
Zum Rötelbrunnen 2
97816 Lohr/Main

Lübeck
Sternwarte Lübeck
Am Ährenfeld 2
23564 Lübeck

Ludwigsburg
Arbeitsgemeinschaft
Astronomie
Rosenstraße 15/2
74321 Bietigheim-Bissingen

Lustenau
Vorarlberger Amateur
Astronomen
Hofsteigstraße 33
A-6890 Lustenau

Luxembourg
Astronomes Amateurs du
Luxembourg
16 B, Rue Emile Mayrisch
L-3522 Dudelange

Mönchengladbach
Astronomischer Arbeitskreis
Mönchengladbach e.V.
Engelsholt 143
41069 Mönchengladbach

Moers
Moerser Astronomische
Organisation e.V.
Drinhausstr. 2
47447 Moers

Monschau
Monschauer Sternfreunde
Sternwarte Eifel
Auf der Höhe 22
52156 Monschau

Münster
Sternfreunde Münster e.V.
Sentruper Straße 285
48161 Münster

Nettetal
Interessengruppe
Astronomie e.V.
Volkssternwarte Nettetal
Heide 1
41334 Nettetal-Hinsbeck

Neumarkt
Bayerische Volkssternwarte
Moorstraße 5
92318 Neumarkt

Neumünster
Volkshochschule
Neumünster
Arbeitsgemeinschaft
Sternwarte
Gartenstr. 32
24534 Neumünster

Neustadt/Weinstraße
→ Bad Dürkheim

Nohfelden-Eiweiler
Sternwarte Peterberg
Verein der Amateurastro-
nomen des Saarlandes e.V.
66409 Homburg

Nordenham
Planetarium
Bahnhofstraße 52
26954 Nordenham

Norderney
Astronomischer Arbeitskreis
Norderney
»Wilhelm Dorenbusch
Sternwarte«
Birkenweg 22
26548 Norderney

Norderstedt
Volkssternwarte
Norderstedt e.V.
Breslauer Straße 7
22850 Norderstedt

Nürnberg
Astronomie & Philatelie
Brunhildstraße 1a
90461 Nürnberg

Nürnberger Astronomische
Arbeitsgemeinschaft e.V.
Regiomontanusweg 1
90491 Nürnberg

Nürtingen
Neckar-Alb-Sternwarte
Astronomische Vereinigung
Nürtingen e.V.
Birkenweg 7
72622 Nürtingen

Oberkochen
Astronomische Arbeitsgemeinschaft Aalen e.V.
Besselstr. 5
73447 Oberkochen

Oldenburg
Oldenburger Sternfreunde e.V.
Herbartstr. 15
26122 Oldenburg

Ottobeuren
Allgäuer Volkssternwarte e.V.
Schwabenstraße 13
87724 Ottobeuren

Paderborn
Volkssternwarte Paderborn e.V.
Im Schloßpark
Schloß Neuhaus
Marstallstraße 13
33104 Paderborn

Papenburg
Astronomischer Verein
Wilhelm-Leuschner-Straße 48
26871 Papenburg

Passau
Volkssternwarte
Veste Oberhaus 125
94034 Passau

Pforzheim
Astronomischer Arbeitskreis Pforzheim 1982 e.V.
Daimlerstr. 1
75334 Straubenhardt

Potsdam
Planetarium – Beobachtungsstation
Im Neuen Garten 6
14469 Potsdam

Radeberg
Freundeskreis Sternwarte e.V.
Volkssternwarte Erich Bär
Stolpener Straße PF 84–40
01454 Radeberg

Regensburg
Verein der Freunde der Volkssternwarte Regensburg
Ägidienplatz 2
93047 Regensburg

Reutlingen
Planetarium und Sternwarte
Karlstraße 40
72764 Reutlingen

Rodewisch
Schulsternwarte
Rützengrüner Straße 41a
08228 Rodewisch (Vogtland)

Rüsselsheim
Rüsselsheimer Sternfreunde e.V.
Am Borngraben 40
65428 Rüsselsheim

Salzburg
Arbeitsgruppe für Astronomie am »Haus der Natur«
Raphael-Donner-Straße 8
A-5026 Salzburg

Volkssternwarte am Voggenberg
Tischlerstraße 8
A-5101 Bergheim/Sbg.

Schaffhausen
Dr. h. c. Hans-Rohr-Sternwarte
Astro-AG der Naturforschenden Gesellschaft
Etzelstr. 11
CH-8200 Schaffhausen

Schkeuditz
Astronomisches Zentrum
An der Bergbreite
04435 Schkeuditz

Schriesheim
Arbeitsgemeinschaft Volkssternwarte Schriesheim e.V.
Entengasse 3
69198 Schriesheim

Seewalchen
Astronomischer Arbeitskreis Salzkammergut + Sternwarte Gahberg bei Weyregg am Attersee
Sachsenstraße 2
A-4863 Seewalchen

Senftenberg
Planetarium
An der Ingenieurschule
01968 Senftenberg

Singen
Volkssternwarte Singen e.V.
Zeppelin-Realschule
Rielasingerstr. 37
78224 Singen

Soest
Volkssternwarte
Steinkuhlenweg 6
59494 Soest

Sohland
Volks- und Schulsternwarte
Zöllnerweg 12
02689 Sohland

Solingen
Walter-Horn-Ges. e.V.
Sternwarte
Sternstraße 5
42719 Solingen

Steißlingen
Sternwarte Steißlingen
Im Städtle 19
78256 Steißlingen

St. Pölten
Niederösterreichische Amateurastronomen
Schuhmeierstr. 1
A-3100 St. Pölten

Stuttgart
Schwäbische Sternwarte
Zur Uhlandshöhe 41
70188 Stuttgart

Suhl
Volks- und Schulsternwarte
Auf dem Hoheloh 1
98527 Suhl

Sursee
Sternwarte Sursee
Berufsschule Kotten
Kyburgerstr. 3
CH-6210 Sursee

Tirschenreuth
Volkssternwarte
Tirschenreuth
Blankenbühlstraße 28
95643 Tirschenreuth

Traiskirchen
Franz-Kroller-Sternwarte
Bräuhausgasse
A-2514 Traiskirchen

Trier
Sternwarte Trier e. V.
Max-Planck-Gymnasium
Sichelstr. 3
54290 Trier

Tübingen
Astronomische Vereinigung
Tübingen e. V.
Sternwarte der Universität
Waldhäuser Straße 64
72076 Tübingen

Überlingen
Sternwarte Überlingen
Ob. St. Leonhardstraße 45
88662 Überlingen

Violau
Sternwarte
Bruder-Klaus-Heim
86450 Violau

Waghäusel
Astronomiefreunde 2000
Waghäusel e. V.
Kettelerstr. 19
68753 Waghäusel

Waldburg
Astronomischer Arbeitskreis
Waldburg-Weingarten e. V.
Gartenstraße 31
88255 Baindt

Weikersheim
→ **Bad Mergentheim**

Wetterau
→ **Bad Nauheim**

Wetzlar
Astronomischer Arbeitskreis
Wetzlar e. V.
Sternwarte Burgsolms
Lindenstr. 11
35606 Solms

Wien
Astronomischer Jugendclub
Richard-Wagner-Platz 2/8
A-1160 Wien

Wiener Arbeitsgemeinschaft
für Astronomie
Dreyhausenstr. 11/53
A-1140 Wien

Wiesbaden
Astronomische Gesellschaft
Urania e. V./Volkssternwarte
Bierstadter Str. 47
65189 Wiesbaden

Winterthur
Sternwarte Eschenberg der
AG Winterthur
Breitenstraße 2
CH-8542 Wiesendangen

Winzer
Volkssternwarte Bayerischer
Wald e. V.
Am Vogelsang 1
94557 Winzer

Zeilarn
Sternwarte »Zum blauen
Planet«
Oberhaus
84367 Zeilarn

Überregionale astronomische Amateur-Vereinigungen

Arbeitskreis Meteore e. V.
Berliner Straße 41
14467 Potsdam

Bundesdeutsche Arbeitsgemeinschaft für Veränderliche Sterne e. V. (BAV)
Münsterdamm 90
12169 Berlin

Österreichischer
Astronomischer Verein
Baumgartenstraße 23/4
A-1140 Wien

Schweizerische Astronomische Gesellschaft (SAG)
Zentralsekretariat:
Gristenbühl 13
CH-9315 Neukirch (Egnach)

Vereinigung der Sternfreunde e. V. (VdS)
Geschäftsstelle
Am Tonwerk 6
64646 Heppenheim

Ephimeriden der Planeten

Merkur

Datum	RA 2000	DK 2000	Aufg	Kulm	Elong.	Bel
09.08.2005	8h 49m 07,5s	13° 10′ 10″	04:51	12:00	7,3° W	0,03
19.08.2005	8h 44m 58,1s	16° 05′ 00″	03:50	11:17	17,2° W	0,25
29.08.2005	9h 27m 19,6s	15° 41′ 11″	03:53	11:20	16,9° W	0,65
08.09.2005	10h 36m 57,9s	10° 37′ 59″	04:51	11:50	9,1° W	0,94
18.09.2005	11h 46m 56,1s	3° 04′ 22″	06:01	12:21	1,5° O	1,00
28.09.2005	12h 50m 09,2s	−4° 43′ 32″	07:04	12:45	8,1° O	0,97
08.10.2005	13h 48m 47,4s	−11° 48′ 12″	08:00	13:04	14,3° O	0,92
18.10.2005	14h 45m 04,2s	−17° 43′ 30″	08:50	13:21	19,3° O	0,85
28.10.2005	15h 38m 41,8s	−22° 06′ 26″	09:32	13:35	22,7° O	0,74
07.11.2005	16h 22m 46,9s	−24° 23′ 16″	09:52	13:39	23,1° O	0,54
17.11.2005	16h 32m 40,9s	−23° 26′ 17″	09:17	13:09	15,0° O	0,18
27.11.2005	15h 47m 43,6s	−18° 18′ 10″	07:21	11:45	6,6° W	0,04
07.12.2005	15h 35m 29,4s	−16° 34′ 22″	06:17	10:54	20,0° W	0,45
17.12.2005	16h 14m 07,7s	−19° 28′ 10″	06:33	10:53	20,4° W	0,75
27.12.2005	17h 11m 36,2s	−22° 33′ 45″	07:11	11:11	16,8° W	0,88
06.01.2006	18h 16m 29,1s	−24° 09′ 38″	07:47	11:37	12,1° W	0,95
16.01.2006	19h 25m 02,5s	−23° 40′ 20″	08:13	12:06	6,9° W	0,98
26.01.2006	20h 35m 16,1s	−20° 48′ 19″	08:25	12:37	2,1° W	1,00
05.02.2006	21h 45m 20,6s	−15° 26′ 09″	08:23	13:07	7,2° O	0,97
15.02.2006	22h 51m 08,1s	−7° 56′ 06″	08:10	13:34	14,6° O	0,82
25.02.2006	23h 37m 15,7s	−0° 37′ 29″	07:40	13:40	18,0° O	0,43
07.03.2006	23h 37m 02,7s	1° 24′ 13″	06:51	13:01	9,4° O	0,06
17.03.2006	23h 05m 44,2s	−2° 51′ 07″	06:01	11:50	10,5° W	0,05
27.03.2006	22h 57m 51,8s	−6° 19′ 18″	05:31	11:02	23,3° W	0,26
06.04.2006	23h 21m 23,4s	−5° 55′ 44″	05:13	10:47	27,6° W	0,45
16.04.2006	0h 03m 20,5s	−2° 26′ 39″	04:58	10:49	26,5° W	0,60
26.04.2006	0h 56m 51,8s	3° 16′ 20″	04:43	11:03	21,8° W	0,73
06.05.2006	2h 01m 27,9s	10° 31′ 36″	04:31	11:29	13,8° W	0,88
16.05.2006	3h 20m 06,0s	18° 12′ 58″	04:27	12:08	2,9° W	0,99
26.05.2006	4h 50m 12,3s	23° 55′ 48″	04:39	12:59	9,3° O	0,93
05.06.2006	6h 14m 48,0s	25° 31′ 13″	05:12	13:44	18,9° O	0,70
15.06.2006	7h 19m 45,7s	23° 43′ 30″	05:51	14:09	24,1° O	0,49
25.06.2006	8h 00m 05,8s	20° 23′ 36″	06:15	14:10	24,3° O	0,31
05.07.2006	8h 11m 35,2s	17° 17′ 33″	06:07	13:42	18,3° O	0,14
15.07.2006	7h 53m 53,7s	16° 04′ 18″	05:19	12:44	6,6° O	0,02
25.07.2006	7h 30m 21,4s	17° 15′ 25″	04:09	11:42	11,6° W	0,07
04.08.2006	7h 38m 05,9s	19° 14′ 58″	03:24	11:10	18,9° W	0,31
14.08.2006	8h 28m 19,6s	19° 19′ 56″	03:33	11:21	16,7° W	0,68
24.08.2006	9h 44m 08,7s	15° 20′ 05″	04:32	11:58	8,0° W	0,95
03.09.2006	10h 59m 05,2s	8° 15′ 59″	05:47	12:33	2,7° O	1,00
13.09.2006	12h 04m 21,6s	0° 25′ 10″	06:52	12:59	10,5° O	0,95
23.09.2006	13h 02m 18,3s	−7° 01′ 07″	07:49	13:18	16,9° O	0,89
03.10.2006	13h 55m 31,9s	−13° 30′ 41″	08:36	13:31	21,7° O	0,80
13.10.2006	14h 43m 47,8s	−18° 36′ 54″	09:15	13:40	24,5° O	0,68
23.10.2006	15h 20m 09,5s	−21° 35′ 46″	09:31	13:37	23,7° O	0,48
02.11.2006	15h 21m 51,3s	−20° 38′ 17″	08:47	12:58	13,8° O	0,14
12.11.2006	14h 39m 21,8s	−14° 26′ 11″	06:50	11:37	7,9° W	0,05
22.11.2006	14h 35m 47,5s	−12° 39′ 49″	05:56	10:54	19,4° W	0,49
02.12.2006	15h 18m 42,0s	−16° 25′ 00″	06:19	10:58	18,5° W	0,79
12.12.2006	16h 17m 27,6s	−20° 43′ 09″	07:04	11:17	14,0° W	0,92
22.12.2006	17h 22m 28,7s	−23° 42′ 49″	07:50	11:43	8,9° W	0,97
01.01.2007	18h 31m 11,5s	−24° 44′ 34″	08:27	12:12	3,7° W	1,00
11.01.2007	19h 41m 59,3s	−23° 26′ 39″	08:49	12:44	3,3° O	1,00
21.01.2007	20h 52m 37,0s	−19° 36′ 08″	08:55	13:15	9,5° O	0,96
31.01.2007	21h 57m 46,5s	−13° 26′ 02″	08:45	13:41	15,9° O	0,79
10.02.2007	22h 40m 02,9s	−7° 00′ 21″	08:15	13:43	17,8° O	0,40
20.02.2007	22h 29m 25,7s	−5° 38′ 27″	07:19	12:52	6,7° O	0,03
02.03.2007	21h 53m 32,0s	−9° 42′ 34″	06:24	11:38	14,4° W	0,11

Merkur (Fortsetzung)

Datum	RA 2000	DK 2000	Aufg	Kulm	Elong.	Bel
12.03.2007	21h 52m 50,3s	−12° 10′ 45″	05:57	10:58	25,2° W	0,35
22.03.2007	22h 23m 47,0s	−11° 18′ 02″	05:43	10:49	27,7° W	0,54
01.04.2007	23h 10m 32,4s	−7° 44′ 05″	05:32	10:57	25,7° W	0,67
11.04.2007	0h 06m 17,7s	−2° 00′ 47″	05:20	11:13	20,5° W	0,79
21.04.2007	1h 10m 19,7s	5° 26′ 25″	05:07	11:38	12,7° W	0,91
01.05.2007	2h 25m 10,2s	13° 53′ 10″	04:57	12:13	2,1° W	1,00
11.05.2007	3h 50m 01,1s	21° 20′ 39″	04:57	12:59	9,8° O	0,92
21.05.2007	5h 10m 47,4s	25° 12′ 09″	05:11	13:40	19,1° O	0,66
31.05.2007	6h 11m 46,9s	25° 20′ 11″	05:32	14:01	23,2° O	0,41
10.06.2007	6h 45m 00,4s	23° 17′ 00″	05:41	13:55	21,3° O	0,21
20.06.2007	6h 46m 05,4s	20° 36′ 33″	05:22	13:16	12,4° O	0,06
30.06.2007	6h 23m 45,1s	18° 48′ 02″	04:32	12:14	5,2° W	0,01
10.07.2007	6h 10m 01,4s	19° 00′ 33″	03:38	11:22	15,9° W	0,13
20.07.2007	6h 30m 10,7s	20° 45′ 20″	03:06	11:03	20,3° W	0,37
30.07.2007	7h 27m 18,7s	21° 45′ 55″	03:16	11:20	16,6° W	0,70
09.08.2007	8h 48m 48,2s	19° 17′ 50″	04:13	12:03	7,1° W	0,96
19.08.2007	10h 09m 30,6s	13° 12′ 11″	05:31	12:44	4,1° O	0,99
29.08.2007	11h 17m 57,2s	5° 39′ 05″	06:40	13:13	12,6° O	0,93
08.09.2007	12h 16m 07,3s	−1° 52′ 52″	07:37	13:32	19,2° O	0,84
18.09.2007	13h 06m 56,3s	−8° 41′ 12″	08:22	13:43	23,8° O	0,75
28.09.2007	13h 50m 08,2s	−14° 12′ 12″	08:56	13:47	25,9° O	0,62
08.10.2007	14h 18m 37,6s	−17° 28′ 25″	09:04	13:35	23,8° O	0,41
18.10.2007	14h 12m 28,9s	−16° 08′ 16″	08:12	12:49	12,1° O	0,10
28.10.2007	13h 34m 03,8s	−9° 21′ 34″	06:18	11:32	9,3° W	0,07
07.11.2007	13h 38m 46,3s	−7° 53′ 34″	05:34	10:57	18,9° W	0,52
17.11.2007	14h 25m 34,7s	−12° 26′ 35″	06:04	11:05	16,5° W	0,83
27.11.2007	15h 25m 13,2s	−17° 51′ 02″	06:55	11:25	11,2° W	0,95
07.12.2007	16h 29m 34,4s	−22° 09′ 19″	07:47	11:50	5,7° W	0,99
17.12.2007	17h 37m 17,7s	−24° 40′ 17″	08:32	12:19	1,3° W	1,00
27.12.2007	18h 47m 30,0s	−24° 59′ 41″	09:06	12:49	5,9° O	0,99

Venus

Datum	RA 2000	DK 2000	Aufg	Kulm	Elong.	Bel
09.08.2005	11h 27m 42,9s	4° 39′ 12″	08:12	14:39	33,9° O	0,81
19.08.2005	12h 10m 42,3s	−0° 28′ 01″	08:41	14:43	36,2° O	0,78
29.08.2005	12h 53m 19,1s	−5° 36′ 18″	09:10	14:46	38,3° O	0,75
08.09.2005	13h 36m 11,3s	−10° 34′ 45″	09:40	14:49	40,4° O	0,72
18.09.2005	14h 19m 49,0s	−15° 12′ 07″	10:09	14:54	42,2° O	0,69
28.09.2005	15h 04m 32,3s	−19° 17′ 08″	10:38	14:59	43,8° O	0,65
08.10.2005	15h 50m 26,6s	−22° 39′ 08″	11:06	15:06	45,2° O	0,61
18.10.2005	16h 37m 07,9s	−25° 08′ 19″	11:31	15:13	46,3° O	0,57
28.10.2005	17h 23m 42,5s	−26° 37′ 48″	11:49	15:20	47,0° O	0,53
07.11.2005	18h 08m 49,4s	−27° 05′ 04″	11:58	15:26	47,0° O	0,48
17.11.2005	18h 50m 35,5s	−26° 33′ 06″	11:57	15:28	46,3° O	0,42
27.11.2005	19h 26m 47,8s	−25° 10′ 56″	11:43	15:24	44,5° O	0,35
07.12.2005	19h 54m 51,8s	−23° 12′ 40″	11:18	15:13	41,0° O	0,28
17.12.2005	20h 11m 23,4s	−20° 56′ 50″	10:40	14:50	35,0° O	0,19
27.12.2005	20h 12m 37,7s	−18° 44′ 20″	09:48	14:11	25,5° O	0,10
06.01.2006	19h 57m 08,6s	−16° 54′ 37″	08:43	13:16	12,7° O	0,02
16.01.2006	19h 31m 33,0s	−15° 43′ 48″	07:32	12:11	7,2° W	0,01
26.01.2006	19h 11m 01,9s	−15° 19′ 59″	06:29	11:12	20,2° W	0,06
05.02.2006	19h 06m 06,2s	−15° 34′ 24″	05:46	10:28	31,1° W	0,15
15.02.2006	19h 17m 08,4s	−16° 03′ 00″	05:20	10:00	38,3° W	0,24
25.02.2006	19h 40m 21,8s	−16° 19′ 07″	05:05	09:43	42,7° W	0,32
07.03.2006	20h 11m 44,3s	−16° 03′ 24″	04:55	09:35	45,2° W	0,39
17.03.2006	20h 48m 12,8s	−15° 05′ 11″	04:47	09:32	46,3° W	0,45
27.03.2006	21h 27m 41,8s	−13° 20′ 21″	04:37	09:32	46,5° W	0,51
06.04.2006	22h 08m 41,8s	−10° 50′ 54″	04:25	09:34	46,1° W	0,56
16.04.2006	22h 50m 21,1s	−7° 42′ 42″	04:11	09:36	45,2° W	0,60
26.04.2006	23h 32m 18,2s	−4° 03′ 44″	03:56	09:39	43,9° W	0,64
06.05.2006	0h 14m 28,6s	−0° 03′ 54″	03:39	09:42	42,4° W	0,68

Venus (Fortsetzung)

Datum	RA 2000	DK 2000	Aufg	Kulm	Elong.	Bel
16.05.2006	0h 57m 04,7s	4° 06′ 22″	03:21	09:45	40,6° W	0,71
26.05.2006	1h 40m 29,1s	8° 16′ 32″	03:04	09:49	38,7° W	0,75
05.06.2006	2h 25m 04,9s	12° 15′ 12″	02:48	09:54	36,6° W	0,78
15.06.2006	3h 11m 14,4s	15° 50′ 59″	02:34	10:00	34,4° W	0,81
25.06.2006	3h 59m 14,0s	18° 52′ 28″	02:24	10:09	32,1° W	0,83
05.07.2006	4h 49m 02,9s	21° 08′ 24″	02:20	10:19	29,7° W	0,86
15.07.2006	5h 40m 22,9s	22° 29′ 11″	02:23	10:31	27,3° W	0,88
25.07.2006	6h 32m 39,5s	22° 47′ 54″	02:33	10:44	24,7° W	0,90
04.08.2006	7h 25m 03,0s	22° 01′ 28″	02:51	10:57	22,2° W	0,92
14.08.2006	8h 16m 45,3s	20° 11′ 28″	03:16	11:10	19,6° W	0,94
24.08.2006	9h 07m 12,3s	17° 23′ 27″	03:44	11:21	17,0° W	0,96
03.09.2006	9h 56m 06,8s	13° 46′ 17″	04:14	11:30	14,3° W	0,97
13.09.2006	10h 43m 33,1s	9° 30′ 42″	04:45	11:38	11,7° W	0,98
23.09.2006	11h 29m 53,5s	4° 48′ 14″	05:17	11:45	9,1° W	0,99
03.10.2006	12h 15m 39,6s	–0° 09′ 02″	05:48	11:51	6,5° W	0,99
13.10.2006	13h 01m 30,0s	–5° 08′ 53″	06:19	11:58	3,9° W	1,00
23.10.2006	13h 48m 06,3s	–9° 58′ 56″	06:51	12:05	1,6° W	1,00
02.11.2006	14h 36m 04,8s	–14° 26′ 08″	07:24	12:13	1,6° O	1,00
12.11.2006	15h 25m 53,0s	–18° 17′ 12″	07:57	12:24	4,0° O	1,00
22.11.2006	16h 17m 43,0s	–21° 19′ 04″	08:28	12:36	6,4° O	0,99
02.12.2006	17h 11m 21,2s	–23° 19′ 46″	08:55	12:51	8,9° O	0,99
12.12.2006	18h 06m 07,6s	–24° 10′ 26″	09:17	13:06	11,3° O	0,98
22.12.2006	19h 01m 04,6s	–23° 46′ 50″	09:30	13:22	13,7° O	0,97
01.01.2007	19h 55m 07,9s	–22° 10′ 24″	09:34	13:36	16,0° O	0,96
11.01.2007	20h 47m 27,6s	–19° 27′ 53″	09:29	13:49	18,4° O	0,95
21.01.2007	21h 37m 39,9s	–15° 49′ 40″	09:18	14:00	20,7° O	0,94
31.01.2007	22h 25m 44,7s	–11° 28′ 21″	09:03	14:09	23,0° O	0,92
10.02.2007	23h 12m 02,7s	–6° 37′ 04″	08:45	14:15	25,2° O	0,91
20.02.2007	23h 57m 08,5s	–1° 28′ 34″	08:24	14:21	27,5° O	0,89
02.03.2007	0h 41m 41,1s	3° 44′ 30″	08:04	14:26	29,7° O	0,87
12.03.2007	1h 26m 20,1s	8° 49′ 53″	07:43	14:31	31,9° O	0,84
22.03.2007	2h 11m 43,5s	13° 35′ 38″	07:24	14:37	34,0° O	0,82
01.04.2007	2h 58m 18,1s	17° 49′ 34″	07:06	14:44	36,1° O	0,79
11.04.2007	3h 46m 15,4s	21° 20′ 00″	06:52	14:53	38,1° O	0,76
21.04.2007	4h 35m 28,0s	23° 56′ 35″	06:44	15:03	39,9° O	0,72
01.05.2007	5h 25m 19,5s	25° 31′ 13″	06:42	15:13	41,7° O	0,68
11.05.2007	6h 14m 49,9s	25° 59′ 54″	06:49	15:23	43,1° O	0,64
21.05.2007	7h 02m 49,0s	25° 23′ 33″	07:02	15:32	44,3° O	0,59
31.05.2007	7h 48m 01,2s	23° 48′ 06″	07:20	15:38	45,1° O	0,55
10.06.2007	8h 29m 19,0s	21° 23′ 49″	07:39	15:39	45,4° O	0,49
20.06.2007	9h 05m 45,2s	18° 23′ 31″	07:55	15:36	44,9° O	0,43
30.06.2007	9h 36m 10,6s	15° 02′ 34″	08:05	15:27	43,3° O	0,36
10.07.2007	9h 59m 00,4s	11° 38′ 44″	08:08	15:10	40,1° O	0,28
20.07.2007	10h 11m 59,1s	8° 33′ 14″	07:58	14:44	34,7° O	0,20
30.07.2007	10h 12m 05,6s	6° 14′ 55″	07:31	14:04	26,3° O	0,11
09.08.2007	9h 57m 52,3s	5° 16′ 47″	06:42	13:11	14,9° O	0,03
19.08.2007	9h 34m 22,1s	5° 53′ 33″	05:37	12:07	8,3° W	0,01
29.08.2007	9h 14m 00,2s	7° 33′ 03″	04:29	11:08	18,8° W	0,05
08.09.2007	9h 07m 18,1s	9° 13′ 23″	03:34	10:22	29,6° W	0,14
18.09.2007	9h 15m 52,4s	10° 12′ 39″	02:57	09:52	37,1° W	0,23
28.09.2007	9h 36m 22,8s	10° 15′ 43″	02:37	09:33	41,9° W	0,31
08.10.2007	10h 05m 04,8s	9° 19′ 41″	02:31	09:22	44,7° W	0,38
18.10.2007	10h 38m 59,0s	7° 28′ 43″	02:35	09:16	46,1° W	0,45
28.10.2007	11h 16m 08,3s	4° 50′ 23″	02:46	09:14	46,5° W	0,50
07.11.2007	11h 55m 27,8s	1° 34′ 03″	03:02	09:14	46,2° W	0,56
17.11.2007	12h 36m 23,0s	–2° 08′ 37″	03:23	09:16	45,4° W	0,60
27.11.2007	13h 18m 45,2s	–6° 05′ 17″	03:45	09:19	44,2° W	0,64
07.12.2007	14h 02m 43,8s	–10° 03′ 11″	04:10	09:23	42,8° W	0,68
17.12.2007	14h 48m 30,6s	–13° 48′ 34″	04:36	09:29	41,1° W	0,72
27.12.2007	15h 36m 16,9s	–17° 07′ 48″	05:04	09:38	39,3° W	0,75

Mars

Datum	RA 2000	DK 2000	Aufg	Kulm	Elong.	Bel
09.08.2005	2h 21m 18,7s	11° 06′ 27″	22:31	05:33	100,1° W	0,85
19.08.2005	2h 40m 38,7s	12° 40′ 40″	22:02	05:13	104,7° W	0,86
29.08.2005	2h 57m 35,3s	13° 59′ 29″	21:33	04:51	110,0° W	0,87
08.09.2005	3h 11m 19,9s	15° 02′ 19″	21:01	04:25	116,2° W	0,88
18.09.2005	3h 20m 59,3s	15° 49′ 24″	20:27	03:56	123,5° W	0,90
28.09.2005	3h 25m 37,9s	16° 20′ 52″	19:49	03:21	132,1° W	0,93
08.10.2005	3h 24m 23,0s	16° 36′ 06″	19:07	02:41	142,1° W	0,95
18.10.2005	3h 17m 08,0s	16° 35′ 09″	18:20	01:55	153,7° W	0,98
28.10.2005	3h 04m 56,3s	16° 18′ 55″	17:30	01:03	166,6° W	0,99
07.11.2005	2h 50m 16,7s	15° 52′ 09″	16:39	00:09	179,5° O	1,00
17.11.2005	2h 36m 36,5s	15° 25′ 07″	15:49	23:12	166,5° O	0,99
27.11.2005	2h 26m 41,9s	15° 08′ 31″	15:01	22:23	154,1° O	0,98
07.12.2005	2h 22m 00,5s	15° 10′ 02″	14:17	21:39	142,9° O	0,96
17.12.2005	2h 22m 45,0s	15° 32′ 02″	13:37	21:01	133,0° O	0,94
27.12.2005	2h 28m 18,2s	16° 12′ 07″	12:59	20:27	124,3° O	0,92
06.01.2006	2h 37m 55,7s	17° 06′ 27″	12:23	19:58	116,6° O	0,91
16.01.2006	2h 50m 53,4s	18° 10′ 27″	11:51	19:31	109,6° O	0,90
26.01.2006	3h 06m 31,4s	19° 19′ 25″	11:20	19:07	103,4° O	0,90
05.02.2006	3h 24m 22,6s	20° 29′ 31″	10:51	18:46	97,6° O	0,89
15.02.2006	3h 44m 03,0s	21° 37′ 05″	10:24	18:26	92,2° O	0,89
25.02.2006	4h 05m 12,9s	22° 38′ 58″	09:59	18:08	87,1° O	0,89
07.03.2006	4h 27m 39,1s	23° 32′ 35″	09:36	17:51	82,3° O	0,90
17.03.2006	4h 51m 06,8s	24° 15′ 36″	09:14	17:35	77,7° O	0,90
27.03.2006	5h 15m 23,4s	24° 46′ 09″	08:55	17:20	73,4° O	0,90
06.04.2006	5h 40m 19,0s	25° 02′ 49″	08:39	17:06	69,2° O	0,91
16.04.2006	6h 05m 41,1s	25° 04′ 31″	08:24	16:52	65,1° O	0,92
26.04.2006	6h 31m 19,4s	24° 50′ 38″	08:12	16:38	61,2° O	0,92
06.05.2006	6h 57m 05,4s	24° 20′ 52″	08:03	16:24	57,3° O	0,93
16.05.2006	7h 22m 49,4s	23° 35′ 19″	07:55	16:10	53,6° O	0,94
26.05.2006	7h 48m 24,7s	22° 34′ 26″	07:48	15:57	50,0° O	0,94
05.06.2006	8h 13m 46,5s	21° 18′ 49″	07:43	15:42	46,4° O	0,95
15.06.2006	8h 38m 50,0s	19° 49′ 25″	07:38	15:28	42,9° O	0,96
25.06.2006	9h 03m 33,9s	18° 07′ 15″	07:34	15:13	39,4° O	0,96
05.07.2006	9h 27m 58,0s	16° 13′ 26″	07:30	14:58	36,0° O	0,97
15.07.2006	9h 52m 02,6s	14° 09′ 18″	07:27	14:43	32,6° O	0,97
25.07.2006	10h 15m 50,9s	11° 56′ 05″	07:23	14:27	29,3° O	0,98
04.08.2006	10h 39m 26,4s	9° 35′ 04″	07:20	14:11	26,0° O	0,98
14.08.2006	11h 02m 52,8s	7° 07′ 42″	07:17	13:56	22,7° O	0,99
24.08.2006	11h 26m 16,0s	4° 35′ 16″	07:14	13:39	19,4° O	0,99
03.09.2006	11h 49m 41,6s	1° 59′ 11″	07:11	13:23	16,2° O	0,99
13.09.2006	12h 13m 15,2s	–0° 38′ 57″	07:08	13:07	12,9° O	1,00
23.09.2006	12h 37m 04,3s	–3° 17′ 46″	07:05	12:52	9,7° O	1,00
03.10.2006	13h 01m 15,1s	–5° 55′ 32″	07:03	12:37	6,4° O	1,00
13.10.2006	13h 25m 54,1s	–8° 30′ 28″	07:02	12:22	3,2° O	1,00
23.10.2006	13h 51m 08,9s	–11° 00′ 46″	07:00	12:08	0,4° W	1,00
02.11.2006	14h 17m 05,0s	–13° 24′ 19″	07:00	11:54	3,3° W	1,00
12.11.2006	14h 43m 47,7s	–15° 38′ 57″	07:00	11:42	6,5° W	1,00
22.11.2006	15h 11m 22,3s	–17° 42′ 23″	07:00	11:30	9,6° W	1,00
02.12.2006	15h 39m 50,5s	–19° 32′ 09″	07:00	11:19	12,8° W	1,00
12.12.2006	16h 09m 12,7s	–21° 05′ 48″	06:59	11:09	15,8° W	0,99
22.12.2006	16h 39m 27,4s	–22° 21′ 00″	06:58	11:00	18,9° W	0,99
01.01.2007	17h 10m 28,3s	–23° 15′ 29″	06:56	10:51	21,9° W	0,99
11.01.2007	17h 42m 07,2s	–23° 47′ 25″	06:52	10:43	24,8° W	0,98
21.01.2007	18h 14m 13,9s	–23° 55′ 24″	06:46	10:36	27,6° W	0,98
31.01.2007	18h 46m 34,6s	–23° 38′ 37″	06:36	10:29	30,4° W	0,97
10.02.2007	19h 18m 56,6s	–22° 57′ 01″	06:25	10:22	33,1° W	0,97
20.02.2007	19h 51m 07,9s	–21° 51′ 09″	06:10	10:15	35,7° W	0,96
02.03.2007	20h 22m 56,6s	–20° 22′ 20″	05:53	10:07	38,2° W	0,95
12.03.2007	20h 54m 15,7s	–18° 32′ 26″	05:34	09:59	40,6° W	0,95
22.03.2007	21h 25m 00,5s	–16° 23′ 44″	05:13	09:51	42,9° W	0,94
01.04.2007	21h 55m 08,2s	–13° 59′ 03″	04:50	09:41	45,1° W	0,93
11.04.2007	22h 24m 40,6s	–11° 21′ 12″	04:26	09:31	47,3° W	0,93

Mars (Fortsetzung)

Datum	**RA 2000**	**DK 2000**	**Aufg**	**Kulm**	**Elong.**	**Bel**
21.04.2007	22h 53m 40,8s	–8° 33′ 17″	04:01	09:21	49,4° W	0,92
01.05.2007	23h 22m 12,4s	–5° 38′ 30″	03:35	09:10	51,5° W	0,91
11.05.2007	23h 50m 21,8s	–2° 39′ 52″	03:09	08:59	53,5° W	0,91
21.05.2007	0h 18m 14,7s	0° 19′ 31″	02:43	08:47	55,6° W	0,90
31.05.2007	0h 45m 55,7s	3° 16′ 34″	02:16	08:35	57,7° W	0,89
10.06.2007	1h 13m 30,7s	6° 08′ 36″	01:50	08:23	59,8° W	0,89
20.06.2007	1h 41m 02,9s	8° 52′ 49″	01:24	08:12	62,0° W	0,88
30.06.2007	2h 08m 33,2s	11° 26′ 42″	00:59	08:00	64,3° W	0,88
10.07.2007	2h 36m 02,9s	13° 48′ 10″	00:34	07:48	66,7° W	0,87
20.07.2007	3h 03m 28,1s	15° 55′ 16″	00:10	07:36	69,3° W	0,87
30.07.2007	3h 30m 42,3s	17° 46′ 33″	23:44	07:24	72,1° W	0,86
09.08.2007	3h 57m 38,2s	19° 21′ 14″	23:22	07:11	75,1° W	0,86
19.08.2007	4h 24m 02,2s	20° 38′ 51″	23:01	06:58	78,3° W	0,86
29.08.2007	4h 49m 38,6s	21° 39′ 51″	22:40	06:44	81,9° W	0,86
08.09.2007	5h 14m 10,3s	22° 25′ 22″	22:20	06:30	85,9° W	0,86
18.09.2007	5h 37m 13,2s	22° 57′ 12″	22:00	06:13	90,3° W	0,86
28.09.2007	5h 58m 21,8s	23° 18′ 06″	21:40	05:55	95,2° W	0,87
08.10.2007	6h 17m 07,4s	23° 31′ 25″	21:18	05:35	100,7° W	0,87
18.10.2007	6h 32m 50,6s	23° 41′ 17″	20:52	05:11	107,0° W	0,88
28.10.2007	6h 44m 49,9s	23° 52′ 17″	20:23	04:44	114,2° W	0,90
07.11.2007	6h 52m 15,7s	24° 08′ 48″	19:50	04:12	122,6° W	0,92
17.11.2007	6h 54m 11,2s	24° 34′ 20″	19:09	03:35	132,2° W	0,94
27.11.2007	6h 49m 57,7s	25° 09′ 22″	18:20	02:51	143,3° W	0,96
07.12.2007	6h 39m 31,4s	25° 49′ 44″	17:26	02:01	155,8° W	0,98
17.12.2007	6h 24m 06,5s	26° 26′ 42″	16:26	01:07	169,1° W	1,00
27.12.2007	6h 06m 38,1s	26° 50′ 47″	15:26	00:10	175,0° O	1,00

Jupiter

Datum	**RA 2000**	**DK 2000**	**Aufg**	**Kulm**	**Elong.**	**Bel**
09.08.2005	12h 55m 12,9s	–4° 38′ 20″	10:26	16:05	57,7° O	0,99
19.08.2005	13h 01m 18,1s	–5° 18′ 05″	09:57	15:33	49,7° O	1,00
29.08.2005	13h 07m 55,6s	–6° 00′ 33″	09:28	15:00	41,9° O	1,00
08.09.2005	13h 15m 01,0s	–6° 45′ 08″	08:59	14:27	34,1° O	1,00
18.09.2005	13h 22m 29,4s	–7° 31′ 12″	08:31	13:56	26,4° O	1,00
28.09.2005	13h 30m 16,4s	–8° 18′ 08″	08:03	13:24	18,7° O	1,00
08.10.2005	13h 38m 17,9s	–9° 05′ 24″	07:36	12:53	11,0° O	1,00
18.10.2005	13h 46m 29,0s	–9° 52′ 25″	07:09	12:21	3,4° O	1,00
28.10.2005	13h 54m 45,4s	–10° 38′ 39″	06:42	11:51	4,7° W	1,00
07.11.2005	14h 03m 02,6s	–11° 23′ 36″	06:15	11:20	12,5° W	1,00
17.11.2005	14h 11m 15,0s	–12° 06′ 44″	05:48	10:48	20,4° W	1,00
27.11.2005	14h 19m 17,8s	–12° 47′ 38″	05:20	10:17	28,4° W	1,00
07.12.2005	14h 27m 04,9s	–13° 25′ 49″	04:52	09:46	36,5° W	1,00
17.12.2005	14h 34m 30,1s	–14° 00′ 53″	04:23	09:14	44,8° W	1,00
27.12.2005	14h 41m 26,9s	–14° 32′ 28″	03:54	08:41	53,2° W	1,00
06.01.2006	14h 47m 48,0s	–15° 00′ 12″	03:23	08:08	61,8° W	0,99
16.01.2006	14h 53m 25,9s	–15° 23′ 47″	02:51	07:35	70,6° W	0,99
26.01.2006	14h 58m 13,3s	–15° 42′ 57″	02:19	07:00	79,6° W	0,99
05.02.2006	15h 02m 02,6s	–15° 57′ 26″	01:45	06:24	88,8° W	0,99
15.02.2006	15h 04m 46,9s	–16° 07′ 03″	01:09	05:48	98,2° W	0,99
25.02.2006	15h 06m 20,8s	–16° 11′ 41″	00:32	05:10	107,9° W	0,99
07.03.2006	15h 06m 40,1s	–16° 11′ 14″	23:49	04:31	117,8° W	0,99
17.03.2006	15h 05m 44,2s	–16° 05′ 46″	23:08	03:51	128,1° W	1,00
27.03.2006	15h 03m 35,9s	–15° 55′ 31″	22:25	03:10	138,5° W	1,00
06.04.2006	15h 00m 22,1s	–15° 40′ 54″	21:42	02:27	149,2° W	1,00
16.04.2006	14h 56m 15,3s	–15° 22′ 43″	20:57	01:44	160,0° W	1,00
26.04.2006	14h 51m 31,5s	–15° 01′ 59″	20:10	01:00	170,9° W	1,00
06.05.2006	14h 46m 30,2s	–14° 40′ 03″	19:24	00:15	177,6° O	1,00
16.05.2006	14h 41m 32,8s	–14° 18′ 28″	18:38	23:28	167,0° O	1,00
26.05.2006	14h 36m 58,9s	–13° 58′ 47″	17:53	22:43	156,3° O	1,00
05.06.2006	14h 33m 06,1s	–13° 42′ 26″	17:08	22:01	145,7° O	1,00
15.06.2006	14h 30m 08,4s	–13° 30′ 35″	16:24	21:18	135,4° O	1,00

Jupiter (Fortsetzung)

Datum	**RA 2000**	**DK 2000**	**Aufg**	**Kulm**	**Elong.**	**Bel**
25.06.2006	14h 28m 14,3s	−13° 23′ 59″	15:43	20:37	125,4° O	0,99
05.07.2006	14h 27m 29,3s	−13° 23′ 06″	15:03	19:57	115,7° O	0,99
15.07.2006	14h 27m 54,7s	−13° 27′ 59″	14:24	19:18	106,3° O	0,99
25.07.2006	14h 29m 28,8s	−13° 38′ 23″	13:48	18:40	97,2° O	0,99
04.08.2006	14h 32m 09,0s	−13° 53′ 56″	13:12	18:03	88,3° O	0,99
14.08.2006	14h 35m 50,4s	−14° 14′ 01″	12:38	17:28	79,7° O	0,99
24.08.2006	14h 40m 28,1s	−14° 38′ 01″	12:06	16:53	71,2° O	0,99
03.09.2006	14h 45m 57,0s	−15° 05′ 16″	11:35	16:19	63,0° O	0,99
13.09.2006	14h 52m 11,4s	−15° 35′ 01″	11:04	15:46	54,9° O	0,99
23.09.2006	14h 59m 06,1s	−16° 06′ 37″	10:34	15:14	46,8° O	1,00
03.10.2006	15h 06m 36,1s	−16° 39′ 24″	10:06	14:42	38,9° O	1,00
13.10.2006	15h 14m 35,9s	−17° 12′ 43″	09:38	14:10	31,0° O	1,00
23.10.2006	15h 23m 00,9s	−17° 46′ 00″	09:10	13:39	23,2° O	1,00
02.11.2006	15h 31m 45,8s	−18° 18′ 41″	08:43	13:09	15,4° O	1,00
12.11.2006	15h 40m 45,3s	−18° 50′ 16″	08:15	12:38	7,5° O	1,00
22.11.2006	15h 49m 54,5s	−19° 20′ 21″	07:49	12:08	0,8° W	1,00
02.12.2006	15h 59m 07,6s	−19° 48′ 32″	07:21	11:38	8,3° W	1,00
12.12.2006	16h 08m 18,8s	−20° 14′ 30″	06:53	11:08	16,2° W	1,00
22.12.2006	16h 17m 22,5s	−20° 38′ 03″	06:25	10:37	24,2° W	1,00
01.01.2007	16h 26m 11,8s	−20° 59′ 00″	05:57	10:07	32,3° W	1,00
11.01.2007	16h 34m 40,2s	−21° 17′ 16″	05:29	09:36	40,5° W	1,00
21.01.2007	16h 42m 40,8s	−21° 32′ 51″	04:59	09:05	48,8° W	1,00
31.01.2007	16h 50m 05,7s	−21° 45′ 49″	04:28	08:33	57,2° W	0,99
10.02.2007	16h 56m 47,7s	−21° 56′ 18″	03:57	08:01	65,8° W	0,99
20.02.2007	17h 02m 39,1s	−22° 04′ 29″	03:25	07:27	74,6° W	0,99
02.03.2007	17h 07m 31,7s	−22° 10′ 33″	02:50	06:52	83,5° W	0,99
12.03.2007	17h 11m 18,7s	−22° 14′ 46″	02:15	06:17	92,6° W	0,99
22.03.2007	17h 13m 53,4s	−22° 17′ 19″	01:39	05:40	102,0° W	0,99
01.04.2007	17h 15m 10,3s	−22° 18′ 21″	01:01	05:02	111,6° W	0,99
11.04.2007	17h 15m 07,1s	−22° 18′ 01″	00:22	04:22	121,4° W	0,99
21.04.2007	17h 13m 43,5s	−22° 16′ 21″	23:37	03:42	131,5° W	1,00
01.05.2007	17h 11m 03,7s	−22° 13′ 21″	22:54	03:00	141,9° W	1,00
11.05.2007	17h 07m 17,1s	−22° 09′ 01″	22:11	02:17	152,4° W	1,00
21.05.2007	17h 02m 37,0s	−22° 03′ 24″	21:27	01:33	163,1° W	1,00
31.05.2007	16h 57m 22,6s	−21° 56′ 44″	20:41	00:49	173,9° W	1,00
10.06.2007	16h 51m 55,4s	−21° 49′ 21″	19:56	00:04	175,1° O	1,00
20.06.2007	16h 46m 37,8s	−21° 41′ 51″	19:10	23:16	164,4° O	1,00
30.06.2007	16h 41m 51,9s	−21° 34′ 55″	18:25	22:31	153,7° O	1,00
10.07.2007	16h 37m 55,7s	−21° 29′ 15″	17:42	21:49	143,3° O	1,00
20.07.2007	16h 35m 03,2s	−21° 25′ 31″	16:59	21:06	133,1° O	1,00
30.07.2007	16h 33m 23,9s	−21° 24′ 11″	16:18	20:25	123,1° O	0,99
09.08.2007	16h 33m 01,8s	−21° 25′ 29″	15:39	19:45	113,5° O	0,99
19.08.2007	16h 33m 58,1s	−21° 29′ 27″	15:01	19:07	104,1° O	0,99
29.08.2007	16h 36m 10,9s	−21° 35′ 53″	14:24	18:29	95,0° O	0,99
08.09.2007	16h 39m 35,7s	−21° 44′ 26″	13:49	17:54	86,1° O	0,99
18.09.2007	16h 44m 07,9s	−21° 54′ 38″	13:16	17:19	77,4° O	0,99
28.09.2007	16h 49m 41,2s	−22° 05′ 58″	12:43	16:45	68,9° O	0,99
08.10.2007	16h 56m 09,1s	−22° 17′ 52″	12:11	16:12	60,6° O	0,99
18.10.2007	17h 03m 25,8s	−22° 29′ 45″	11:41	15:40	52,4° O	0,99
28.10.2007	17h 11m 24,3s	−22° 41′ 06″	11:11	15:09	44,3° O	1,00
07.11.2007	17h 19m 58,5s	−22° 51′ 25″	10:41	14:38	36,3° O	1,00
17.11.2007	17h 29m 02,2s	−23° 00′ 15″	10:11	14:08	28,3° O	1,00
27.11.2007	17h 38m 28,8s	−23° 07′ 15″	09:43	13:38	20,4° O	1,00
07.12.2007	17h 48m 12,3s	−23° 12′ 09″	09:13	13:08	12,5° O	1,00
17.12.2007	17h 58m 06,6s	−23° 14′ 44″	08:44	12:39	4,6° O	1,00
27.12.2007	18h 08m 05,2s	−23° 14′ 56″	08:14	12:09	3,3° W	1,00

Saturn

Datum	RA 2000	DK 2000	Aufg	Kulm	Elong.	Bel
09.08.2005	8h 21m 28,6s	19° 47′ 07″	03:44	11:33	13,9° W	1,00
19.08.2005	8h 26m 39,3s	19° 30′ 30″	03:11	10:59	22,2° W	1,00
29.08.2005	8h 31m 37,3s	19° 14′ 06″	02:38	10:24	30,6° W	1,00
08.09.2005	8h 36m 18,5s	18° 58′ 14″	02:05	09:50	39,2° W	1,00
18.09.2005	8h 40m 38,2s	18° 43′ 18″	01:32	09:15	47,9° W	1,00
28.09.2005	8h 44m 32,2s	18° 29′ 41″	00:58	08:39	56,7° W	1,00
08.10.2005	8h 47m 56,3s	18° 17′ 45″	00:23	08:03	65,7° W	1,00
18.10.2005	8h 50m 46,0s	18° 07′ 57″	23:45	07:27	74,9° W	1,00
28.10.2005	8h 52m 57,8s	18° 00′ 35″	23:08	06:49	84,4° W	1,00
07.11.2005	8h 54m 28,2s	17° 56′ 00″	22:30	06:11	94,0° W	1,00
17.11.2005	8h 55m 14,6s	17° 54′ 26″	21:52	05:33	103,9° W	1,00
27.11.2005	8h 55m 15,9s	17° 55′ 57″	21:13	04:54	114,0° W	1,00
07.12.2005	8h 54m 31,8s	18° 00′ 34″	20:32	04:14	124,3° W	1,00
17.12.2005	8h 53m 04,5s	18° 08′ 04″	19:51	03:33	134,8° W	1,00
27.12.2005	8h 50m 58,4s	18° 18′ 03″	19:08	02:52	145,5° W	1,00
06.01.2006	8h 48m 19,4s	18° 30′ 00″	18:25	02:10	156,4° W	1,00
16.01.2006	8h 45m 16,5s	18° 43′ 14″	17:41	01:28	167,3° W	1,00
26.01.2006	8h 41m 59,8s	18° 56′ 58″	16:57	00:45	178,2° W	1,00
05.02.2006	8h 38m 40,5s	19° 10′ 28″	16:13	00:02	170,7° O	1,00
15.02.2006	8h 35m 30,5s	19° 22′ 59″	15:30	23:16	159,8° O	1,00
25.02.2006	8h 32m 40,2s	19° 33′ 55″	14:46	22:34	149,0° O	1,00
07.03.2006	8h 30m 19,1s	19° 42′ 48″	14:03	21:53	138,4° O	1,00
17.03.2006	8h 28m 34,8s	19° 49′ 17″	13:22	21:12	128,0° O	1,00
27.03.2006	8h 27m 31,8s	19° 53′ 13″	12:41	20:31	117,8° O	1,00
06.04.2006	8h 27m 13,4s	19° 54′ 28″	12:01	19:52	107,9° O	1,00
16.04.2006	8h 27m 40,1s	19° 53′ 03″	11:23	19:13	98,2° O	1,00
26.04.2006	8h 28m 50,9s	19° 49′ 03″	10:45	18:34	88,7° O	1,00
06.05.2006	8h 30m 43,8s	19° 42′ 32″	10:08	17:57	79,5° O	1,00
16.05.2006	8h 33m 15,5s	19° 33′ 38″	09:32	17:20	70,4° O	1,00
26.05.2006	8h 36m 21,9s	19° 22′ 31″	08:57	16:44	61,6° O	1,00
05.06.2006	8h 39m 59,2s	19° 09′ 18″	08:22	16:08	52,9° O	1,00
15.06.2006	8h 44m 02,6s	18° 54′ 11″	07:49	15:33	44,3° O	1,00
25.06.2006	8h 48m 27,8s	18° 37′ 22″	07:16	14:58	35,8° O	1,00
05.07.2006	8h 53m 10,5s	18° 19′ 01″	06:43	14:23	27,5° O	1,00
15.07.2006	8h 58m 05,9s	17° 59′ 25″	06:10	13:49	19,1° O	1,00
25.07.2006	9h 03m 10,1s	17° 38′ 46″	05:39	13:14	10,9° O	1,00
04.08.2006	9h 08m 18,7s	17° 17′ 21″	05:06	12:40	2,7° O	1,00
14.08.2006	9h 13m 27,4s	16° 55′ 31″	04:34	12:06	5,8° W	1,00
24.08.2006	9h 18m 32,2s	16° 33′ 31″	04:02	11:32	14,1° W	1,00
03.09.2006	9h 23m 29,0s	16° 11′ 47″	03:30	10:57	22,5° W	1,00
13.09.2006	9h 28m 13,3s	15° 50′ 40″	02:57	10:22	31,1° W	1,00
23.09.2006	9h 32m 41,3s	15° 30′ 34″	02:24	09:48	39,7° W	1,00
03.10.2006	9h 36m 48,5s	15° 11′ 56″	01:51	09:13	48,5° W	1,00
13.10.2006	9h 40m 30,7s	14° 55′ 12″	01:17	08:37	57,4° W	1,00
23.10.2006	9h 43m 43,8s	14° 40′ 49″	00:42	08:00	66,5° W	1,00
02.11.2006	9h 46m 23,5s	14° 29′ 12″	00:07	07:24	75,8° W	1,00
12.11.2006	9h 48m 26,5s	14° 20′ 45″	23:27	06:47	85,3° W	1,00
22.11.2006	9h 49m 49,4s	14° 15′ 45″	22:49	06:09	95,1° W	1,00
02.12.2006	9h 50m 29,8s	14° 14′ 28″	22:10	05:30	105,0° W	1,00
12.12.2006	9h 50m 26,9s	14° 16′ 56″	21:31	04:51	115,2° W	1,00
22.12.2006	9h 49m 40,7s	14° 23′ 07″	20:50	04:11	125,6° W	1,00
01.01.2007	9h 48m 13,4s	14° 32′ 43″	20:08	03:30	136,1° W	1,00
11.01.2007	9h 46m 09,6s	14° 45′ 14″	19:26	02:49	146,9° W	1,00
21.01.2007	9h 43m 35,3s	15° 00′ 01″	18:42	02:07	157,7° W	1,00
31.01.2007	9h 40m 39,1s	15° 16′ 15″	17:59	01:25	168,6° W	1,00
10.02.2007	9h 37m 31,0s	15° 33′ 00″	17:15	00:42	178,6° W	1,00
20.02.2007	9h 34m 21,4s	15° 49′ 22″	16:31	23:57	169,4° O	1,00
02.03.2007	9h 31m 21,5s	16° 04′ 25″	15:47	23:14	158,6° O	1,00
12.03.2007	9h 28m 41,2s	16° 17′ 26″	15:04	22:32	148,0° O	1,00
22.03.2007	9h 26m 29,1s	16° 27′ 51″	14:21	21:51	137,4° O	1,00
01.04.2007	9h 24m 52,1s	16° 35′ 11″	13:40	21:10	127,1° O	1,00
11.04.2007	9h 23m 54,6s	16° 39′ 15″	12:59	20:29	117,1° O	1,00

Saturn (Fortsetzung)

Datum	RA 2000	DK 2000	Aufg	Kulm	Elong.	Bel
21.04.2007	9h 23m 39,0s	16° 39′ 55″	12:19	19:50	107,2° O	1,00
01.05.2007	9h 24m 06,2s	16° 37′ 11″	11:41	19:11	97,6° O	1,00
11.05.2007	9h 25m 15,1s	16° 31′ 12″	11:03	18:33	88,2° O	1,00
21.05.2007	9h 27m 03,5s	16° 22′ 05″	10:26	17:56	79,0° O	1,00
31.05.2007	9h 29m 28,6s	16° 10′ 02″	09:51	17:19	70,0° O	1,00
10.06.2007	9h 32m 26,6s	15° 55′ 19″	09:16	16:42	61,2° O	1,00
20.06.2007	9h 35m 53,7s	15° 38′ 09″	08:41	16:05	52,6° O	1,00
30.06.2007	9h 39m 45,7s	15° 18′ 49″	08:08	15:30	44,0° O	1,00
10.07.2007	9h 43m 58,4s	14° 57′ 36″	07:35	14:55	35,6° O	1,00
20.07.2007	9h 48m 27,7s	14° 34′ 46″	07:02	14:20	27,2° O	1,00
30.07.2007	9h 53m 09,4s	14° 10′ 39″	06:30	13:46	18,8° O	1,00
09.08.2007	9h 57m 59,4s	13° 45′ 36″	05:58	13:11	10,6° O	1,00
19.08.2007	10h 02m 53,8s	13° 19′ 55″	05:26	12:36	2,5° O	1,00
29.08.2007	10h 07m 48,3s	12° 54′ 00″	04:53	12:02	6,4° W	1,00
08.09.2007	10h 12m 39,1s	12° 28′ 13″	04:21	11:28	14,7° W	1,00
18.09.2007	10h 17m 22,2s	12° 03′ 00″	03:49	10:53	23,2° W	1,00
28.09.2007	10h 21m 53,3s	11° 38′ 47″	03:17	10:18	31,8° W	1,00
08.10.2007	10h 26m 08,4s	11° 16′ 00″	02:43	09:43	40,5° W	1,00
18.10.2007	10h 30m 03,4s	10° 55′ 08″	02:10	09:08	49,4° W	1,00
28.10.2007	10h 33m 33,9s	10° 36′ 39″	01:36	08:32	58,4° W	1,00
07.11.2007	10h 36m 36,0s	10° 20′ 59″	01:01	07:56	67,6° W	1,00
17.11.2007	10h 39m 05,6s	10° 08′ 35″	00:25	07:19	77,1° W	1,00
27.11.2007	10h 40m 59,2s	9° 59′ 50″	23:45	06:41	86,7° W	1,00
07.12.2007	10h 42m 14,0s	9° 55′ 02″	23:07	06:03	96,5° W	1,00
17.12.2007	10h 42m 47,6s	9° 54′ 22″	22:28	05:25	106,5° W	1,00
27.12.2007	10h 42m 39,3s	9° 57′ 53″	21:49	04:45	116,7° W	1,00

Uranus

Datum	RA 2000	DK 2000	Aufg	Kulm	Elong.	Bel
09.08.2005	22h 45m 46,2s	–8° 43′ 35″	20:36	01:59	157,3° W	1,00
19.08.2005	22h 44m 22,3s	–8° 52′ 09″	19:56	01:18	167,2° W	1,00
29.08.2005	22h 42m 53,7s	–9° 01′ 06″	19:16	00:34	177,2° W	1,00
08.09.2005	22h 41m 23,8s	–9° 10′ 04″	18:36	23:53	172,6° O	1,00
18.09.2005	22h 39m 56,6s	–9° 18′ 39″	17:56	23:12	162,5° O	1,00
28.09.2005	22h 38m 35,6s	–9° 26′ 31″	17:16	22:31	152,4° O	1,00
08.10.2005	22h 37m 24,3s	–9° 33′ 20″	16:36	21:51	142,2° O	1,00
18.10.2005	22h 36m 25,8s	–9° 38′ 48″	15:56	21:11	132,0° O	1,00
28.10.2005	22h 35m 42,5s	–9° 42′ 43″	15:17	20:31	121,9° O	1,00
07.11.2005	22h 35m 16,5s	–9° 44′ 52″	14:37	19:51	111,8° O	1,00
17.11.2005	22h 35m 09,2s	–9° 45′ 11″	13:58	19:12	101,7° O	1,00
27.11.2005	22h 35m 21,1s	–9° 43′ 35″	13:18	18:32	91,6° O	1,00
07.12.2005	22h 35m 52,2s	–9° 40′ 06″	12:39	17:53	81,6° O	1,00
17.12.2005	22h 36m 42,0s	–9° 34′ 48″	12:00	17:15	71,7° O	1,00
27.12.2005	22h 37m 49,1s	–9° 27′ 47″	11:22	16:37	61,8° O	1,00
06.01.2006	22h 39m 12,1s	–9° 19′ 13″	10:42	15:59	52,0° O	1,00
16.01.2006	22h 40m 49,0s	–9° 09′ 18″	10:04	15:21	42,2° O	1,00
26.01.2006	22h 42m 37,4s	–8° 58′ 14″	09:26	14:44	32,5° O	1,00
05.02.2006	22h 44m 34,9s	–8° 46′ 17″	08:47	14:06	22,9° O	1,00
15.02.2006	22h 46m 38,8s	–8° 33′ 42″	08:09	13:29	13,4° O	1,00
25.02.2006	22h 48m 46,5s	–8° 20′ 45″	07:31	12:51	3,9° O	1,00
07.03.2006	22h 50m 55,1s	–8° 07′ 42″	06:52	12:14	5,7° W	1,00
17.03.2006	22h 53m 02,1s	–7° 54′ 50″	06:14	11:37	15,1° W	1,00
27.03.2006	22h 55m 04,9s	–7° 42′ 26″	05:36	11:00	24,4° W	1,00
06.04.2006	22h 57m 00,9s	–7° 30′ 43″	04:57	10:23	33,8° W	1,00
16.04.2006	22h 58m 47,7s	–7° 19′ 58″	04:19	09:45	43,1° W	1,00
26.04.2006	23h 00m 23,4s	–7° 10′ 23″	03:41	09:07	52,5° W	1,00
06.05.2006	23h 01m 45,9s	–7° 02′ 12″	03:02	08:29	61,8° W	1,00
16.05.2006	23h 02m 53,5s	–6° 55′ 34″	02:23	07:51	71,1° W	1,00
26.05.2006	23h 03m 45,0s	–6° 50′ 37″	01:44	07:12	80,5° W	1,00
05.06.2006	23h 04m 19,2s	–6° 47′ 29″	01:05	06:34	90,0° W	1,00
15.06.2006	23h 04m 35,5s	–6° 46′ 13″	00:26	05:55	99,5° W	1,00

Uranus (Fortsetzung)

Datum	**RA 2000**	**DK 2000**	**Aufg**	**Kulm**	**Elong.**	**Bel**
25.06.2006	23h 04m 33,9s	–6° 46′ 48″	23:43	05:15	109,0° W	1,00
05.07.2006	23h 04m 14,5s	–6° 49′ 13″	23:03	04:36	118,6° W	1,00
15.07.2006	23h 03m 38,4s	–6° 53′ 21″	22:23	03:56	128,3° W	1,00
25.07.2006	23h 02m 46,8s	–6° 59′ 01″	21:44	03:16	138,1° W	1,00
04.08.2006	23h 01m 41,8s	–7° 06′ 02″	21:04	02:36	148,0° W	1,00
14.08.2006	23h 00m 26,0s	–7° 14′ 05″	20:24	01:55	157,9° W	1,00
24.08.2006	22h 59m 02,2s	–7° 22′ 51″	19:44	01:14	167,9° W	1,00
03.09.2006	22h 57m 34,0s	–7° 32′ 00″	19:04	00:29	177,8° W	1,00
13.09.2006	22h 56m 04,8s	–7° 41′ 07″	18:24	23:49	171,9° O	1,00
23.09.2006	22h 54m 38,5s	–7° 49′ 51″	17:44	23:08	161,8° O	1,00
03.10.2006	22h 53m 18,6s	–7° 57′ 49″	17:04	22:27	151,6° O	1,00
13.10.2006	22h 52m 08,6s	–8° 04′ 42″	16:24	21:47	141,4° O	1,00
23.10.2006	22h 51m 11,4s	–8° 10′ 11″	15:45	21:07	131,3° O	1,00
02.11.2006	22h 50m 29,8s	–8° 14′ 03″	15:05	20:27	121,1° O	1,00
12.11.2006	22h 50m 05,3s	–8° 16′ 08″	14:25	19:47	111,0° O	1,00
22.11.2006	22h 49m 59,4s	–8° 16′ 18″	13:46	19:08	100,8° O	1,00
02.12.2006	22h 50m 12,7s	–8° 14′ 31″	13:07	18:28	90,8° O	1,00
12.12.2006	22h 50m 45,0s	–8° 10′ 49″	12:27	17:49	80,8° O	1,00
22.12.2006	22h 51m 35,8s	–8° 05′ 15″	11:49	17:11	70,8° O	1,00
01.01.2007	22h 52m 43,7s	–7° 57′ 57″	11:10	16:33	60,9° O	1,00
11.01.2007	22h 54m 07,2s	–7° 49′ 05″	10:31	15:55	51,1° O	1,00
21.01.2007	22h 55m 44,3s	–7° 38′ 52″	09:53	15:17	41,4° O	1,00
31.01.2007	22h 57m 32,6s	–7° 27′ 30″	09:14	14:40	31,7° O	1,00
10.02.2007	22h 59m 29,7s	–7° 15′ 15″	08:35	14:02	22,1° O	1,00
20.02.2007	23h 01m 33,0s	–7° 02′ 24″	07:57	13:25	12,6° O	1,00
02.03.2007	23h 03m 39,8s	–6° 49′ 12″	07:19	12:48	3,1° O	1,00
12.03.2007	23h 05m 47,4s	–6° 35′ 56″	06:40	12:11	6,4° W	1,00
22.03.2007	23h 07m 53,2s	–6° 22′ 53″	06:02	11:33	15,8° W	1,00
01.04.2007	23h 09m 54,6s	–6° 10′ 19″	05:24	10:56	25,1° W	1,00
11.04.2007	23h 11m 49,1s	–5° 58′ 30″	04:45	10:19	34,5° W	1,00
21.04.2007	23h 13m 34,5s	–5° 47′ 39″	04:07	09:41	43,8° W	1,00
01.05.2007	23h 15m 08,6s	–5° 38′ 02″	03:29	09:04	53,1° W	1,00
11.05.2007	23h 16m 29,5s	–5° 29′ 49″	02:50	08:25	62,4° W	1,00
21.05.2007	23h 17m 35,7s	–5° 23′ 12″	02:11	07:47	71,7° W	1,00
31.05.2007	23h 18m 25,6s	–5° 18′ 19″	01:32	07:09	81,1° W	1,00
10.06.2007	23h 18m 58,5s	–5° 15′ 15″	00:53	06:30	90,6° W	1,00
20.06.2007	23h 19m 13,6s	–5° 14′ 04″	00:14	05:51	100,0° W	1,00
30.06.2007	23h 19m 10,7s	–5° 14′ 47″	23:31	05:12	109,6° W	1,00
10.07.2007	23h 18m 50,4s	–5° 17′ 20″	22:51	04:32	119,2° W	1,00
20.07.2007	23h 18m 13,3s	–5° 21′ 37″	22:12	03:52	128,9° W	1,00
30.07.2007	23h 17m 21,1s	–5° 27′ 28″	21:32	03:12	138,7° W	1,00
09.08.2007	23h 16m 15,7s	–5° 34′ 38″	20:52	02:31	148,6° W	1,00
19.08.2007	23h 14m 59,5s	–5° 42′ 52″	20:12	01:51	158,5° W	1,00
29.08.2007	23h 13m 35,8s	–5° 51′ 48″	19:33	01:06	168,5° W	1,00
08.09.2007	23h 12m 07,8s	–6° 01′ 06″	18:52	00:25	178,4° W	1,00
18.09.2007	23h 10m 39,2s	–6° 10′ 21″	18:12	23:45	171,2° O	1,00
28.09.2007	23h 09m 13,7s	–6° 19′ 11″	17:33	23:04	161,1° O	1,00
08.10.2007	23h 07m 54,8s	–6° 27′ 14″	16:52	22:23	150,9° O	1,00
18.10.2007	23h 06m 46,0s	–6° 34′ 08″	16:12	21:43	140,7° O	1,00
28.10.2007	23h 05m 50,3s	–6° 39′ 37″	15:33	21:03	130,5° O	1,00
07.11.2007	23h 05m 10,0s	–6° 43′ 26″	14:53	20:23	120,3° O	1,00
17.11.2007	23h 04m 47,1s	–6° 45′ 24″	14:13	19:43	110,1° O	1,00
27.11.2007	23h 04m 42,7s	–6° 45′ 25″	13:34	19:04	100,0° O	1,00
07.12.2007	23h 04m 57,4s	–6° 43′ 27″	12:55	18:24	89,9° O	1,00
17.12.2007	23h 05m 31,0s	–6° 39′ 32″	12:16	17:45	79,9° O	1,00
27.12.2007	23h 06m 22,8s	–6° 33′ 43″	11:37	17:07	70,0° O	1,00

Neptun

Datum	RA 2000	DK 2000	Aufg	Kulm	Elong.	Bel
09.08.2005	21h 14m 25,5s	–16° 08′ 32″	19:45	00:27	179,3° O	1,00
19.08.2005	21h 13m 21,0s	–16° 13′ 28″	19:05	23:44	169,4° O	1,00
29.08.2005	21h 12m 19,2s	–16° 18′ 11″	18:25	23:03	159,5° O	1,00
08.09.2005	21h 11m 22,3s	–16° 22′ 30″	17:45	22:23	149,6° O	1,00
18.09.2005	21h 10m 32,6s	–16° 26′ 15″	17:05	21:43	139,6° O	1,00
28.09.2005	21h 09m 52,1s	–16° 29′ 19″	16:25	21:03	129,7° O	1,00
08.10.2005	21h 09m 22,4s	–16° 31′ 34″	15:46	20:23	119,7° O	1,00
18.10.2005	21h 09m 04,9s	–16° 32′ 55″	15:07	19:44	109,7° O	1,00
28.10.2005	21h 09m 00,4s	–16° 33′ 19″	14:27	19:04	99,7° O	1,00
07.11.2005	21h 09m 09,4s	–16° 32′ 43″	13:48	18:24	89,8° O	1,00
17.11.2005	21h 09m 31,9s	–16° 31′ 07″	13:09	17:46	79,8° O	1,00
27.11.2005	21h 10m 07,6s	–16° 28′ 34″	12:30	17:07	69,8° O	1,00
07.12.2005	21h 10m 55,7s	–16° 25′ 05″	11:51	16:28	59,9° O	1,00
17.12.2005	21h 11m 55,1s	–16° 20′ 45″	11:12	15:50	50,0° O	1,00
27.12.2005	21h 13m 04,2s	–16° 15′ 41″	10:33	15:12	40,1° O	1,00
06.01.2006	21h 14m 21,6s	–16° 09′ 59″	09:55	14:34	30,2° O	1,00
16.01.2006	21h 15m 45,1s	–16° 03′ 47″	09:17	13:56	20,4° O	1,00
26.01.2006	21h 17m 13,0s	–15° 57′ 13″	08:38	13:18	10,6° O	1,00
05.02.2006	21h 18m 43,0s	–15° 50′ 27″	08:00	12:40	0,8° O	1,00
15.02.2006	21h 20m 13,1s	–15° 43′ 39″	07:21	12:02	8,9° W	1,00
25.02.2006	21h 21m 41,2s	–15° 36′ 58″	06:43	11:25	18,7° W	1,00
07.03.2006	21h 23m 05,3s	–15° 30′ 34″	06:04	10:46	28,3° W	1,00
17.03.2006	21h 24m 23,5s	–15° 24′ 35″	05:26	10:08	38,0° W	1,00
27.03.2006	21h 25m 34,1s	–15° 19′ 12″	04:47	09:30	47,6° W	1,00
06.04.2006	21h 26m 35,5s	–15° 14′ 30″	04:08	08:52	57,2° W	1,00
16.04.2006	21h 27m 26,4s	–15° 10′ 38″	03:30	08:13	66,8° W	1,00
26.04.2006	21h 28m 05,8s	–15° 07′ 40″	02:50	07:35	76,4° W	1,00
06.05.2006	21h 28m 32,8s	–15° 05′ 42″	02:11	06:56	86,0° W	1,00
16.05.2006	21h 28m 47,1s	–15° 04′ 44″	01:33	06:17	95,6° W	1,00
26.05.2006	21h 28m 48,5s	–15° 04′ 48″	00:53	05:38	105,2° W	1,00
05.06.2006	21h 28m 37,3s	–15° 05′ 53″	00:13	04:58	114,9° W	1,00
15.06.2006	21h 28m 14,0s	–15° 07′ 56″	23:30	04:18	124,5° W	1,00
25.06.2006	21h 27m 39,5s	–15° 10′ 50″	22:50	03:39	134,2° W	1,00
05.07.2006	21h 26m 55,3s	–15° 14′ 31″	22:11	02:59	143,9° W	1,00
15.07.2006	21h 26m 02,9s	–15° 18′ 50″	21:31	02:18	153,7° W	1,00
25.07.2006	21h 25m 04,3s	–15° 23′ 36″	20:51	01:38	163,5° W	1,00
04.08.2006	21h 24m 01,6s	–15° 28′ 39″	20:11	00:58	173,3° W	1,00
14.08.2006	21h 22m 57,3s	–15° 33′ 48″	19:32	00:17	176,8° O	1,00
24.08.2006	21h 21m 53,6s	–15° 38′ 51″	18:51	23:34	166,9° O	1,00
03.09.2006	21h 20m 53,1s	–15° 43′ 38″	18:11	22:53	157,0° O	1,00
13.09.2006	21h 19m 58,1s	–15° 47′ 57″	17:32	22:13	147,1° O	1,00
23.09.2006	21h 19m 10,8s	–15° 51′ 40″	16:52	21:33	137,1° O	1,00
03.10.2006	21h 18m 33,1s	–15° 54′ 37″	16:12	20:53	127,2° O	1,00
13.10.2006	21h 18m 06,5s	–15° 56′ 41″	15:33	20:13	117,2° O	1,00
23.10.2006	21h 17m 52,2s	–15° 57′ 49″	14:53	19:34	107,2° O	1,00
02.11.2006	21h 17m 51,1s	–15° 57′ 57″	14:14	18:54	97,2° O	1,00
12.11.2006	21h 18m 03,5s	–15° 57′ 02″	13:35	18:14	87,2° O	1,00
22.11.2006	21h 18m 29,3s	–15° 55′ 06″	12:56	17:36	77,2° O	1,00
02.12.2006	21h 19m 08,0s	–15° 52′ 11″	12:17	16:57	67,3° O	1,00
12.12.2006	21h 19m 58,8s	–15° 48′ 20″	11:38	16:18	57,3° O	1,00
22.12.2006	21h 21m 00,4s	–15° 43′ 37″	10:59	15:41	47,4° O	1,00
01.01.2007	21h 22m 11,4s	–15° 38′ 11″	10:20	15:02	37,5° O	1,00
11.01.2007	21h 23m 30,0s	–15° 32′ 08″	09:42	14:24	27,7° O	1,00
21.01.2007	21h 24m 54,3s	–15° 25′ 36″	09:03	13:46	17,8° O	1,00
31.01.2007	21h 26m 22,4s	–15° 18′ 45″	08:25	13:08	8,0° O	1,00
10.02.2007	21h 27m 52,1s	–15° 11′ 44″	07:47	12:30	1,7° W	1,00
20.02.2007	21h 29m 21,4s	–15° 04′ 44″	07:08	11:53	11,4° W	1,00
02.03.2007	21h 30m 48,1s	–14° 57′ 54″	06:29	11:15	21,1° W	1,00
12.03.2007	21h 32m 10,4s	–14° 51′ 24″	05:51	10:37	30,8° W	1,00
22.03.2007	21h 33m 26,4s	–14° 45′ 23″	05:12	09:59	40,4° W	1,00
01.04.2007	21h 34m 34,4s	–14° 40′ 01″	04:33	09:21	50,0° W	1,00
11.04.2007	21h 35m 32,9s	–14° 35′ 24″	03:55	08:42	59,6° W	1,00

Neptun (Fortsetzung)

Datum	RA 2000	DK 2000	Aufg	Kulm	Elong.	Bel
21.04.2007	21h 36m 20,8s	–14° 31′ 39″	03:16	08:03	69,2° W	1,00
01.05.2007	21h 36m 57,0s	–14° 28′ 52″	02:37	07:25	78,8° W	1,00
11.05.2007	21h 37m 20,8s	–14° 27′ 06″	01:58	06:46	88,4° W	1,00
21.05.2007	21h 37m 31,9s	–14° 26′ 24″	01:19	06:07	98,0° W	1,00
31.05.2007	21h 37m 30,2s	–14° 26′ 45″	00:39	05:28	107,6° W	1,00
10.06.2007	21h 37m 16,0s	–14° 28′ 07″	23:56	04:48	117,2° W	1,00
20.06.2007	21h 36m 50,1s	–14° 30′ 28″	23:17	04:08	126,9° W	1,00
30.06.2007	21h 36m 13,3s	–14° 33′ 41″	22:37	03:29	136,6° W	1,00
10.07.2007	21h 35m 27,3s	–14° 37′ 39″	21:57	02:48	146,3° W	1,00
20.07.2007	21h 34m 33,5s	–14° 42′ 13″	21:18	02:08	156,1° W	1,00
30.07.2007	21h 33m 34,0s	–14° 47′ 13″	20:37	01:28	165,9° W	1,00
09.08.2007	21h 32m 31,1s	–14° 52′ 28″	19:58	00:47	175,7° W	1,00
19.08.2007	21h 31m 27,1s	–14° 57′ 46″	19:18	00:07	174,4° O	1,00
29.08.2007	21h 30m 24,3s	–15° 02′ 55″	18:38	23:24	164,5° O	1,00
08.09.2007	21h 29m 25,3s	–15° 07′ 44″	17:58	22:43	154,6° O	1,00
18.09.2007	21h 28m 32,3s	–15° 12′ 03″	17:18	22:03	144,6° O	1,00
28.09.2007	21h 27m 47,5s	–15° 15′ 40″	16:38	21:23	134,6° O	1,00
08.10.2007	21h 27m 12,6s	–15° 18′ 29″	15:59	20:43	124,7° O	1,00
18.10.2007	21h 26m 49,1s	–15° 20′ 22″	15:20	20:03	114,7° O	1,00
28.10.2007	21h 26m 38,2s	–15° 21′ 15″	14:40	19:24	104,7° O	1,00
07.11.2007	21h 26m 40,4s	–15° 21′ 05″	14:01	18:44	94,7° O	1,00
17.11.2007	21h 26m 56,1s	–15° 19′ 51″	13:22	18:05	84,7° O	1,00
27.11.2007	21h 27m 25,1s	–15° 17′ 34″	12:42	17:26	74,7° O	1,00
07.12.2007	21h 28m 06,7s	–15° 14′ 16″	12:03	16:47	64,7° O	1,00
17.12.2007	21h 29m 00,0s	–15° 10′ 02″	11:25	16:09	54,8° O	1,00
27.12.2007	21h 30m 03,8s	–15° 04′ 58″	10:46	15:31	44,9° O	1,00

Pluto

Datum	RA 2000	DK 2000	Aufg	Kulm	Elong.	Bel
09.08.2005	17h 26m 43,9s	–15° 07′ 15″	15:52	20:37	124,7° O	1,00
19.08.2005	17h 26m 19,3s	–15° 10′ 14″	15:13	19:58	115,1° O	1,00
29.08.2005	17h 26m 07,0s	–15° 13′ 32″	14:33	19:18	105,5° O	1,00
08.09.2005	17h 26m 07,6s	–15° 17′ 07″	13:55	18:38	95,9° O	1,00
18.09.2005	17h 26m 21,5s	–15° 20′ 54″	13:16	17:59	86,3° O	1,00
28.09.2005	17h 26m 48,5s	–15° 24′ 47″	12:37	17:20	76,7° O	1,00
08.10.2005	17h 27m 28,2s	–15° 28′ 43″	11:59	16:41	67,2° O	1,00
18.10.2005	17h 28m 20,0s	–15° 32′ 36″	11:21	16:03	57,6° O	1,00
28.10.2005	17h 29m 22,5s	–15° 36′ 20″	10:43	15:25	48,0° O	1,00
07.11.2005	17h 30m 34,6s	–15° 39′ 52″	10:05	14:46	38,5° O	1,00
17.11.2005	17h 31m 54,6s	–15° 43′ 06″	09:28	14:08	29,0° O	1,00
27.11.2005	17h 33m 20,6s	–15° 46′ 00″	08:50	13:31	19,8° O	1,00
07.12.2005	17h 34m 50,6s	–15° 48′ 29″	08:12	12:53	11,4° O	1,00
17.12.2005	17h 36m 22,7s	–15° 50′ 31″	07:35	12:15	7,6° W	1,00
27.12.2005	17h 37m 54,5s	–15° 52′ 06″	06:57	11:37	13,3° W	1,00
06.01.2006	17h 39m 24,0s	–15° 53′ 12″	06:19	10:59	22,1° W	1,00
16.01.2006	17h 40m 49,0s	–15° 53′ 49″	05:42	10:21	31,5° W	1,00
26.01.2006	17h 42m 07,5s	–15° 53′ 59″	05:03	09:44	41,1° W	1,00
05.02.2006	17h 43m 17,7s	–15° 53′ 44″	04:25	09:05	50,8° W	1,00
15.02.2006	17h 44m 17,8s	–15° 53′ 07″	03:47	08:27	60,6° W	1,00
25.02.2006	17h 45m 06,6s	–15° 52′ 11″	03:08	07:49	70,4° W	1,00
07.03.2006	17h 45m 42,9s	–15° 51′ 00″	02:29	07:10	80,2° W	1,00
17.03.2006	17h 46m 05,9s	–15° 49′ 39″	01:51	06:31	90,0° W	1,00
27.03.2006	17h 46m 15,5s	–15° 48′ 11″	01:11	05:52	99,8° W	1,00
06.04.2006	17h 46m 11,5s	–15° 46′ 43″	00:31	05:12	109,6° W	1,00
16.04.2006	17h 45m 54,6s	–15° 45′ 18″	23:48	04:33	119,3° W	1,00
26.04.2006	17h 45m 25,6s	–15° 44′ 01″	23:08	03:53	129,1° W	1,00
06.05.2006	17h 44m 45,6s	–15° 42′ 56″	22:28	03:13	138,8° W	1,00
16.05.2006	17h 43m 56,5s	–15° 42′ 07″	21:48	02:33	148,4° W	1,00
26.05.2006	17h 43m 00,0s	–15° 41′ 36″	21:08	01:53	157,8° W	1,00
05.06.2006	17h 41m 58,4s	–15° 41′ 26″	20:27	01:12	166,5° W	1,00
15.06.2006	17h 40m 54,1s	–15° 41′ 40″	19:47	00:32	172,2° W	1,00

Pluto (Fortsetzung)

Datum	RA 2000	DK 2000	Aufg	Kulm	Elong.	Bel
25.06.2006	17h 39m 49,3s	–15° 42′ 19″	19:06	23:48	168,6° O	1,00
05.07.2006	17h 38m 46,6s	–15° 43′ 23″	18:26	23:08	160,2° O	1,00
15.07.2006	17h 37m 48,4s	–15° 44′ 53″	17:46	22:27	151,0° O	1,00
25.07.2006	17h 36m 56,6s	–15° 46′ 47″	17:06	21:48	141,5° O	1,00
04.08.2006	17h 36m 13,5s	–15° 49′ 05″	16:26	21:07	132,0° O	1,00
14.08.2006	17h 35m 40,5s	–15° 51′ 45″	15:47	20:27	122,4° O	1,00
24.08.2006	17h 35m 18,9s	–15° 54′ 43″	15:07	19:48	112,8° O	1,00
03.09.2006	17h 35m 09,9s	–15° 57′ 56″	14:28	19:08	103,2° O	1,00
13.09.2006	17h 35m 14,0s	–16° 01′ 21″	13:49	18:28	93,6° O	1,00
23.09.2006	17h 35m 31,2s	–16° 04′ 54″	13:11	17:50	84,0° O	1,00
03.10.2006	17h 36m 01,6s	–16° 08′ 29″	12:32	17:11	74,4° O	1,00
13.10.2006	17h 36m 44,6s	–16° 12′ 03″	11:54	16:32	64,7° O	1,00
23.10.2006	17h 37m 39,2s	–16° 15′ 32″	11:16	15:54	55,1° O	1,00
02.11.2006	17h 38m 44,4s	–16° 18′ 50″	10:37	15:15	45,5° O	1,00
12.11.2006	17h 39m 58,6s	–16° 21′ 53″	10:00	14:37	36,0° O	1,00
22.11.2006	17h 41m 20,3s	–16° 24′ 38″	09:22	14:00	26,5° O	1,00
02.12.2006	17h 42m 47,5s	–16° 27′ 01″	08:44	13:21	17,3° O	1,00
12.12.2006	17h 44m 18,1s	–16° 29′ 01″	08:07	12:43	9,2° O	1,00
22.12.2006	17h 45m 50,2s	–16° 30′ 36″	07:30	12:05	7,8° W	1,00
01.01.2007	17h 47m 21,5s	–16° 31′ 44″	06:51	11:28	15,2° W	1,00
11.01.2007	17h 48m 49,8s	–16° 32′ 26″	06:14	10:50	24,3° W	1,00
21.01.2007	17h 50m 13,1s	–16° 32′ 44″	05:36	10:12	33,9° W	1,00
31.01.2007	17h 51m 29,4s	–16° 32′ 37″	04:58	09:34	43,5° W	1,00
10.02.2007	17h 52m 36,8s	–16° 32′ 10″	04:19	08:56	53,3° W	1,00
20.02.2007	17h 53m 33,9s	–16° 31′ 26″	03:41	08:17	63,1° W	1,00
02.03.2007	17h 54m 19,3s	–16° 30′ 27″	03:03	07:39	72,8° W	1,00
12.03.2007	17h 54m 52,0s	–16° 29′ 18″	02:23	07:00	82,6° W	1,00
22.03.2007	17h 55m 11,5s	–16° 28′ 04″	01:45	06:21	92,4° W	1,00
01.04.2007	17h 55m 17,4s	–16° 26′ 48″	01:05	05:42	102,2° W	1,00
11.04.2007	17h 55m 10,0s	–16° 25′ 34″	00:25	05:03	112,0° W	1,00
21.04.2007	17h 54m 49,8s	–16° 24′ 28″	23:42	04:23	121,8° W	1,00
01.05.2007	17h 54m 17,8s	–16° 23′ 32″	23:02	03:43	131,6° W	1,00
11.05.2007	17h 53m 35,4s	–16° 22′ 49″	22:22	03:03	141,2° W	1,00
21.05.2007	17h 52m 44,2s	–16° 22′ 24″	21:42	02:23	150,9° W	1,00
31.05.2007	17h 51m 46,3s	–16° 22′ 17″	21:01	01:43	160,2° W	1,00
10.06.2007	17h 50m 43,9s	–16° 22′ 31″	20:21	01:02	168,8° W	1,00
20.06.2007	17h 49m 39,2s	–16° 23′ 07″	19:41	00:22	172,9° O	1,00
30.06.2007	17h 48m 34,9s	–16° 24′ 06″	19:00	23:38	167,1° O	1,00
10.07.2007	17h 47m 33,2s	–16° 25′ 27″	18:20	22:58	158,2° O	1,00
20.07.2007	17h 46m 36,5s	–16° 27′ 11″	17:40	22:17	148,8° O	1,00
30.07.2007	17h 45m 46,9s	–16° 29′ 16″	17:00	21:38	139,3° O	1,00
09.08.2007	17h 45m 06,2s	–16° 31′ 39″	16:20	20:57	129,7° O	1,00
19.08.2007	17h 44m 36,1s	–16° 34′ 20″	15:41	20:17	120,1° O	1,00
29.08.2007	17h 44m 17,8s	–16° 37′ 15″	15:02	19:38	110,5° O	1,00
08.09.2007	17h 44m 12,1s	–16° 40′ 21″	14:22	18:58	100,8° O	1,00
18.09.2007	17h 44m 19,5s	–16° 43′ 34″	13:44	18:19	91,2° O	1,00
28.09.2007	17h 44m 40,3s	–16° 46′ 51″	13:05	17:40	81,6° O	1,00
08.10.2007	17h 45m 13,9s	–16° 50′ 07″	12:26	17:01	71,9° O	1,00
18.10.2007	17h 46m 00,0s	–16° 53′ 19″	11:48	16:22	62,3° O	1,00
28.10.2007	17h 46m 57,5s	–16° 56′ 22″	11:10	15:44	52,6° O	1,00
07.11.2007	17h 48m 05,1s	–16° 59′ 12″	10:32	15:06	43,0° O	1,00
17.11.2007	17h 49m 21,4s	–17° 01′ 46″	09:55	14:28	33,4° O	1,00
27.11.2007	17h 50m 44,5s	–17° 04′ 02″	09:17	13:50	23,9° O	1,00
07.12.2007	17h 52m 12,7s	–17° 05′ 56″	08:39	13:12	14,7° O	1,00
17.12.2007	17h 53m 43,8s	–17° 07′ 27″	08:01	12:34	7,2° O	1,00
27.12.2007	17h 55m 15,6s	–17° 08′ 35″	07:24	11:57	8,9° W	1,00

Die international festgelegten 88 Sternbilder am nördlichen und südlichen Sternenhimmel

Lateinischer Name	Genitiv	Deutscher Name	Abkürzung
Andromeda	Andromedae	Andromeda	And
Antlia	Antliae	Luftpumpe	Ant
Apus	Apodis	Paradiesvogel	Aps
Aquarius	Aquarii	Wassermann	Aqr
Aquila	Aquilae	Adler	Aql
Ara	Arae	Altar	Ara
Aries	Arietis	Widder	Ari
Auriga	Aurigae	Fuhrmann	Aur
Bootes	Bootis	Bärenhüter	Boo
Caelum	Caeli	Grabstichel	Cae
Camelopardalis	Camelopardalis	Giraffe	Cam
Cancer	Cancri	Krebs	Cnc
Canes Venatici	Canum Venaticorum	Jagdhunde	CVn
Canis Maior	Canis Maioris	Großer Hund	CMa
Canis Minor	Canis Minoris	Kleiner Hund	CMi
Capricornus	Capricorni	Steinbock	Cap
Carina	Carinae	Kiel des Schiffes	Car
Cassiopeia	Cassiopeiae	Kassiopeia	Cas
Centaurus	Centauri	Zentaur	Cen
Cepheus	Cephei	Cepheus	Cep
Cetus	Ceti	Walfisch	Cet
Chamaeleon	Chamaeleontis	Chamäleon	Cha
Circinus	Circini	Zirkel	Cir
Columba	Columbae	Taube	Col
Coma Berenices	Comae Berenices	Haar der Berenike	Com
Corona Australis	Coronae Australis	Südliche Krone	CrA
Corona Borealis	Coronae Borealis	Nördliche Krone	CrB
Corvus	Corvi	Rabe	Crv
Crater	Crateris	Becher	Crt
Crux	Crucis	Kreuz des Südens	Cru
Cygnus	Cygni	Schwan	Cyg
Delphinus	Delphini	Delphin	Del
Dorado	Doradus	Schwertfisch	Dor
Draco	Draconis	Drache	Dra
Equuleus	Equulei	Füllen	Equ
Eridanus	Eridani	Fluss Eridanus	Eri
Fornax	Fornacis	Ofen	For
Gemini	Geminorum	Zwillinge	Gem
Grus	Gruis	Kranich	Gru
Hercules	Herculis	Herkules	Her
Horologium	Horologii	Pendeluhr	Hor
Hydra	Hydrae	Wasserschlange	Hya
Hydrus	Hydri	Kleine Wasserschlange	Hyi

Lateinischer Name	Genitiv	Deutscher Name	Abkürzung
Indus	Indi	Indianer	Ind
Lacerta	Lacertae	Eidechse	Lac
Leo	Leonis	Löwe	Leo
Leo Minor	Leo Minoris	Kleiner Löwe	LMi
Lepus	Leporis	Hase	Lep
Libra	Librae	Waage	Lib
Lupus	Lupi	Wolf	Lup
Lynx	Lyncis	Luchs	Lyn
Lyra	Lyrae	Leier	Lyr
Mensa	Mensae	Tafelberg	Men
Microscopium	Microscopii	Mikroskop	Mic
Monoceros	Monocerotis	Einhorn	Mon
Musca	Muscae	Fliege	Mus
Norma	Normae	Winkelmaß	Nor
Octans	Octantis	Oktant	Oct
Ophiuchus	Ophiuchi	Schlangenträger	Oph
Orion	Orionis	Orion	Ori
Pavo	Pavonis	Pfau	Pav
Pegasus	Pegasi	Pegasus	Peg
Perseus	Persei	Perseus	Per
Phoenix	Phoenicis	Phönix	Phe
Pictor	Pictoris	Maler	Pic
Pisces	Piscium	Fische	Psc
Piscis Austrinus	Piscis Austrini	Südlicher Fisch	PsA
Puppis	Puppis	Hinterdeck	Pup
Pyxis	Pyxidis	Schiffskompass	Pyx
Reticulum	Reticuli	Netz	Ret
Sagitta	Sagittae	Pfeil	Sge
Sagittarius	Sagittarii	Schütze	Sgr
Scorpius	Scorpii	Skorpion	Sco
Sculptor	Sculptoris	Bildhauer	Scl
Scutum	Scuti	Schild	Sct
Serpens	Serpentis	Schlange	Ser
Sextans	Sextantis	Sextant	Sex
Taurus	Tauri	Stier	Tau
Telescopium	Telescopii	Fernrohr	Tel
Triangulum	Trianguli	Dreieck	Tri
Triangulum Australe	Trianguli Australis	Südliches Dreieck	TrA
Tucana	Tucanae	Tukan	Tuc
Ursa Maior	Ursae Maioris	Großer Bär	UMa
Ursa Minor	Ursae Minoris	Kleiner Bär	UMi
Vela	Velorum	Segel	Vel
Virgo	Virginis	Jungfrau	Vir
Volans	Volantis	Fliegender Fisch	Vol
Vulpecula	Vulpeculae	Füchschen	Vul

Register

Bildnachweis

Akg, Berlin: 14, 15, 17, 18, 23, 24 o., 24 u., 29; **Baader Planetarium GmbH** (www.baader-planetarium.de), Mammendorf: 150, 153 u., 155; **Bildarchiv Hamburger Sternwarte**, Hamburg: 19 li., 20; **Courtesy NASA/Jpl-Caltech (Photojournal)**: 80 (Davies, M. E., S. E. Dwornik, D. E. Gault, and R. G. Strom, Atlas of Mercury, NASA SP-423 [1978]), 82 (Solar System Visualization project and the Magellan Science team); **Dietzel Martin**, München (www.lx200gps.de): 63, 147; **DLR**, Berlin (www.dlr.de): 85, 86 (ESA/DLR/FU Berlin [G. Neukum]); **Gropp Robert**, Sankt Wolfgang (www.atmn.info/): 58 u.; **Hünsch Dr. Matthias**, Kiel: 19 re.; **Jarrett Dr. Thomas, IPAC/Caltech/JPL**, Pasadena, CA: 31 o. (Image courtesy of Dr. Thomas Jarrett); **MPI für Radioastronomie**, Bonn: 31 u. (Dr. Norbert Junkes, April 1999); **Müller Michi**, München: 57, 58 o., 144, 145, 148, 149, 153 o.; **NASA**, Washington, DC (Grin): 64 (NASA, Apollo), 84 (Steve Lee [University of Colorado], Jim Bell [Cornell University], 163 (NASA/Digital); **NASA/ESA Hubble Space Telescope**: 30 (NASA, M. Clampin [STScI], H. Ford [JHU], G. Illingworth [UCO/Lick Observatory], J. Krist [STScI], D. Ardila [JHU], D. Golimowski [JHU], the ACS Science Team, J. Bahcall [IAS] and ESA), 60 (Robert Gendler, http://www.robgendlerastropics.com/), 94 (NASA/ESA and Erich Karkoschka [University of Arizona Lunar & Planetary Lab]), 104 (N/A), 142 o. (Jay Gallagher [University of Wisconsin-Madison], Alan Watson [Lowell Observatory, Flagstaff, AZ] and NASA/ESA), 142 u. (NASA, NOAO, ESA, the Hubble Helix Nebula Team, M. Meixner [STScI], and T. A. Rector [NRAO]); **Noak Phillip**, Frankfurt: 75; **Photodisc**: 11; **Planetarium Stuttgart**, Stuttgart (www.planetarium-stuttgart.de): 157; **Ransburg Wolfi** (Teleskopservice: www.teleskop-service.de), München: 152; **Josef Schäfer**, Betzdorf/Sieg (www.josefschaefer.info): 62, 93

Farbabbildungen:
Courtesy NASA/Jpl-Caltech: 6 o., 6 u. (Davies, M. E., S. E. Dwornik, D. E. Gault, and R. G. Strom, Atlas of Mercury, NASA SP-423 [1978]), 7 o. (Eric de Jong, Jeff Hall, Myche McAuley, Randy Kirk/United States Geological Survey), 7 u. (JPL, Pasadena, CA/Massachusetts Institute of Technology, Cambridge, MA/U.S. Geological Survey, Flagstaff, AZ); **Dietzel Martin**, München: 9 o, 10 o., 15 u.; **DLR**, Berlin : 8 o.re., 8 u. (ESA/DLR/FU Berlin [G. Neukum]); **Mackowiak, Andreas**, München (www.atmn.info): 5 o.; **Merkhoffer Robert**, München (www.atmn.info): 13 o.; **Müller Michi**, München: 11 u., 12 u., 13 u., 14; **Murner Andreas**, Prien am Chiemsee (www.strehlbuster.com): 4 u.; **NASA/ESA Hubble Space Telescope**: 8 o. (NASA/ESA & Philip James [University of Toledo], Steven Lee [University of Colorado]),10 u. (N/A), 11 o. (ESA/NASA), 15 o. (NASA, ESA & John T. Clarke [Univ. of Michigan]); **NASA**, Washington, DC (Grin): 2 u. (NASA, Apollo 8), 3 o. (Manned Spacecraft Center), 3 u. (Neil A. Armstrong), 9 u., 16 li.u. (NASA, JPL), 16 re.u. (F .Hasler, M. Jentoft-Nilsen, H. Pierce, K. Palaniappan and M. Manyin); **Schäfer Josef**, Betzdorf/Sieg: 5 u., 12 o., 16 o.; **Sedlatschek Helmut**, Walkertshofen/Erdweg (www.atmn.info): 2 o.; **Wendl Michael**, Freising/Lerchenfeld (www.atmn.info): 4 o.

Titelbild: Illustration von Gerhard Versen